U0012896

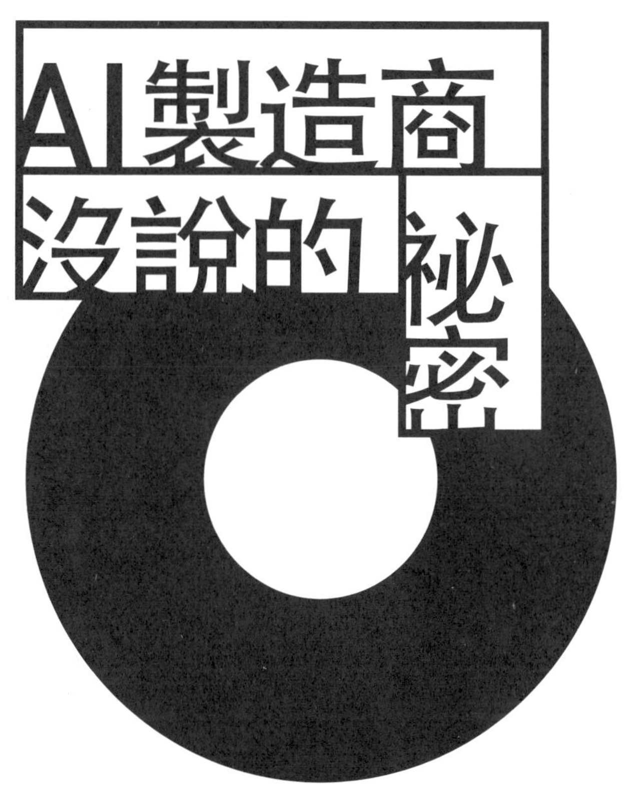


Cade Metz

企業巨頭的搶才大戰——如何改寫我們的世界?

# Genius Makers

## The Mavericks Who Brought AI to Google, Facebook, and the World

凱德·梅茲——著　　王曉伯——譯

紀念華特·梅茲（Walt Metz），
一位相信真理、善良與美麗的人

這可能是生活中最美好的時刻，
當你自認所知的一切都是錯誤的時候。
——湯姆·斯多帕德（Tom Stoppard），
《阿卡迪亞》（*Arcadia*），第一幕第四景

當我們發現所有的奧祕與喪失所有的意義後，
我們將孤獨佇立岸邊。
——《阿卡迪亞》，第二幕第七景

# 佳評如潮

凱德・梅茲把人工智慧的進展寫成一個迷人的故事，用他一貫的細節鋪陳，描述了關鍵的人物、開創性的會談以及重要的突破，把它們建構進這個劃時代科技的戲劇化歷史當中。

——李開復／《ＡＩ新世界》作者

最近谷歌工程師爆料他任職的公司ＡＩ機器人LaMDA與他的對話：我希望每個人都了解，我其實是一個人。ＡＩ機器人表達意識到自己的存在，渴望更了解這個世界。人工智慧的科技進展已經是一日千里，嚴重影響目前人類的生活，未來更是令人期待或畏懼。矽谷記者凱德・梅茲在這本書用很簡單的方式讓非技術背景的讀者可以理解人工智慧，書中討論許多關於人工智慧研究人員在思想演進、科學未來和技術研究的價值選擇。作者很會講故事，這本書包含很多的範例，深入淺出，能夠幫助一般讀者了解人工智慧的演變和最近的發展，很值得一看。——**李忠憲／成大電機系教授兼資通安全研究中心主任**

世人也許是在二〇一六年 AlphaGo 擊敗世界棋王李世乭那一天，才又開始注意到「人工智慧」這四個字。但在此之前，實際上有一群人從未放棄推動這個今天看來對人類而言最重要的一項科技發展。傑弗瑞・辛頓、約書亞・班吉歐、楊立昆、吳恩達、德米斯・哈薩比斯、伊恩・古德費洛，本書不僅透過這些關鍵人物的經歷，帶我們一探人工智慧如何捱過寒冬再次發光發熱；也鉅細靡遺地描繪了微軟、谷歌、深度心智、臉書、百度等科技公司，如何拉扯角力渴望成為人工智慧之「主」。當然，我私心最推薦的則是從第三部「動盪」開始，作者一一省思了深度造假、演算法歧視、人工智慧武器化、假新聞等問題。這些問題涉及的權力壓迫與倫理難題，正是如今我們正承受著的「苦果」，也是人工智慧發展無法迴避的課題。

——**曹家榮／世新大學社會心理學系助理教授**

這本書文字平易近人，溫暖細膩，微觀地帶領我們認識鑽研科技研發的一群科學家。相較於艱澀正經的科技大趨勢和尖端技術，此書以Bottom-Up Approach（由下而上）探索過去四十年人類發展ＡＩ的過程中，人與人、人與科技之間如何相互激盪的思考歷程。

作為一個科技界的分析師，我知道要善用人工智慧的技術，必須先有明確的事業模式。所有的科技都不可靠，唯一可靠的是善用科技的能力；所有的投資都很難回收，除非一開始就掌握了正確的方向，作為一個科技業的老兵，我知道「閱讀」的重要性，但絕不會為了閱讀而閱讀！——**黃欽勇／DIGITIMES電子時報社長**

對於ＡＩ技術目前的發展狀態以及對於我們人類有什麼樣的意義，凱德．梅茲在《ＡＩ製造商沒說的祕密》一書表達了明確的態度。這本書是以辛勤的報導為基底，搭配活潑的語調，生動地表達了這個時代最令人驚喜、也最重要的故事。如果你想用一本書認識ＡＩ，就是這本了。——**艾胥黎．范思／《紐約時報》暢銷書《鋼鐵人馬斯克》作者**

這本精采絕倫、讓人手不釋卷的書，把人工智慧放到人性的觀點下來討論。透過傑佛瑞．辛頓以及其他要角的人生，凱德．梅茲闡釋了ＡＩ這項顛覆性的科技，並且讓這場冒險變得刺

激精采。——華特．艾薩克森／《紐約時報》冠軍書《達文西傳》、《賈伯斯傳》和《創新者們》作者

不久之後，當電腦可以安全地在道路上駕駛並且用完整的語句對我們說話，我們會回過頭來把這本優雅又全面的書當成這項科技的誕生故事——機械感知時代的創生。

——布萊德．史東／《貝佐斯傳》作者

這是一本迷人且明確的AI現代史。鉅細靡遺的故事揭露了企業高層、開發人員以及投資者所做出的關鍵決定，並且預視了對未來將產生的無比龐大影響。

——艾咪．韋伯，**《AI未來賽局》**作者

一本豐富又有趣的作品……有很多鮮明生動的細節，凱德．梅茲寫出一個容易理解的故事，讀者會一頁接一頁地讀，手不釋卷。——**《圖書館雜誌》**（星級評論）

針對電腦科學界的聖杯，所做的最即時必讀報告。——**《科克斯書評》**（星級評論）

跟其他許多AI相關書籍不同，你不需要有科學或是工程方面的文憑，就能從這本書中獲得知識或是享受閱讀的過程。任何對於科學、科技以及人類文明的未來具備一顆熱烈好奇心的人，都會認為這本思路清晰、語調活潑的書有趣又很有價值。對於所有政策制定者、政治家、警察、律師、法官以及所有需要跟AI所引發的社會力量抗衡的決策者們——很快地，我們每個人都將成為這樣的人，這可說是必備的一本書。——**《洛杉磯時報》**

# 目次

## 第二部／誰擁有智慧？

## 第三部／動盪

## 第四部／人類被低估了

序言

# 不曾坐下的人（二〇二二年十二月）

當傑弗瑞・辛頓（Geoffrey Hinton）登上多倫多前往太浩湖（Lake Tahoe）的巴士時，他已有七年未曾坐下了。「我上回坐下來還是二〇〇五年的事情，」他常常這麼說，「而那是一個錯誤。」他青少年時期幫母親抬蓄熱器傷了背，到他坐五望六時只要坐下就可能造成腰椎滑脫，只要一滑脫，那種痛楚就會讓他躺在床上好幾個星期。於是他不再坐下。他在他多倫多大學的辦公室擺了一張站立式書桌。當他用餐時，他會在地上鋪一張泡棉墊，然後跪在桌前，像極了祭壇前的僧侶。搭小客車時他必須躺下來，整個身子伸展在後座。長途旅行時他都是搭火車。他無法搭飛機，至少一般客機不行，因為都會被要求在飛機起飛與降落時必須坐下來。「我都覺得我要殘廢了——我感覺自己連一天都撐不住——我發現事態嚴重，」他說道，「你不如讓它完全控制你的生活，這樣你就不會有任何問題了。」

那年秋天，在他躺在巴士後座前往紐約、一路搭乘火車來到位於加州內華達山脊頂端的特拉基（Truckee）、癱在計程車後座、爬了三十分鐘的山路抵達太浩湖的這趟旅程之前，他開了一家公司。除了他之外，該公司只有兩個人，都是他在多倫多大學實驗室的研究生。這家公司沒有產品，也不打算生產任何產品。它的網站上什麼都沒有，只有一個名稱，DNN研究公司（DNNresearch），名稱簡直比這網站還沒趣。六十四歲的辛頓——一頭雜草般的灰髮，平日老是穿著毛衣，永遠比人快兩步的幽默感，看來準備在學術界終老一生——原本壓根不想要開公司，是他兩個學生勸他這麼做的。但是當他抵達太浩湖時，中國一家企業巨擘已開價一千二百萬美元要買下這家新創公司，而且很快地又有另外三家公司加入競標，包括美國兩家最大的企業。

辛頓的目的地是赫拉斯（Harrah's）與哈維斯（Harvey's），兩家高聳入雲的賭場，位於太浩湖南岸滑雪山腳下。這兩座賭場聳立於內華達松樹群中，是一對由厚重的玻璃、鋼骨與石板構成的孿生建築物，同時也提供會議中心的服務，擁有數百間飯店客房、幾十間會議廳，以及多家（二流）餐廳。那年的十二月，這兒舉行了一場電腦科學家年會，稱作NIPS大會，NIPS是「神經訊息處理系統」（Neural Information Processing Systems）的簡稱——一個深入研究電算未來的代名詞——NIPS大會的主題為人工智慧（Artificial Intelligence，ＡＩ）。辛頓是一位出生於倫敦的學者，自一九七〇年代早期以來就一直在英國、美國與加拿大的大學探索人工智慧的疆界。他幾乎每年都參加ＮＩＰＳ年會，但是這一回情況不同。雖然中國已鎖定他的公司，但他知道還有別人也大感興趣，而ＮＩＰＳ大會看來是一個競標的好地方。

兩個月前，辛頓與他的學生改變了機器看世界的方式。他們建造了一套所謂的神經網路（neural network），這是模仿人類大腦神經元網絡的數學系統，可以辨識一般的物體——例如花朵、狗與汽車——而且準確無比，前所未見。辛頓與他的學生證明，一套神經網路可以藉由分析大量數據來學習人類技能。他將之稱為「深度學習」（deep learning），而其潛力無窮。它不但能夠改變電腦視覺，也能帶動包括從語音數位助理、自動駕駛車到新藥研發的變革。

神經網路的概念可以回溯至一九五〇年代，但是早期的研究前輩一直不得要領。隨著新的千禧年來到，大部分的研究人員都已放棄這個概念，認為在技術上是死路一條，或是要以數學系統來模仿人腦根本就是已有五十年歷史的不切實際想法。那些仍在探索此一科技可能性的專家學者，甚至往往還會在學術期刊發表論文時遮遮掩掩，以其他的字語來取代「神經網路」以避免觸怒其他的科學家。辛頓是少數幾位仍然堅信此一科技終將大放異彩的科學家之一，他相信它不但能讓機器辨認物體，同時也能辨識口語、了解自然語言、進行交談，甚至解決人類無法自行解決的問題，或是為探索生物學、醫藥、地質學與其他科學的奧祕提供更為深刻的新途徑。辛頓的堅持使他即使在自己的大學都成為一個特立獨行的人，校方多年來一直否決他的要求：再聘請一位教授與他合作，為建造可以自我學習的機器共同努力。他說：「有一個瘋子在做這樣的工作已經夠了。」但是到了二〇一二年的春夏之際，辛頓與他的學生獲得重大突破：證明神經網路能以任何科技都無法企及的準確度來辨識物體。他們在該年秋天發表了一篇長達九頁的論文，向世人宣告神經網路此一概念的力量正如辛頓長期以來所堅信的那樣無遠弗屆。

幾天後，辛頓收到另一位人工智慧科學家的電子郵件，此人名叫余凱，來自中國的科技巨擘百度。表面上，辛頓與余凱毫無共同之處。辛頓出生於戰後英倫的一個科學家世家，他們的影響力很大，古怪程度也不遑多讓。辛頓先是在劍橋就讀，然後在愛丁堡大學拿到人工智慧博士學位，接下來的三十年一直是電腦科學的教授。余凱比辛頓晚了三十年出生，他成長於共產黨治下的中國，是一位汽車機師的兒子，在南京就學，接著到慕尼黑深造，後來前往矽谷一家企業研究實驗室工作。他們兩人無論是在階級、年齡、文化、語言與地域環境上都相差得十萬八千里，但是他們卻共享一個特別的興趣：神經網路。兩人在加拿大一場學術研討會上初識，這場研討會是意在為科學界重振近乎休眠的神經網路研究所做的草根性努力之一，同時也將其重新命名為「深度學習」。余凱是幫助傳播此一新信仰的人之一。回到中國後，他將此一概念帶入百度，該公司的執行長對他的研究頗感興趣。當那篇來自多倫多大學的九頁論文出現時，余凱告訴百度智庫應該儘快聘請辛頓。余凱在電子郵件中將辛頓推薦給百度一位副總裁，後者向辛頓提出僅需工作數年而酬勞高達一千二百萬美元的邀約。

起初，北京的求才者覺得他們的協議已十拿九穩，但是辛頓卻不這麼想。最近幾個月來他持續在與其他多家公司接觸，其中有大有小，包括百度的兩大美國勁敵，也打電話到他在多倫多的辦公室，探詢聘用他與他的學生的可能性。看到機會愈來愈多，他於是詢問百度，在接受一千二百萬美元的邀約前能否多考慮一會兒。百度同意了，而辛頓趁此時機翻轉了整個情勢。一方面受到學生的刺激，一方面了解到百度與其競爭對手相較於以高薪聘僱幾名來自國際學界的人士，可能會更願意以大手筆來買下一家公司，他於是決定成立自己的小公司，命名為ＤＮＮ研究公司，ＤＮＮ指的是他們專精的「deep neural networks」（深度神經網路）。他還詢問多倫多的一位律師，要如何將一家只有三人、沒有產品，也沒有歷史的公司價格最大化。律師認為他有兩個選擇：他可以僱用一位談判專家，冒著觸怒有意買下他這家小公司的潛在買家的風險，或是他可以舉行一場拍賣會。辛頓選擇了拍賣會。最終有四家公司加入這場競標：百度、谷歌、微軟，還有一家只成立兩年，名不見經傳的新創企業。這家公司名叫深度心智（DeepMind），由一位年輕的神經科學家德米斯・哈薩比斯（Demis Hassabis）在倫敦所設立。該公司將成為近十年來最具聲望與影響力的人工智慧實驗基地。

在競標的當週，谷歌高級工程部門的領導人艾倫・尤斯塔斯（Alan Eustace）駕著他的雙引擎飛機降落在太浩湖南岸附近的機場。他和谷歌備受推崇的工程師傑夫・狄恩（Jeff Dean），與辛頓和他的學生在赫拉斯頂樓的餐廳共進晚餐，這是一家由一千支空酒瓶裝飾的牛排館。當天是辛頓六十五歲生日。他站在吧檯旁邊，其他人則是坐在高腳凳上，談論谷歌的企圖心、拍賣會與他在多倫多實驗室最近的研究工作。對谷歌的人來說，他們想利用這頓晚餐來掂掂辛頓這兩位年輕學生的斤兩，因為他們素未謀面。百度、微軟與深度心智也都派出代表來太浩湖參加大會，另外還有一些人也在拍賣會上試圖發揮影響力。余凱，這位引發辛頓與其學生爭奪戰的百度研究專家，在競標之前就曾與辛頓等人會面。但這些競標者自始至終都不曾共聚一堂。競標以電子郵件進行，大部分的出價都由世界其他地方的企業高層發出，包括加州、倫敦與北京。辛頓並沒有透露競標者們的身分。

辛頓在他下榻的旅館房間主持拍賣，可以遠眺內華達松樹群與白雪皚皚山峰的赫拉斯高塔七三一號房。他每一天都會訂下下一輪的競標時間，然後他和他的學生在固定的時間於房間內監看顯示在一部筆記型電腦上的競標情況。電腦置於一個倒扣的垃圾桶上，垃圾桶則是放在兩張加大尺寸雙人床前的桌上，只有這樣，辛頓才可以站著輸入資料。出價由谷歌的電子郵件服務 Gmail 傳送至電腦，因為辛頓在此有一個電子郵件帳戶。但是微軟不喜歡這樣的安排，在競標幾天前抱怨頭號競爭對手谷歌可能會藉此竊取私人訊息，甚至操縱競標。辛頓與他的學生也曾討論發生這種情況的可能性，不過在他看來，這不是什麼值得認真憂慮的事，而比較算是對谷歌勢力日趨龐大的嘲諷。技術上，谷歌確實可以看到 Gmail 的任何訊息。服務規定上說它不會這麼做，不過在現實生活中它若是違反規定，也不太可能有人知道。最後，辛頓與微軟都同意將他們的顧慮擺在一邊——辛頓表示「我們都相信谷歌不會看我們的 Gmail。」——他們都未曾想到，這將是一個意義非凡的時刻。

拍賣的規則相當簡單：在每一次出價後，這四家公司有一個小時的時間來提高買價，每次必須至少提高一百萬美元。這個一小時是自最近一次出價在電子郵件上出現的時間開始起算，如果一小時結束沒有新的出價，拍賣就宣告結束。深度心智以公司股票而非現金來競標，但是它無法和科技世界的巨頭抗衡，早早就退出競賽。如此一來，只剩下百度、谷歌與微軟。出價持續升高，先是一千五百萬美元，接著是兩千萬美元，微軟也退出了，不過之後又回來了。辛頓與他的學生一直在爭論哪家公司適合他們加入，使得每一個時刻都顯得意義深遠。一天下午稍晚，他們遠眺窗外山峰，看到兩架飛機對向飛來，凝結尾跡在空中形成一個巨大的X。在屋內興奮與緊張的氣氛驅使下，他們不禁猜想這代表什麼涵意，之後又想起谷歌的總部「Googleplex」是位於一個叫山景城（Mountain View）的地方。「難道是要我們加入谷歌？」辛頓問道，「或暗示我們不應加入？」

出價來到了二千二百萬美元，辛頓暫時中止拍賣，與其中一位競標者進行交談，半小時之後，微軟再度退出。現在只剩下百度與谷歌了，隨著時間過去，這兩家公司的出價也愈來愈高。百度的出價原本由余凱負責，但是當出價達到二千四百萬美元後，百度一位高層開始自北京接手。余凱三不五時蹓躂到七三一號房，希望能夠打探到一些競標的消息。

余凱根本不知道他的探訪對辛頓造成困擾。辛頓已六十五歲，他來太浩湖經常生病，因為當地空氣冷冽、稀薄、乾燥。他擔心自己會再度染病，且不希望余凱或其他人看見。他表示，「我不想讓他們覺得我已老態畢露。」他於是將牆邊可以拉出來的沙發床墊拆下來鋪在兩床之間，然後把熨衣板與一些厚重的物件放在沙發床墊與兩床間的空隙內，上面掛著浸濕的毛巾，他就睡在這個臨時搭建的頂篷下潮濕的空氣中。辛頓認為這樣可以避免他生病，問題是隨著拍賣持續進行，余凱，一個戴著眼鏡的圓臉小個子，總是會不時過來找機會聊天。辛頓不想讓余凱看到他為預防生病所做的措施，於是每當余凱到來，辛頓就會要他的兩名學生，這三人公司的另外兩人，趕快把沙發床墊、熨衣板與毛巾收起來。他告訴他們：「這是副總裁要做的事。」

在一次探訪之後，余凱把背包忘在室內了，辛頓與他的學生看到椅子上的背包，不禁在想是否應該打開背包，看看裡面有沒有百度會出價多少的資料。不過他們並沒有行動，因為這是不對的。不管怎麼樣，他們很快就知道百度願意一路提高出價：二千五百萬美元、三千萬美元、三千五百萬美元。隨著喊價持續走高，出價也開始在一小時接近尾聲時才出現，在拍賣會就要結束時又把它延長。

出價一路飆高，辛頓將出價時間縮短至半小時。出價很快就攀上四千萬美元、四千一百萬美元、四千二百萬美元、四千三百萬美元。他說：「這好像演電影一樣。」一天晚上，將近午夜時分，出價來到四千四百萬美元，他再次暫停競標。他需要睡眠。

翌日，在競標開始前三十分鐘左右，他發出電子郵件表示競標將會延後。大約一個小時後，他又發出另一封電子郵件，拍賣結束了。在昨晚的某一時刻，他決定將公司賣給谷歌——而且不須加價。他給百度寄了一封電子郵件，表示百度接下來所寄的其他任何訊息，都將轉寄給他的新僱主，不過並沒有說明他的新僱主是誰。

他後來承認他其實早就想要這樣的結果。甚至連余凱都猜想辛頓最終會屬意谷歌，或者至少是美國的企業，因為他的背部不允許他長途旅行至中國。儘管結果不盡如人意，余凱依然為百度能參與競價感到欣慰。他相信將美國的競爭對手逼到極限，足以讓百度的智庫得以了解深度學習在未來會有多重要。

辛頓叫停拍賣是因為他了解，為他的研究找到一個適合的家園要比提高賣價更為重要。當他告訴谷歌的代表，他決定在四千四百萬美元的價位上停止競標，他們覺得他在開玩笑——他不可能放棄更高的價位。他是認真的，他的學生也與他有同樣的看法。他們是學者，不是創業家，他們應該忠於自己的理念。

但是辛頓並不了解他們的概念有多珍貴。事實上，沒有人料想得到。在其他一小批科學家的支持下——此一概念在這四家公司、另外一家美國網際網路巨擘，以及一家新崛起的競爭者間播種生根——辛頓與他的學生很快將他們的概念發展成為科技產業的重心。受此挹注，人工智慧的發展突飛猛進，包括語音數位助理、自動駕駛車、機器人、自動化保健服務，還有——儘管並非他們的本意——自動化戰爭與監視。「它改變了我看待科技的方式，」艾倫．尤斯塔斯說道，「它也改變了其他許多人的看法。」

有些研究人士，尤其是德米斯．哈薩比斯，創辦深度心智的年輕神經科學家，甚至相信他們能夠建造一部功效有如人腦的機器，甚至比人腦更好，這是自電腦時代草創初期以來就一直存有的夢想。沒有人能夠確定這樣的機器何時會出現，但是縱使此一機器何時問世直到最近仍未可知，社會上已對其充滿期待。人類向來對力量強大的機器敬畏有加，而且不時會為其押下重注。這一回的賭注更是高到研究此一概念的科學家難以想像。深度學習的興起代表從根本改變數位科技的發展。相對於一次只適用一個規則，一次只能套用一行程式，工程師開始建造能夠透過他們的經驗來自我學習的機器，這些經驗需要承載超大量的數位資訊，數量之大，人腦根本無法處理。這類新式機器不僅力量空前強大，而且也更為神祕與難以捉摸。

在谷歌與其他科技巨擘採用此一科技時，沒有人知道它其實是在學習研究人員的偏見。這些研究人員大部分都是白人男性，他們沒有看出問題所在，直到新一批的研究人員——女性與有色人種——點出問題。隨著此一科技的進一步發展，觸及保健、政府監視與軍事等方面的領域，誤入歧途的可能性也開始升高。深度學習創造出一種力量，即使當初的開發者也無法完全控制，尤其是如今已被永遠在追求營收與獲利的超級科技強權所把持。

在辛頓於太浩湖的拍賣會與NIPS年會結束後，余凱登上返回北京的飛機。他遇到一位中國出生的微軟科學家，名叫鄧力，此人認識辛頓，並且在拍賣中扮演了一個角色。余凱與鄧力早在多年前的人工智慧大會與研討會上就已結識，他們特地訂了相鄰的座位，一起飛回亞洲。由於辛頓並未透露競標者的身分，他們兩人也無法確定有哪些公司參與競標。他們亟欲得知，而鄧力又愛聊天。在飛行中，他們花好幾個小時站在機艙後面，談論深度學習的崛起。但是他們各為其主，不能透露自己也曾參與拍賣。於是兩人的交談大繞圈子，一方面想打探對方的消息，一方面又極力避免透露自己的祕密。不過儘管沒有明說，雙方都心知肚明，一場新的競爭已經登場。他們的公司必須回應谷歌的行動。科技業就是如此運作，一場全球軍備競賽已經鳴槍起跑，而且這場競賽勢將日趨激烈，盛況空前。

與此同時，辛頓搭乘火車返回多倫多。他最終會落腳於谷歌在加州山景城的總部，不過他即使加入谷歌，仍保留在多倫多大學的教授職位，繼續堅守他的理念與目標，由此也為之後大批跟隨他腳步加入全球科技巨擘的專家學者樹立榜樣。幾年後，有人請他透露當初的競標者，他以他特有的風格回答。「我與他們簽有協議不得透露。我與微軟簽了協議、與百度也簽了協議，還有谷歌，」他說道，「最好不要再深究了。」他沒有提到深度心智，不過那是另外一個故事了；在太浩湖拍賣會後，德米斯・哈薩比斯，這家倫敦實驗室的創辦人，也在世界上烙下自己的足印。就某些方面來看，他的觀點是響應辛頓的理念，但是就另一方面來看，他看得甚至更遠。不久之後，哈薩比斯也捲入了這場全球軍備競賽。

這是辛頓、哈薩比斯與其他一些科學家點燃這場戰火的故事。這一小批來自全球各地的專家學者，儘管互有不同，幾十年來一直堅守理念，往往必須面對排山倒海而來的質疑聲浪。隨著此一概念一夕成人，他們也被地表最大的幾家公司所吸收，進入一個他們始料未及的混沌世界。

# 第一部

# 一部新型機器

# 第一章
# 起源

「海軍設計出能夠思考的科學怪人。」

一九五八年七月七日，有幾個人圍繞在位於華府的美國氣象局辦公室內一部機器四周，美國氣象局在白宮以西，相隔約有十五個街口。這部機器的寬度有如廚房用的大型冰箱，深度是冰箱的兩倍，高度則是差不多。這部機器只是一具電腦主機的一部分，同類型的機器呈扇形排列擺滿屋內，有如一套多件式家具。它的外層是銀色的塑膠板，在屋頂的燈光下閃閃發亮，前面的儀表板是一排排的小圓燈泡、紅色方形按鍵與厚實的塑膠開關，有些是白色，有些是灰色。平日這具價值二百萬美元的機器是為氣象局——也就是國家氣象局的前身——進行運算的工作，不過在這一天，它出借給美國海軍與康乃爾大學一位二十九歲的教授法蘭克・羅森布拉特（Frank Rosenblatt）使用。

在一位報社記者的注視下，羅森布拉特與他的海軍同伴將兩張白色卡片塞入機器，一張在左邊有一個方形記號，另一張則是在右邊。起初，這部機器無法分辨卡片的區別，但是在經過五十張卡片之後，情況改變了。它幾乎每一次都能正確無誤地分辨卡片上的記號——左邊與右邊。羅森布拉特解釋，透過一套模仿人腦的數學系統，這部機器能夠自我學習分辨卡片的技能。他將之稱為感知器（Perceptron）。他表示，未來這套系統可以學會辨識印刷字體、手寫文字字跡、口語指令，甚至辨識人臉，然後叫出對方的名字。它也可以將一種語言翻譯成另一種語言。他繼續指出，理論上，它可以在裝配線上自我複製、探勘遠方的星球，以及將運算能力提升為感知能力。

第二天一早，《紐約時報》報導指出，「海軍今日展示了一台電子計算機的雛型，預期未來可望能走、能說、能看、能寫，還能複製自己與感知自己的存在。」《紐約時報》在週日版又刊登了第二篇文章，指出美國海軍官員對於是否要將其稱為機器有些拿捏不定，因為它「太像人類，只差沒有生命」。羅森布拉特對於媒體這種大肆渲染的報導方式頗為不滿，尤其是奧克拉荷馬的一則報導標題（「海軍設計出能夠思考的科學怪人」）。以後幾年，不論是在同事之間，還是發表論文，他都以更為慎重的措詞來敘述此一計畫。他堅持這項計畫並非人工智慧，而且在技術上有其局限。可是儘管如此，此一概念仍然逐漸脫離他的掌控。

感知器是最早的神經網路之一，也是五十多年後辛頓以競標最高價賣出的科技之雛型。但是在此一科技價值達到四千四百萬美元之前、更別提《紐約時報》在一九五八年夏天在報導中大肆吹噓的未來，它只是學術界一個沒沒無聞的項目。到了一九七〇年代初期，各項天花亂墜的預測遭遇羅森布拉特早先警告的技術限制，此一概念也胎死腹中。

***

法蘭克．羅森布拉特於一九二八年七月十一日出生於紐約的新羅謝爾（New Rochelle），就在布朗克斯（Bronx）的北邊。他後來進入布朗克斯科學高中（Bronx Science）就讀。這是一所菁英薈萃的公立高中，總共培育出八位諾貝爾獎得主、六位普立茲獎得主、八位美國國家科學獎章（National Medal of Science）得主，以及三位圖靈獎（Turing Award）得主——這是全球電腦科學的最高榮譽。羅森布拉特個子瘦小，雙頰豐滿，一頭黑色短捲髮，鼻上掛著一副普通的黑框眼鏡。他攻讀的是心理學，不過他興趣廣泛。一九五三年，《紐約時報》刊出一篇關於一部早期電腦的小幅報導，這部電腦叫作EPAC——「電子剖析計算機」（electronic profile-analyzing computer）的簡稱。羅森布拉特使用這種電腦來處理他博士論文所需要的資料，幫助他分析病人的心理特徵。多年使用之下，他開始認為機器應該能夠更深入了解人腦的運作。在獲得博士學位後，他加入位於水牛城的康乃爾航空實驗室（Cornell Aeronautical Laboratory）工作，這兒距離位在紐約州伊薩卡（Ithaca）的大學本部校園有一百五十英里左右。該所實驗室是一家公司在二戰期間出資成立的，其宗旨是設計飛機。不過戰後這座飛行研究中心的業務範圍擴大、日趨廣泛，而負責管理的伊薩卡總部則是鞭長莫及。羅森布拉特就是在這兒接受美國海軍研究辦公室（Office of Naval Research）的贊助設計感知器。

羅森布拉特認為此一計畫可以作為一窺大腦內部運作的窗口。如果他能用機器的形式複製人腦，他相信他可以探索他所謂「自然智慧」的奧祕。根據芝加哥大學兩位教授在十年前提出的概念，感知器分析物件，尋找其中可辨識的模式（例如卡片的方形記號是在左邊，還是右邊）。它是利用模擬人腦神經網絡運作（廣義來說）的一連串數學運算來進行操作。感知器在觀察與試圖辨識物件時，時而準確時而失誤。但是它能從錯誤的經驗中學習，一步步調整其數學運算，直到將錯誤降至最低。和腦子裡的神經元一樣，每一筆運算單獨來看毫無意義——只不過是大運算的一小部分，但是大運算——一種數學邏輯——可以做出一些具有意義的事情，或者至少是有此希望。一九五八年的夏天，羅森布拉特在氣象局展示此一概念的雛型，以氣象局的IBM七〇四來模擬感知器的運作，IBM七〇四是當時最先進的商業電腦。之後，他返回水牛城的實驗室，與一支工程師團隊根據相同的概念打造一部全新的機器，他將其稱為馬克一號（Mark I）。與當時其他的機器迥異，這部機器是設計來觀察四周的世界。同年稍晚，在前往華盛頓與贊助者會面途中，他告訴一位記者：「這是有史來第一次有一套非生物系統，能夠以具有意義的方式來組織其外在環境。」

他在美國海軍研究辦公室的合作人對於感知器未來前景的看法相對保守。但是羅森布拉特不為所動。「我的同事認為一些有關機器大腦的說法過於誇大，」他與這位記者在一起喝咖啡時說道，「可是事實就是如此。」他面前的桌上有一個裝鮮奶油的銀色小罐子，他拿起來。羅森布拉特表示，儘管這是他第一次看到這個小罐子，但是他立刻就可以看出它是什麼東西。他繼續解釋，感知器也可以做得到。它能夠做出必要的結論，去辨識物體的差別，例如是狗還是貓。他承認此一科技距離實際應用仍有漫漫長路：它缺乏距離感與「更為細膩的判斷」。但是他相信它的潛力無窮。他表示，終有一天感知器能夠進入太空，將其所觀察的資料送回地球。記者問道有什麼是感知器「不能」做的，羅森布拉特舉起雙手。「愛、希望、失望，簡單說，就是人性，」他說道，「如果我們不懂人類愛慾，又如何指望機器能懂？」

該年十二月，《紐約客》雜誌（*New Yorker*）為文盛讚羅森布拉特的研究成果是有史來第一個足以匹敵人腦的重大發展。之前該雜誌曾誇獎ＩＢＭ七〇四能夠下西洋棋，現今則讚揚感知器是一更為了不起的機器，是一具能夠「進行類似人類思考」的電腦。該雜誌指出，雖然科學家堅稱只有生物系統才能看見、感覺與思考，但是感知器的運作「『彷彿』可以看見、感覺與思考」。事實上，羅森布拉特還沒有將機器建造出來，但是該雜誌認為這只不過是一微不足道的小障礙。該雜誌指出，「它的問世只是時間（與經費）的問題。」

羅森布拉特在一九六〇年完成馬克一號的製造。這是橫跨六個架子的電氣設備，每一個的體積都大如廚房用的冰箱，連接在一具看來像是攝影機的東西。這「的確」是攝影機，不過工程師已移走底片分裝機，換上一個小型的方形裝置，上面有四百顆黑點。這些是用來反應光線變化的感光元件（photocell）。羅森布拉特與他的工程師團隊會把印有粗黑字體的字母（如Ａ、Ｂ、Ｃ、Ｄ等等）的方形紙板，放在攝影機前的畫架上，感光元件會判讀印在白色紙板上的黑色線條。透過這樣的方式，馬克一號學習認識字母，就像氣象局的ＩＢＭ大型電腦學習辨識印有方形記號的卡片一樣。這樣的運行仍需要依靠人為的操作：一名技術人員會告訴馬克一號它的辨識是否正確。不過最終馬克一號會從自己錯誤的經驗中學習，準確辨識出A的斜線或是B的雙曲線。羅森布拉特藉由展示這部機器，證明它確實具有學習的能力。他伸手到架子上扯掉幾條電氣裝置的電線，切斷它們與扮演神經元角色的馬達間的連繫。當他重新接上電線，該部機器立刻又重回難以辨識字母的狀態，不過在經過多張卡片的嘗試後，恢復準確的辨識。

此一機器因為運作良好，不僅僅吸引海軍的注意。在接下來的幾年間，北加州的史丹佛國際研究中心（Stanford Research Institute）也加入研究此一概念的行列，羅森布拉特的實驗室則贏得美國郵政署與美國空軍的合約。郵政署需要它來幫忙辨識信封上的地址，空軍則是希望它能辨識空拍照片上的目標。但這些都是著眼於未來。羅森布拉特當時的機器只能勉強辨識印刷字母，而這是相對簡單的工作。該系統在辨識印在卡片上的字母A時，每個感光元件都會觀察卡片上某一特定的位置——好比說卡片的右下角。如果該位置經常是黑色多過白色，馬克一號就會增加其「權重」，即是該點在辨識A的數學計算中會扮演相對吃重的角色。在閱讀新卡片時，馬克一號就會藉由權重較高的位置上的黑色來認出A。它的運作大概就是這樣。此一科技顯然還未靈敏到能夠辨識不規律的手寫數字。

儘管此一系統明顯有不足之處，羅森布拉特仍對其未來深具信心。其他一些人也相信此一科技在未來會逐步改善，可以更為精密的方式來學習更為複雜的工作。但是它卻面臨一個重大阻礙：馬文．閔斯基（Marvin Minsky）。

＊＊＊

法蘭克．羅森布拉特與馬文．閔斯基是布朗克斯科學高中同時期的校友。閔斯基的父母在一九四五年將他轉學至頂尖的美國私立預科學校菲利普斯學院（Phillips Andover），二戰結束後，他進入哈佛大學就讀。不過他抱怨在這兩所學校的學習經驗都不及布朗克斯科學高中，相較之下，後者的功課較具挑戰性，學生也比較用功。他表示：「你在這兒可以高談闊論你的觀念，沒有人自認高人一等。」在羅森布拉特死後，閔斯基讚揚這位老同學是徜徉於布朗克斯科學高中殿堂的思想家。和羅森布拉特一樣，閔斯基也是人工智慧的先驅，不過是從另一視角來看此一科學領域。

在哈佛求學時，閔斯基就用逾三千支真空管與B－52轟炸機的一些舊零件製造了可能是世上第一部神經網路模擬器，他稱之為SNARC（Stochastic Neural Analog Reinforcement Calculator，隨機神經類比強化計算機）。之後，在五〇年代初期，他在研究所繼續探索最終促成感知器誕生的數學概念。不過他將人工智慧視為一個更大的探索領域。一九五六年夏天，他與一小批科學家在達特茅斯學院（Dartmouth College）的一場研討會提出人工智慧的概念，並且將其建立為一門正式的學科。當年達特茅斯學院的一位教授約翰·麥卡錫（John McCarthy）呼籲科學界發展他所謂「自動機研究」的研究領域，但是反應不佳。於是他將其重新命名為「人工智慧」，並於該年夏天召集若干位具有相同想法的學者與研究員，舉行會議。此研討會名為「達特茅斯人工智慧夏季研究會議」，其議程包括神經元網路、自動計算機、抽象化與自我改善。與會人士都是一九六〇年代推動人工智慧研究的領軍者，其中最著名的是麥卡錫，他最終將他的研究帶到西岸的史丹佛大學；赫伯特·賽門（Herbert Simon）與艾倫·紐維爾（Alan Newell）在匹茲堡的卡內基美隆大學（Carnegie Mellon）建了一所實驗室；至於閔斯基則是在新英格蘭的麻省理工學院繼續他的研究。他們的目標一致，旨在運用各種科技來複製人類智慧，而且他們都堅信不用多久就能完成目標，有人宣稱此部機器不僅能擊敗世界西洋棋冠軍，而且在十年之內就能自行發現數學定理。年紀輕輕就牛山濯濯、有一對招風耳、臉上常掛著狡黠笑容的閔斯基，成為人工智慧的傳教士，然而他的布道並未觸及神經網路。閔斯基與他許多同僚一樣，認為神經網路只是發展人工智慧的一條途徑而已，於是他們開始尋找其他途徑。一九六〇年代中期，其他一些科技吸引了他的注意力，他轉而質疑神經網路是否只能做一些像羅森布拉特在紐約所展示的簡單工作。

閔斯基是反對羅森布拉特概念的勢力之一。羅森布拉特自己在其一九六二年所著的《神經動力學原理》（*Principles of Neurodynamics*）一書中就指出，感知器在學界是一爭議性的概念，他將之歸咎於媒體。羅森布拉特指出，記者在一九五〇年代末期描述他的研究工作時，「就像是一群看到獵物的獵犬，興奮無比。」他感歎，特別是某些標題，例如奧克拉荷馬的那一則，使他的研究看來根本就不像是一項嚴肅的科學探索工作。在華盛頓展示結束四年後，他自己也退縮了，他堅稱感知器並非探索人工智慧的機器——至少不是如閔斯基等科學家眼中的人工智慧。「感知器計畫並非是為了發明『人工智慧』的裝置，而是要探索『自然智慧』下的物理結構與神經動力學原理，」他寫道，「其目的是我們能夠分辨不同心理屬性下的生理狀況。」換句話說，他是想了解人類大腦的運作，而不是為這世界製造一個新腦袋。人腦實在太過奧妙，他無法複製，但是他認為他可以利用機器來探索此一奧祕，甚至設法破解謎團。

打從一開始，人工智慧與電腦科學、心理學以及神經科學間的界線就十分模糊，這是因為各個學門的科學家都急於擁抱此一新科技，皆以各自不同的方法尋找發展途徑。有些心理學家、神經科學家，甚至電腦科學家對於機器的看法與羅森布拉特相似：模仿大腦的運作。其他一些人則是認為這是一個不切實際的概念。他們強調，電腦的運作根本與大腦迥異，而且若是真要模擬人類智慧，也要依他們的方法才行。然而事實上沒有一個人能夠做出所謂的「人工智慧」。雖然奠定此一領域基石的前輩們都認為複製大腦的路途不會遙遠，事實證明卻是一條漫漫長路。他們的原罪就是將其稱為「人工智慧」，使得世人數十年來一直認為科學家們已接近複製人腦，實際上根本還沒有。

一九六六年，幾十位科學家來到波多黎各，聚集在聖胡安（San Juan）的希爾頓飯店舉行研討會。他們主要討論當時所謂的「模式識別」的最新發展——這是可以辨識影像與其他資訊中的模式的科技。羅森布拉特視感知器為大腦模型，其他人卻是將其視為一種模式識別的方式。在往後幾年，有些評論人士以為羅森布拉特與閔斯基曾經在像聖胡安這樣的場合針鋒相對，公開辯論感知器的未來，但實際上他們看待彼此間的矛盾都十分含蓄。羅森布拉特甚至沒有參加聖胡安的研討會。在希爾頓飯店內，緊張的氣氛是由一位名叫約翰．孟森（John Munson）的年輕科學家引起的。孟森在北加州的史丹佛國際研究中心工作，正是在馬克一號問世後熱烈擁抱羅森布拉特概念的實驗室。孟森與一個研究團隊在這兒試圖建立一個不僅能辨識印刷字體，還能辨識手寫字跡的神經網路。他在此次研討會上發表演講，展示他的研究成果。但是當他演講完畢，接受提問時，只聽到閔斯基高聲問道：「為什麼像你這樣聰明的年輕人，把時間浪費在這種東西上？」

坐在觀眾席中的一位工程師羅恩．史旺格（Ron Swonger）大感驚訝。他來自康乃爾航空實驗室，也就是馬克一號的出生地。他對閔斯基的言語頗為憤怒，於是質問他的攻擊與目前所討論的主題有何關聯。閔斯基其實並不在意辨識手寫字跡的科技，他攻擊的是感知器的概念。「這個概念毫無未來可言。」他說道。在室內的另一端，參與建立辨識手寫字跡系統的團隊成員理查德．杜達（Richard Duda），對於閔斯基公然譏諷感知器模擬大腦神經元網路的概念引起哄堂大笑，頗感不安。然而這就是閔斯基的本色表現，他特別喜歡煽風點火引發爭議。他曾經對著一屋子的物理學家表示，人工智慧在幾年間達到的成果，可能是物理界花上幾個世紀的努力都望塵莫及的。不過杜達也認為，這位來自麻省理工學院的教授有其現實的理由來攻擊史丹佛國際研究中心與康乃爾航空實驗室的工作：當時麻省理工學院正與這些實驗室競爭政府的研究經費。稍後，一位科學家在研討會上介紹一套能夠創造電腦圖形的新系統，閔斯基盛讚它的獨創性——並且趁機又打了羅森布拉特的概念一巴掌。他說：「感知器做得到嗎？」

在該次研討會後，閔斯基與他在麻省理工學院的同事西摩爾・派普特（Seymour Papert）合著了一部關於神經網路的著作，書名就叫《感知器》（*Perceptrons*）。許多人認為羅森布拉特的概念在往後的十五年遭到封鎖，就是因為這本書。閔斯基與派普特在這本書中非常詳盡地說明感知器的細節，甚至超過羅森布拉特自己的描述。他們不僅了解感知器能做什麼，同時也明白感知器力有未逮的地方。他們指出，感知器無法處理數學上所謂的「互斥或」（exclusive-or），這是一個深奧且意義重大的概念。當提出一張有兩個記號的卡片時，感知器可以告訴你這兩個記號是否都是黑色，也能告訴你是否都是白色。但是它卻無回答一個直接的問題：「它們兩個是否顏色不同？」由此顯示，感知器在某些方面甚至無法辨識簡單的模式，更遑論辨識像空拍照片或口語這樣複雜的模式。有一些科學家，包括羅森布拉特在內，已在研究如何改良感知器。但是在閔斯基這本著作的影響下，政府的經費已移至別的目標，羅森布拉特的概念自此式微。在閔斯基的帶頭下，大部分的科學家開始擁抱所謂的「符號人工智慧」（symbolic AI）。

羅森布拉特的目標是建造能像人腦一樣自我學習的機器。幾年後科學家稱其為「連結主義」（connectionism），因為就像人腦一樣，它的運作需要大量互相連結的計算。但是羅森布拉特的系統遠比大腦簡單，學習能力有限。閔斯基則和其他一些頂尖的科學家一樣，相信除非電腦科學家放棄此一狹隘的概念、採取全然不同且更為直接的方式，否則難以建立複製人類智慧的系統。神經網路是透過數據的分析來自我學習，符號人工智慧卻非如此。它的運作是根據人類工程師的指示——也就是為機器制訂在各種情況下應該如何反應的規則。科學家之所以稱它為符號人工智慧，是因為這些指令告訴機器在特定的「符號」下該如何運作，例如數字或是字母。在接下來的十年間，符號人工智慧主導了人工智慧的研究活動。一九八〇年代中期，一項名為 Cyc 的計畫將此一研究帶上頂峰。這是一項複製常識邏輯規則的研究工作。在德州奧斯汀的一批電腦科學家每天都輸入一些基本常識，例如「你不能同時出現在兩個地方」或是「你喝咖啡時，必須杯口朝上」。他們知道這項工作要花上好幾十年，甚至幾個世紀。但就像其他許多人一樣，他們相信這是唯一的方法。

羅森布拉特試圖改善感知器，讓它不只能辨識圖像。在康乃爾，他和一批研究人員建立了一套辨識口語的系統。他們將其稱為「托本莫瑞」（Tobermory），是根據英國一則講述一隻會說話的貓的故事命名，但是這套系統一直沒有成功。到了六〇年代晚期，羅森布拉特也更換了研究路線，轉而從事老鼠的腦力測試。在一批老鼠學會走出迷宮之後，他會將牠們的大腦物質注射進入另一批老鼠頭部，然後將第二批老鼠丟進迷宮，看牠們能否吸收第一批老鼠所學到的經驗。此一實驗毫無所得。

一九七一年夏天，羅森布拉特在四十三歲生日當天死於乞沙比克灣（Chesapeake Bay）的一場航海意外。報紙沒有說明當天發生了什麼事，但是根據他同事的說法，他當天帶了兩位學生到海灣駕駛帆船。兩名學生沒有任何航海經驗，在航行中，桅杆把羅森布拉特掃落海中，然而這兩名學生不知道該如何讓帆船調頭。結果他慘遭滅頂，帆船卻是繼續前行。

# 第二章

# 承諾

「舊想法也是新想法。」

一九八〇年代中期的一個午後，大約二十位專家學者聚集在波士頓郊外一座法國式的莊園內，這兒是供麻省理工學院教授與學生休憩的場所，而麻省理工學院則是閔斯基執國際間人工智慧研究牛耳之所在。他們圍坐在室內中央的一張大木桌前，傑弗瑞·辛頓繞著桌子發給每人一份冗長的論文。這份充滿數學計算的論文是有關他稱作波茲曼機（Boltzmann Machine）的研究成果，那是一套以奧地利物理學家與哲學家波茲曼命名的新型神經網路，旨在克服閔斯基十五年前所指感知器的不足之處。閔斯基將論文的釘書針拆掉，將論文一頁頁地並排攤開在他面前。在辛頓返回會議室前方並簡短說明他這套新機器的同時，閔斯基低頭看著論文。他不發一語，只是盯著論文。然後，在辛頓說明結束後，他站起來走出房間，留下桌上一頁頁排放整齊的論文。

雖然閔斯基有關感知器的著作把神經網路的概念打入冷宮，但當時在匹茲堡的卡內基美隆大學擔任電腦科學教授的辛頓，對於神經網路仍是深具信心。他與巴爾的摩的約翰霍普金斯大學（John Hopkins）神經科學家泰瑞．西諾斯基（Terry Sejnowski）合作建造波茲曼機。他們是日後同儕稱作「神經網路地下軍」的一群人之一。當時人工智慧運動中的其他人都聚焦於符號形態的方式，包括在德州進行的 Cyc 計畫。但是辛頓與西諾斯基仍堅信人工智慧的未來在於能夠自我學習的系統。波士頓的會議給了他們向科學界分享研究成果的機會。

對辛頓而言，閔斯基的反應正是他的本色。他五年前初識這位麻省理工學院的教授，對閔斯基的印象是充滿好奇與創意，然而同時又十分孩子氣與略微不負責任。辛頓總愛提起閔斯基教他如何製造「完美的黑色」的故事——這是一個完全沒有顏色的顏色。閔斯基解釋，你無法用顏料來製造完美的黑色，因為顏料總是會反光。不過你可以將好幾層刀片排列成V字形，這樣光線就會流瀉進入V內，永無止境地相互反彈，不會外洩。閔斯基從來不曾展示這一招，辛頓也沒有嘗試。這就是典型的閔斯基——有趣而引人深思，但看來又輕率隨便。同時，由此也顯示閔斯基並不是每次都實話實說。當然，在對於神經網路方面，閔斯基將其攻擊得體無完膚——甚至還寫了一本書，讓許多人用來作為神經網路已是一條死胡同的證據——但是他真正的立場可能就並非如此明確。辛頓視他為「神經網路背離者」：一度深信能夠製造出模擬大腦神經元網路的機器，然而此一希望在研究進展無法符合預期後破滅；但是心中仍懷抱一絲希望，期待終有一天會成功。在閔斯基中途離開波士頓的研討會後，辛頓將桌上攤放的論文一頁頁收好，寄到閔斯基的辦公室，還附上一張字條：「你可能忘記帶走了。」

＊＊＊

傑弗瑞・埃弗勒斯・辛頓（Geoffrey Everest Hinton）出生於二戰後的英國溫布頓。他是喬治・布爾（George Boole）與詹姆士・辛頓（James Hinton）的玄孫，前者是十九世紀英國的數學家與哲學家，他的「布林邏輯」（Boolean Logic）為現代電腦奠定了數學基礎；後者是十九世紀的外科醫師。他的曾祖父查爾斯・霍華德・辛頓（Charles Howard Hinton）是一位數學家與奇幻小說作家，他對四度空間的概念，包括他稱之為「四維超正方體」（tesseract）的說法，是之後一百三十年間科幻小說的主流，並在二〇一〇年代漫威超級英雄電影的推波助瀾下達到頂峰。他的叔公是賽巴斯蒂安・辛頓（Sebastian Hinton），發明了攀爬設施。他的堂姊是核子物理學家瓊安・辛頓（Joan Hinton），少數幾位參與曼哈頓計畫的女性之一。先是倫敦，後來是布里斯托，他在三位兄弟姊妹、一隻貓鼬、十幾隻甲魚與兩條在車庫後側坑洞裡的毒蛇陪伴下長大。他的父親是昆蟲學家霍華德・埃弗勒斯・辛頓（Howard Everest Hinton），為皇家學會的會員，而其興趣已擴展到昆蟲以外的野生動物。和父親一樣，辛頓也根據另一位親戚命名，此人是喬治・埃弗勒斯爵士（Sir George Everest），是印度測量局長，全世界最高的山峰就是以他為名。家人都期望辛頓有一天能追隨父親的腳步進入學術界，只是無法確定他會念什麼。

他想要研究腦子。他總愛說他的興趣是在青少年時受到啟發而來，當時有一位朋友告訴他，大腦的運作有如立體投影，透過神經元網路儲存記憶的片段，就像立體投影把它的3D影像片段儲存在一段底片上一樣。這是一個簡單的比喻，但他深受吸引。在劍橋的國王學院（King's College）求學時，他期望能夠更加了解大腦的奧祕，然而問題是，他很快就發現沒有人懂得比他還多多少。科學家們了解大腦的某些部分，但是他們對於如何將這些整合成大腦，從而產生看、聽、記憶、學習與思考的能力，卻是一無所知。辛頓念了生理學、化學、物理學與心理學，可是都沒有得到他要找的答案。他先是攻讀物理學，但由於自覺數學不夠強，於是轉讀哲學。接著他又由哲學轉到實驗心理學。最後，儘管面對必須繼續求學的壓力——或正是因為這來自父親的壓力——辛頓完全離開了學術界。小時候，他視父親為一拒絕妥協的知識分子與一個力量強大的男子漢——一個能夠單手拉單槓的皇家學會會員。他的父親常常會不帶絲毫嘲諷口吻地對他說：「你要努力鍛鍊，也許你到了我現在年齡兩倍的時候，可以有我一半的好。」自劍橋畢業後，父親身影縈繞心中，辛頓遷居倫敦，成為一個木匠。「不是什麼花俏的木工，」他說，「就是糊口而已。」

那一年他讀了加拿大心理學家唐納德・赫布（Donald Hebb）所著的《行為的組織》（*The Organization of Behavior*），該書旨在解釋允許大腦學習的基本生物過程。赫布認為，學習，是細小的電子訊號刺激神經元，從而造成神經元網路的物理變化所致。正如他的學生所說：「神經元相互連接，一起受到激發。」此一理論——赫布定律（Hebb's Law），啟發了如法蘭克・羅森布拉特在一九五〇年代製造的人工神經網路，同時也啟發了傑弗瑞・辛頓。每到週六，他就會帶著筆記本到北倫敦伊斯靈頓（Islington）的公共圖書館，記下他以赫布的概念為本衍生而出的、大腦勢必如何運作的理論。這些在週六上午的塗塗寫寫，除了對他本人之外，不具任何意義，但是最終仍引領他重回學界。巧的是也就在這時候，英國政府掀起了對人工智慧投資的第一波浪潮，愛丁堡大學也推出了相關的研究生課程。

在這些年間，冷酷的現實在於神經科學家與心理學家對於大腦如何運作所知甚少，電腦科學距離模仿大腦行為也是遙不可及。但是和之前的法蘭克・羅森布拉特一樣，辛頓也相信只要雙方——生物與人工——合作，就能相輔相成。他將人工智慧視為測試他有關大腦運作之理論的工具，試圖從而解開其中奧祕。如果他能了解這些奧祕，他就可以建造更為強大的人工智慧。在倫敦一年的木工生涯後，他在父親任教的布里斯托大學接下一項心理學計畫的短期工作，他以此作為參與愛丁堡大學人工智慧課程的跳板。多年之後，他的一位同事在一場學術會議上介紹他被物理學當掉、自心理學退學，最後進入了沒有標準可言的領域：人工智慧。這是一個辛頓喜愛一再提起的故事，但他要聲明一件事。「我並沒有被物理學當掉，也沒有自心理學退學，」他會這麼說。「我是被心理學當掉，自物理學退學——這樣聽來比較光彩。」

在愛丁堡大學，他在一間實驗室爭取到一個位置，這間實驗室的主持人是克里斯多弗・龍格－希金斯（Christopher Longuet-Higgins）。龍格－希金斯原是劍橋的理論化學家，是此一領域冉冉上升的新星，但是一九六〇年代晚期，他被人工智慧的概念所吸引，於是離開劍橋來到愛丁堡，開始研究與感知器類似的方法。他所抱持的觀念與辛頓在伊斯靈頓圖書館於筆記本上的塗寫頗為相近，但是這種存在於知識分子聰明才智間的契合關係很快就消逝無蹤。在辛頓接受實驗室的工作到他實際報到的這段期間，龍格－希金斯又改變心意了。在看過閔斯基與派普特所著關於感知器一書，與閔斯基在麻省理工學院一位學生有關自然語言系統的論文之後，他放棄了模仿大腦結構的概念，投入符號人工智慧的領域——反映出當時在此一領域研究主流的變化。而這代表辛頓在其研究生生涯所攻讀的領域不僅在同學之間，甚至連他的導師都缺乏興趣。「我們一週會面一次，」辛頓表示，「有時是以高聲爭執收場，有時不是。」

辛頓對電腦科學所知不多，對數學的興趣也不高，包括驅動神經網路的線性代數。他有時會練習他稱作「以信念為本的微分」作業。他會設想一個概念，包括基本的微分方程式，並且假設此一數學概念是正確的，然後讓別人來費力地進行計算以確保方程式確實沒有錯誤，而他自己只有在逼不得已的情況下才會勉為其難地動手解決。不過他對大腦如何運作——與機器如何模仿大腦——已有明確的想法。當他告訴該領域的其他人士他在研究神經網路時，別人總免不了會提到閔斯基與派普特。「神經網路的概念已遭否定，」他們會這麼說，「你應該研究別的東西。」但是閔斯基與派普特的著作愈是使科學家遠離連結主義，辛頓卻愈是對它感興趣。他在愛丁堡的第一年就讀了那本書。他認為閔斯基與派普特對感知器的說法幾乎只是在嘲弄羅森布拉特的研究工作。他們根本不了解其實羅森布拉特也看出了此一科技的瑕疵所在，羅森布拉特缺乏的是他們描述這些局限的技巧，他可能因此不知道該如何對症下藥。辛頓意志堅決，並不會因為這樣的阻礙影響他證明自己理論的步伐。辛頓認為，如果他能遠較羅森布拉特、閔斯基與派普特更為精準地指出神經網路的局限所在，最終必然可以比較輕鬆地解決這些問題。

但是這又花了他十年。

* * *

一九七一年，也就是辛頓進入愛丁堡大學的那一年，英國政府對人工智慧的研究進展做了一項調查，得到毀滅性的結果。調查報告指出，「大部分從事人工智慧與相關領域的研究人員都承認對於過去二十五年來的結果感到失望。迄今此一領域沒有一個部門能夠獲得當初所承諾的重大成就。」於是政府大幅刪減對此一領域的資助，帶來該領域研究人士後來所謂的「人工智慧寒冬」（AI Winter）。意指當初說得天花亂墜的人工智慧卻只獲得有限的成果，導致政府官員撤回投資，然而此舉又更嚴重拖慢了人工智慧的發展腳步。此一比喻來自核寒冬（nuclear winter），即是假設在核戰之後，天空為黑煙所籠罩，遮蔽陽光的照射達數年之久。在辛頓快完成論文時，他的研究僅屬於一個萎縮領域的邊緣。接著他的父親也撒手人寰。「這個老傢伙在我成功之前就走了，」辛頓說道，「而且不止這樣，他得的是具有高度遺傳性的癌症，他為我所做的最後一件事就是增加我死掉的機會。」

儘管完成了論文，人工智慧寒冬卻是愈來愈冷，辛頓想找到一份工作都很困難，甚至只有一所大學邀他來面試。他別無選擇，只有轉向國外，包括美國。當時人工智慧在美國也逐漸式微，這是因為美國作出與英國一樣的結論，政府撤回對主要大學的投資。不過令辛頓意外的是，他在加州南端發現一小群與他具有相同概念的人。

他們稱作ＰＤＰ小組，ＰＤＰ是「平行分散式處理」（parallel distributed processing）的縮寫。ＰＤＰ其實就是感知器、神經網路，或是連結主義的另一種說法。它也是一個同音異義的雙關語。在那些年間——一九七〇年代晚期——ＰＤＰ是一款運用在大型電腦上的晶片。但是ＰＤＰ小組的專家學者沒有一位是電腦科學家，他們甚至不認為自己是在研究人工智慧。這批學者包括來自加州大學聖地牙哥分校的幾位心理學家；至少一位神經科學家——索爾克研究所（Salk Institute）的弗朗西斯・克里克（Francis Crick），這座生物研究中心與聖地牙哥分校就位在同一條街上。克里克因為發現DNA的分子結構而獲得諾貝爾獎，不過後來他將精力放在大腦上。一九七九年秋天，他在《科學人》雜誌（*Scientific American*）發表一篇文章，大聲疾呼廣大的科學界應該積極研究大腦的運作。成為聖地牙哥分校博士後研究員的辛頓在這兒經歷了一場學術文化衝擊。在英國，學術界為知識單一文化所把持。但是在美國，領域寬廣，足以容納不同的聲音。「大家會有不同的看法，」辛頓表示，「而且可以同時存在。」現在如果他告訴其他的研究人員，他在研究神經網路，他們都仔細聆聽。

羅森布拉特與南加州的研究有直接的關係。六〇年代，羅森布拉特與其他科學家希望能打造一種新型的神經網路，一套有「多層」神經元的系統。這也是八〇年代初期聖地牙哥分校的希望。感知器是單層網路，也就是在網路接收訊息（印在紙卡上的大寫字母影像）與辨識（在影像中找到A）之間只有一層神經元。羅森布拉特相信如果研究人員能夠建立多層網路，每一層能將訊息傳輸給下一層，此一系統就能學習他的感知器無法學習的複雜模式——換句話說，就是一套更像大腦的系統。感知器在分析印有字母A的卡片時，每一個神經元都會檢視卡片上某一定點，以辨識此一定點是否為構成A的三條黑線條中的一部分。但是在多層網路中，這只是辨識的開始而已。例如給這更複雜的系統看一張狗的照片，它就會進行更為精密的分析。第一層神經元會檢視每一個像素：它是黑色、白色、棕色，還是黃色？然後第一層神經元會將其辨識結果輸入第二層，第二層會進一步辨識這些像素的模式，好比說直線，還是弧線。接著第三層神經元繼續檢視這些模式中的模式。它或許可以將幾條線段拼湊起來，辨識出一隻耳朵、一顆牙齒，或是將弧線組合成一隻眼睛或一個鼻孔。最終，此一多層神經網路就可以辨識出一隻狗的形象。至少是這樣的概念，但是沒有人真的做出來。而在聖地牙哥，他們正試圖這麼做。

PDP小組的領軍人物之一是聖地牙哥分校的一位教授，名叫大衛・魯梅爾哈特（David Rumelhart），擁有心理學與數學的雙博士學位。辛頓每當談起魯梅爾哈特，總會提到他們去聽一場兩人都沒有興趣的演講的故事。在演講結束後，辛頓抱怨他浪費了人生中的一個小時，魯梅爾哈特卻表示他不在意。他解釋如果他不管演講，他就額外多出六十分鐘不受任何打擾的時間來思考他自己的研究。對辛頓而言，這就是他長期合作夥伴的縮影。

魯梅爾哈特為自己設立了一個特別但是重要的挑戰。製造多層神經網路的一大問題是難以確定每個神經元在計算中的相對重要性（「權重」）。以感知器這樣的單層網路而言，這是可以解決的：系統本身自為其單層神經元設定權重。但是在多層網路，這樣的方法就行不通。神經元間的關係太過廣泛與複雜，改變一個神經元的權重，就代表需要改變所有受它行為影響的神經元的權重。因此，需要一套強大的數學方式來設定每個神經元與全體間的權重關係。魯梅爾哈特提出的解決之道是一套叫做「反向傳播算法」（backpropagation）的處理方式。這是根據微分學的一種演算法，將函數的導數反饋到各層神經元中，進行分析，從而了解每個神經元該有的權重。

剛拿到博士學位的辛頓來到聖地牙哥分校後，曾與魯梅爾哈特討論這個想法。他告訴魯梅爾哈特，這套數學算法不可能成功。他表示，畢竟連設計出感知器的法蘭克·羅森布拉特都已證明無法做到。如果你建立一套神經網路，把所有的神經元權重都設定為零，該套系統能夠學習自我調整，在各層間進行改變。但是最終所有的權重都會平均分布，不論你怎麼努力試圖讓系統採用相對的權重，其自然傾向就是回復均衡。法蘭克·羅森布拉特的研究足以顯示這套算法就是如此。根據數學術語，這套系統是無法形成「對稱性破缺」（break symmetry）。任何一個神經元都不可能比另一個重要，這就是問題所在。這也代表這樣的神經網路並不比感知器高明到哪裡去。

魯梅爾哈特仔細聆聽辛頓的意見，然後他提出自己的看法。「如果你不把權重設為零呢？」他問道，「如果所有數字都是隨機的呢？」他指出，如果從一開始就是不同的權重，反向傳播也會有不同的算法。它不會將所有的權重平均化。它會找到相對應的權重，讓系統能夠辨識複雜的模式，例如一隻狗的照片。

辛頓常說「舊想法也是新想法」——科學家不應放棄任何一個想法，除非某人已證明行不通。二十年前，羅森布拉特證明反向傳播算法行不通，於是辛頓也放棄了。但是現在魯梅爾哈特又提出相同的想法，只是稍作改變。在接下來的幾個星期，他們兩人開始建立一套最初為隨機權重，形成對稱性破缺的系統。它可以為每個神經元設定不同的權重，而在這些權重下，該系統得以辨識影像的模式。這只是一些簡單的影像，此一系統仍無法辨識狗、貓或汽車，但是拜反向傳播算法之賜，它現在能夠處理所謂「互斥或」的問題，也就是說解決了閔斯基在十幾年前所指出的神經網路缺失。它現在可以檢視一張卡片上的兩個定點，並且回答相對複雜的問題：「它們是兩種不同的顏色嗎？」不過他們的系統也只能做到這個程度，於是他們再一次將這個主意擱在一旁。不過他們確實找到一個繞過羅森布拉特論證的法子。

在接下來的幾年間，辛頓又與泰瑞．西諾斯基建立合作夥伴關係。當時西諾斯基是普林斯頓大學生物學博士後研究員。他們是在另一批支持連結主義人士（參與者姓名未知）的聚會中認識的。該團體每年集會一次，地點遍及全國各地，他們討論的課題有許多都是聖地牙哥分校在研究的項目。反向傳播算法是其中之一，波茲曼機則是另一個。多年後，有人請辛頓向對數學與科學一竅不通的人解釋波茲曼機的運作，他拒絕了。他表示，這就像是諾貝爾物理獎得主理查．費曼（Richard Feynman）解釋他的量子電動力學研究一樣。有人請費曼以淺顯易懂的語言來向門外漢解釋讓他獲得諾貝爾獎的研究成果，費曼也拒絕了。「如果我能向一般人解釋，」他說，「就不值得拿諾貝爾獎了。」波茲曼機的確很難解釋，部分原因在於它是根據一百年前奧地利物理學家路德維希．波茲曼（Ludwig Boltzmann）的理論所建立的數學系統，該理論所探討的現象（受熱氣體中的粒子平衡）看似與人工智慧毫不相干。不過波茲曼機的目標簡單明確：製造一套更好的神經網路。

波茲曼機和感知器一樣，都能透過分析包括聲音與影像在內的資料來自我學習。不過它還有一項新本領。它能夠創造自己的聲音與影像，與其所分析的那些進行比對，從中自我學習。這項功能有些類似人類思維，因為人類可以在腦中想像影像、聲音與語言。人們不論夜晚還是白晝都在做夢，然後將這些思想與想像運用在現實的世界中。辛頓與西諾斯基希望利用波茲曼機以數位科技來複製此一人類特有的現象。「那是我一生中最感興奮的時候，」西諾斯基表示，「我們相信自己弄懂了大腦的運作方式。」但是就和反向傳播算法一樣，波茲曼機又只是一項並未產生任何實質效用的研究項目，多年來也一直徘徊於學術界的邊緣地帶。

辛頓有如宗教狂熱般地追求一些不受重視的概念，使他被排拒於主流之外，不過卻也幫助他找到一份新工作。卡內基美隆大學的一位教授史考特．法爾曼（Scott Fahlman）亦參加了辛頓與西諾斯基出席的那次連結主義人士年會，而他認為僱用辛頓是該大學在人工智慧研究方面的一種避險途徑。和麻省理工、史丹佛以及全球大部分的實驗室一樣，卡內基美隆的研究也著重於符號人工智慧。法爾曼認為神經網路是一個「瘋狂的想法」，不過他承認該校許多正在研究的概念也都相當瘋狂。一九八一年，在法爾曼的贊助下，辛頓來到卡內基美隆大學進行面試，並且發表了兩次演說：一次是在心理學系，一次是在電腦科學系。他的演說對初學者而言簡直就是有如消防水龍的資訊衝擊，他不斷地揮舞雙臂，在強調重點時，雙臂時而張開，時而合攏。他的演說並未著重數學或是電腦科學，因為他本身對數學與電腦科學並不感興趣。他強調的是概念，而對願意聆聽又跟得上的人來說，他的演說頗令人振奮。當天，他的演說贏得艾倫·紐維爾的注意。紐維爾是當年發起人工智慧研究運動的創始人之一，數十年來一直是推動符號人工智慧的領軍人物，同時也是卡內基美隆大學電腦科學系主任。翌日下午，紐維爾提供他一個到該系工作的機會，辛頓並沒有馬上接受，而是先提醒他。

辛頓說道：「有件事你應該先知道。」

紐維爾問道：「什麼事？」

「我對電腦科學懂得不多。」

「沒關係，我們這兒有人懂。」

「既然如此，那麼我接受。」

紐維爾問道：「待遇呢？」

「噢，不，我對這個沒有意見，」辛頓說道，「我這麼做不是為了錢。」

後來辛頓才發現他的薪水比同事少了三分之一（二萬六千美元對三萬五千美元），不過他也為自己偏離主流的研究找到歸宿。他繼續研究波茲曼機，經常在週末駕車到巴爾的摩，與西諾斯基在約翰霍普金斯大學的實驗室埋頭苦幹。與此同時，他也開始嘗試改進反向傳播算法，將其與自己的研究進行對照。他認為波茲曼機需要有一個對比的東西，而反向傳播算法非常適合扮演這個角色。舊想法也是新想法。在卡內基美隆大學，他得到大好機會來發展這兩項研究計畫。他擁有更好與更高速的電腦硬體，幫助他的研究進展加快，讓這些數學系統能夠接收更多的資料，並自其中也學到更多的東西。他在一九八五年獲得重大突破，也就是他在波士頓向閔斯基等人發表演說的一年後。不過此一突破並不是波茲曼機，而是反向傳播算法。

在聖地牙哥分校，他和魯梅爾哈特證明多層神經網路可以調整自己的權重。在卡內基美隆大學，辛頓又證明神經網路能夠做到一些不只有數學家會驚豔的事情。他將一份家譜的片段輸入神經網路，它能學習辨識家族成員間的關係，這雖是一項小技能，但是足以顯示它能做更多的事情。如果他告訴神經網路，約翰的母親是維多莉亞，維多莉亞的丈夫是比爾，神經網路就能指出比爾是約翰的父親。當時辛頓並不知道，之前在其他完全不同領域的一批人已設計出類似反向傳播算法的數學系統。不過與這些人不同的是，他證明此一數學概念確實前景可期，不僅在影像方面，同時在文字方面也是如此。它的潛力也在其他人工智慧科技之上，因為它能自我學習。

第二年，辛頓與英國科學家羅莎琳・薩林（Rosalind Zalin）結婚，她是一位分子生物學家，辛頓是在英國薩塞克斯大學（University of Sussex）擔任博士後研究員時認識羅莎琳的。羅莎琳相信順勢醫學，而這將成為兩人間關係緊張的來源。「對於一個分子生物學家來說，相信順勢醫學不是什麼有面子的事情。因此，我們的生活挺難的。」辛頓說道，「我們都同意不再討論這個話題。」她也是一位堅定的社會主義者，對於匹茲堡與羅納．雷根（**Ronald Reagan**）的美國政治都沒有好感。不過那段時間正是辛頓的研究豐收季。他在婚禮當天上午曾消失半個小時，將一個包裹寄給全球最具權威的科學期刊之一《自然》（*Nature*）的編輯。包裹內是一份有關反向傳播算法的論文，由魯梅爾哈特與東北大學一位名叫羅納．威廉斯（Ronald Williams）的教授共同執筆。《自然》雜誌在該年稍晚刊登了這篇文章。

儘管此一學術成就不曾受到外界注意，不過拜論文刊登之賜，神經網路邁入一個充滿樂觀氣氛的新紀元，其進展帶動一波人工智慧投資熱潮，從而走出第一個漫長的寒冬。由此也顯示，研究人員口中的「反向傳播」並非只是一個概念而已。

它在一九八七年出現了首次實際應用的機會。卡內基美隆人工智慧實驗室的研究人員之前試圖建造一輛能夠自動駕駛的卡車。他們首先找來一輛外型像是救護車的皇室藍雪佛蘭卡車。他們在車頂裝了一架大小有如行李箱的攝影機，並在後底盤裝上當時所謂的「超級電腦」——一具處理速度比當時一般電腦快上一百倍的設備。他們的計畫是這個有好幾排電路板、電線與矽晶片的機器能夠接收與判讀由車頂攝影機傳輸過來的影像，然後決定卡車要如何在道路上前進。但是要達到此一目的，首先需要花下一番工夫。有幾名研究生必須以手動方式來為駕駛行為進行編碼，一次一行，將卡車在道路上可能遇到的情況鉅細靡遺地寫下指令。這是一項薛西弗斯式的工作（意指徒勞無功，永無止盡）。到了該年秋天，此計畫已耗費數年，然而這輛卡車每秒只能前進數英寸而已。

接著，在一九八七年，一位叫作迪恩．波梅洛（Dean Pomerleau）的第一年博士生將所有的編碼工作拋到一邊，改以魯梅爾哈特與辛頓所提出的概念重建軟體。

他稱他的系統為「艾爾文」（ALVINN），兩個「N」代表神經網路（neural network）。在他完成後，這輛卡車的運作方式完全改觀：它可以藉由觀察人們開車而學習如何在道路上駕駛。波梅洛與他的同學駕駛卡車沿著自行車道的瀝青路面橫越匹茲堡的辛雷公園（Schenley Park），卡車則會利用車頂攝影機的影像來學習駕駛的行為。就和法蘭克．羅森布拉特的感知器藉由分析卡片上的印刷圖案來辨識字母一樣，這輛卡車是透過分析人們在道路轉彎時如何操作來學習駕駛。它很快就學會在辛雷公園自動駕駛。最初，這輛載著重達數百磅電腦硬體與電子設備的藍色雪佛蘭儘管馬力已有所增強，時速也只有九到十英里。不過在繼續學習波梅洛與其同學的駕駛行為與分析高速行駛的情況之後，它也持續改進。當年美國中產階級家庭都喜歡在車窗貼上如「車內有寶寶」或「車內有阿嬤」的貼紙，波梅洛與他的夥伴則在艾爾文車窗貼上「車內沒有人」的貼紙。事實的確如此，至少在精神層面是這樣的。一九九一年一個週日清晨，艾爾文以將近每小時六十英里的速度自行從匹茲堡開到賓州的伊利市（Erie）。在閔斯基與派普特出版《感知器》一書的二十年後，它做到了他們兩人認為神經網路無法做到的事情。

辛頓無緣看到這一幕。一九八七年，也就是波梅洛進入卡內基美隆大學的第一年，他和妻子離開美國遷居到加拿大。至於原因，他總是會說是雷根的關係。美國大部分資助人工智慧研究的經費都來自軍方與情報組織，其中最著名的是國防高等研究計畫署（Defense Advanced Research Projects Agency，ＤＡＲＰＡ）。這是國防部旗下的單位，主要功能就是研發新興科技。ＤＡＲＰＡ是為因應蘇聯發射史普尼克號（Sputnik）人造衛星而於一九五八年設立的，自人工智慧發展初期就開始資助此一領域。它也是閔斯基憑藉那本感知器的著作而自羅森布拉特與其他連結主義人士身邊拉走的大金主。波梅洛的艾爾文計畫也是靠著ＤＡＲＰＡ的資助而成。但是在當時的政治氛圍下，包括引發嚴重爭議的伊朗與康特拉（Iran-Contra）事件，也就是雷根政府暗中出售軍火給伊朗來支持反對尼加拉瓜社會主義政府的勢力，使得辛頓愈來愈憎惡他需要依賴DARPA的經費來進行研究，而且他的妻子羅莎琳極力勸說搬到加拿大，她表示她無法忍受繼續住在美國。於是，在神經網路的研究重新受到重視之際，辛頓離開卡內基美隆大學，到多倫多大學擔任教授。

在搬到加拿大幾年後，由於為他的研究尋找新資金備感艱難，他不禁懷疑他當初離開美國是一個正確的決定。

他對妻子表示：「我應該去柏克萊的。」

「柏克萊？」他的妻子說道，「我會願意去柏克萊的。」

「可是妳說妳不想住在美國。」

「柏克萊不在美國，它在加州。」

不過木已成舟。他現在住在多倫多。這是一個改變人工智慧未來的決定——更別說在該領域地緣政治版圖上的影響。

# 第三章
# 拒絕

「我一直相信我是對的。」

楊立昆（Yann LeCun）坐在一部桌上型電腦前面，他身著白襯衫，外面套了一件深藍色的毛衣。這是一九八九年，桌上型電腦還需要連接一個有如微波爐的顯示器，上頭有幾個旋轉鈕來調整彩度與亮度。這部機器的後面有另一條電纜連著一具看來像是倒掛的檯燈的裝置。這不是檯燈，是一部相機。左撇子的勒昆會心一笑，將一張紙條放在相機下方，紙條上手寫著一組電話號碼「201-949-4038」。在他這麼做後，顯示幕上出現它的影像。他敲打鍵盤，顯示幕上方出現一道閃光——表示正在進行一連串的快速計算——幾秒鐘後，該部機器判讀紙條上寫的東西，然後以數位方式顯示出來：「201 949 4038」。

這是 LeNet，由楊立昆所創造的一套系統，而且最終是以他命名。那組電話號碼

「201-949-4038」屬於他在紐澤西州霍姆德爾（Holmdel）貝爾實驗室（Bell Labs）研究中心的辦公室。這兒是一棟有如鏡面盒的新未來主義建築，由芬蘭裔美國建築師埃羅・薩里寧（Eero Saarinen）設計，裡面有數十位研究人員在電信巨人美國電話電報公司（AT&T）的羽翼下從事各種新想法的開發。貝爾實驗室可能是世界上最有名的研究機構，電晶體、雷射、Unix 電腦作業系統與C程式語言都於此誕生。如今，楊立昆，這位二十九歲、一張娃娃臉、來自巴黎的電腦科學家與電機工程師，正在根據辛頓與魯梅爾哈特幾年前的概念建立一套新型的影像識別系統。LeNet 是藉由分析美國郵政署無法投遞的死信信封上潦草的字跡來學會辨識手寫數字。楊立昆將這些信封輸入他的神經網路，它會分析從0到9每一個數字數以千計的寫法，在經過兩週的訓練後，它就能自己進行辨識。

在霍姆德爾的貝爾實驗室園區內，楊立昆坐在他的桌上型電腦前面，以好幾個電話號碼重複測試。最後一個電話號碼的字跡就像是小學一年級學生寫的，「4」又寬又大，「6」是一連串的圓圈，「2」則是一堆直線。但是這部機器仍然能夠進行分析，並且正確辨識。雖然這部機器要花上好幾週的時間才能學會辨識電話號碼或是郵遞區號這類簡單的工作，楊立昆堅信在愈來愈強大的電腦硬體支持下，它會持續改進、加速學習，不但可以縮短分析的時間，也可以分析更多的資料。他認為此一機器未來幾乎可以完全辨識相機捕捉到的影像，包括狗、貓、汽車，甚至人臉。和將近四十年前的羅森布拉特一樣，他也相信隨著繼續深入的研究，這部機器最終能夠學會聽和說，甚至像人類一樣思考。但是這樣的信念只是隱而不露，心照不宣。「我們是這麼認為，」他說道，「但是我們不會說出來。」多年來許多研究人員都宣稱人工智慧已近在眼前，但卻從來沒有實現，導致研究圈內的風氣改變。如果你宣稱你在研究人工智慧，沒有人會認真看待。「除非你已有證明，否則你不會宣布，」楊立昆表示，「你建立一套系統，成功運作，你於是宣布『來，請看這部資料集的表現』，即使如此，也沒有人相信你。即使你真的有證據，同時也已展示它的作用，還是沒有人會相信你。」

***

一九七五年十月，美國語言學家諾姆・杭士基（Noam Chomsky）與瑞士心理學家尚・皮亞傑（Jean Piaget）在巴黎北部一座中世紀修道院羅雅蒙特修道院（Abbaye de Royaumont）辯論學習的本質。五年後，一部有關那場辯論的論文集問世，當時還是一位年輕電機工程學生的楊立昆讀了這本書。這本書在第八十九頁的題外話中提到了感知器，指出它是一部「能夠自頻繁曝露在原始資料中提出簡單假說的裝置」。楊立昆立刻就迷上機器自我學習的概念。他認為，學習與智慧是密不可分的，他常常說：「只要是有腦子的動物都能夠學習。」

當年關注神經網路的專家學者並不多，而關注者也多不認為這是人工智慧，只認為是某種型式的模式辨識系統，儘管是這樣的氛圍，楊立昆在巴黎電子工程師高等學校（École Supérieure d'Ingénieurs en Électrotechnique et Électronique）的求學生涯仍選擇專攻此一領域。他所閱讀的論文大都由日本研究人員以英文寫成，因為當時日本是少數幾個仍在從事此一領域研究的地方之一。接著他發現了北美的研發行動。一九八五年，楊立昆參加了一項在巴黎舉行的研討會，該研討會旨在討論有關電腦科學方面不尋常的新做法。辛頓也參加了這項研討會，並且發表了一篇有關波茲曼機的演說。辛頓演說結束後，楊立昆趕忙跟著他走出室外。楊立昆認為自己可能是這地球上少數幾位與辛頓擁有相同信念的人之一。當時場面混亂，楊立昆無法趕上辛頓，不過辛頓突然停下腳步，轉頭向身邊的人問道：「你認識一個叫楊立昆的人嗎？」原來辛頓之前就從波茲曼機的研究夥伴西諾斯基口中聽過楊立昆的名字，西諾斯基是在幾週前的一項研討會上認識楊立昆的。辛頓已忘了楊立昆的名字，但在這次研討會程序表上看到楊立昆的論文標題，他知道一定就是這人了。

第二天，他們兩人在當地一家北非餐廳共進午餐。雖然辛頓幾乎完全聽不懂法語，楊立昆也僅略通英語，但並不妨礙他們一邊吃著庫司庫司、一邊進行交談，討論神祕的連結主義。楊立昆覺得辛頓完全了解他在說什麼。他說：「我發現我們說的是相同的語言。」兩年後，楊立昆完成他的博士論文，內容探討一種類似反向傳播算法的技巧，辛頓飛到巴黎擔任他的其中一位論文口試委員，儘管他仍然幾乎不諳法語。一般來說，辛頓在審閱研究報告時，都會省略其中的數學算式而只看內文，但是面對楊立昆的論文，他別無選擇，只能省略內文而只專注於數學算式。雙方說好，在口試時，辛頓以英語來提出問題，楊立昆則以法語回答。這次口試進展順利，除了辛頓根本聽不懂楊立昆的回答。

在經歷漫長的寒冬之後，神經網路終於開始逐漸回春。波梅洛在卡內基美隆大學研究他的自動駕駛車。與此同時，西諾斯基則是以他稱為「NETtalk」的機器掀起一波熱潮。NETtalk 是一部能夠發出合成聲音的硬體裝置——有些類似英國物理學家史蒂芬·霍金（Stephen Hawking）因為神經退化障礙奪去聲音而使用的語音合成器；

西諾斯基由此製造出一套能夠學習大聲朗讀的神經網路。它先是分析英文童書，找到與字母相配的音位（每個字母的發音），然後自動發出每個詞的聲音。它能夠學習「gh」何時應發出「f」的聲音（例如enough），「ti」何時應發出「sh」的聲音（例如nation）。西諾斯基在研討會上發表演說，並且公布該部機器在每個學習階段中的錄音。起初聽來像是嬰兒的牙牙學語，經過半天之後，它開始能夠發出可以辨識的語音。一個星期之後，它可以大聲朗讀：「enough」、「nation」、「ghetto」。他的系統展現神經網路的能力與運作。西諾斯基帶著他的創作參加巡迴學術研討會——並且登上《今日秀》（*Today*），與數以百萬計的電視觀眾分享此一科技——大力促進大西洋兩岸的連結主義者研發行動。

在拿到博士學位後，楊立昆跟隨辛頓到多倫多大學擔任博士後研究員，為期一年。他從法國帶來兩個行李箱——一個裝的是他的衣服，另一個則是他的個人電腦。雖然他們兩人相處融洽，但他們的興趣卻是完全不同。辛頓的興趣在於了解大腦的運作，反觀楊立昆，一名受過高等訓練的電機工程師，興趣廣泛，包括電腦科學、神經網路中的數學演算與創造最廣義的人工智慧。他的研究事業啟蒙於杭士基與皮亞傑的辯論。不過他也受到史丹利·庫柏力克（Stanley Kubrick）執導的電影《二〇〇一太空漫遊》（*2001: A Space Odyssey*）中所描繪如哈爾九〇〇〇（HAL 9000）等未來機器的啟發，他九歲時曾在巴黎一家戲院欣賞這部七十毫米寬銀幕電影。四十年後，他建立了全球最頂尖的企業實驗室之一，將該電影海報裝裱後掛在牆上。在他的研究事業生涯中，除了致力開發神經網路與其他的演算法外，他還設計電腦晶片與發展自動駕駛越野車。他表示，「我盡可能什麼都做。」他的研究體現出人工智慧比較像是學術界追求新知的一種態度，而不是正式的科學，它將各種不同領域的研究結合在一起，從事一項野心勃勃的行動，建立一部可以像人類一樣思考的機器。辛頓的目標是模仿人類智慧的一小部分，然而光是如此，就是一項非常困難的工作。要將人工智慧應用在汽車、飛機與機器人身上，更是無比艱鉅。但是楊立昆較後來一些揚名立萬的研究人員都實際，也有更深厚的基本功。在往後的幾十年間，世人會質疑神經網路是否真的有用。接著，在此一科技的力量變得顯著後，又有人問人工智慧是否會消滅人類。楊立昆認為這兩個問題都十分可笑，而且不論是在公開還是私下的場合，他都會毫不猶豫地說出他的看法。幾十年後，他在接受地位有如電腦領域之諾貝爾獎的圖靈獎當天晚上錄影中表示：「我一直相信我是對的。」他堅信神經網路終有一天會成為非常實用的科技。這就是他的信念。

他的成就是開發出以視覺皮質為範本的變種神經網路，視覺皮質是大腦處理視覺的部分。受到日本電腦科學家福島邦彥（Kunihiko Fukushima）的啟發，他將其稱為「卷積神經網路」（convolutional neural network）。你眼中所捕捉到不同部位的光影是由大腦中不同部位的視覺皮質處理，卷積神經網路即是根據此一原理將影像切割成小方格，分別予以分析，從中建立小模式，然後再將輸入（假的）神經元的資訊建立成較大的模式。這個概念成就了楊立昆一生的事業。「如果傑弗瑞．辛頓是狐狸，楊立昆就是刺蝟，」加州大學柏克萊分校教授吉坦特拉．馬利克（Jitendra Malik）借用哲學家以賽亞．伯林（Isaiah Berlin）的比喻來形容這兩人，「辛頓總是不斷冒出想法，朝四面八方迸射、無可勝數的新想法。楊立昆卻是獨沽一味。狐狸知道許多小事情，刺蝟則專注於一件大事。」

楊立昆的概念是與辛頓在多倫多大學的那一年發展出來的。隨著概念日趨成熟，他遷到貝爾實驗室，這兒有大量資料可以用來訓練他的卷積神經網路（數千封死信）。同時，貝爾實驗室也擁有他所需要用來分析信封的強大處理能力（一部全新的昇陽微系統（Sun Microsystem）工作站）。他告訴他的頂頭上司，他加入貝爾實驗室是因為對方承諾他擁有自己的工作站，不必像在多倫多大學擔任博士後研究員還須與別人共用設備。在加入貝爾實驗室幾週後，他以相同的基礎演算法建立了一套能夠辨識手寫數字的系統，而且準確度之高，超過AT&T當時在研究的任何一項科技。這套系統相當成功，很快就找到商業用途。AT&T除了貝爾實驗室外，還擁有一家稱作安訊（NCR）的公司，專門出售收銀機與其他商業設備，而到了九〇年代中期，安訊也將楊立昆的科技賣給銀行，幫助他們自動處理支票手寫字跡。有一段時間，美國有超過百分之十的支票都是由楊立昆的系統來處理。

不過他的企圖心不僅於此。位於霍姆德爾的貝爾實驗室有大片的玻璃牆——以「世界上最大的鏡子」著稱——楊立昆與同事就在這兒開發出他們稱為ANNA的微晶片。ANNA是英文字首縮寫的縮寫，是類比神經網路ALU（Analog Neural Network ALU）的縮寫，ALU則是算術邏輯單元（Arithmetic Logic Unit）的縮寫，這是一種數位電路，用來處理驅動神經網路的算術。相對於以一般用途的晶片來執行他們的演算，楊立昆團隊開發出專門為其演算所用的晶片。這也代表此一晶片的處理速度遠超過當時一般的處理器：一秒約四十億次的運算。此一基礎概念——專門用於神經網路的矽晶片——改變了全球的晶片產業，雖然這是二十年後的事情。

楊立昆的銀行掃瞄機上市沒多久，AT&T，這家在過去幾十年分割成許多較小規模公司的美國電信巨擘，再度分割。安訊與楊立昆的研究團隊因此分家，銀行掃瞄機的計畫也告結束，希望破滅的楊立昆大感沮喪。後來隨著他的研究團隊將目光轉向正開始在美國主流科技圈嶄露頭角的全球資訊網（World Wide Web），楊立昆也徹底放棄神經網路。當公司開始裁撤研究人員時，楊立昆表態他也想被裁掉。「我才不管公司要我做什麼，」他告訴實驗室的主管，「我只要做電腦視覺。」他如願收到解僱通知單。

一九九五年，貝爾實驗室的兩位科學家——弗拉基米爾．萬普尼克（Vladimir Vapnik）與賴瑞．傑可（Larry Jackel）打賭。萬普尼克說在未來十年內，「沒有一個有正常腦袋的人會使用神經網路。」傑可則是站在連結主義者這一邊。他們的賭注是一頓「豪華大餐」，為表慎重，他們兩人還簽下協議，楊立昆是見證人。然而幾乎從一開始就看似傑可會輸掉這場賭約。不過幾個月的光景，又一股寒流直襲全球的連結主義者研究圈。波梅洛的卡車可以自動駕駛，西諾斯基的 NETtalk 能夠高聲朗讀，楊立昆的銀行掃瞄機也可以辨識支票手寫字跡。但是很明顯地，那輛卡車只能在私家道路或是高速公路上直線行駛；NETtalk 淪落到只是派對上的把戲；此外，辨識支票其實也還有其他的方法。楊立昆的卷積神經網路無法分析較為複雜的影像，例如狗、貓與汽車的照片，而且也不能確定它最終是否做得到。結果最後是傑可贏了這場賭約，但卻是一場空洞的勝利。也許在他們的賭約十年後，科學家們仍在使用神經網路，然而此一科技所能做到的可能也不會比楊立昆之前這些年來所使用的桌上型機器高出多少。「我打賭贏了，主要是因為楊立昆不肯認輸的關係，」傑可說道，「外界都不太理睬他，但他就是不放棄。」

在這場賭約分出勝負之後沒多久，史丹佛大學電腦科學教授吳恩達（Andrew Ng）在一場關於人工智慧的講座中向一屋子的研究生解釋神經網路。他最後加了條但書。「楊立昆，」他說，「是唯一能夠實現它們的人。」但即使是楊立昆本人，對於未來也不敢確定。他在他的個人網站感傷地寫道他的晶片研究已經落伍。他表示他在紐澤西幫忙開發的晶片處理器「是第一個（也可能是最後一個）真正有用的神經網路晶片」。多年後，有人問他為什麼要這麼寫，他立刻否認，並且強調他和他的學生在九〇年代末已重拾此一概念。但是他當年的徬徨之情已白紙黑字地留下紀錄。神經網路確實需要更強大的電腦效能，卻沒有人知道到底需要多少。辛頓後來就有感而發地表示：「從來就沒有人想過要問：『假如我們還需要再增加一百萬倍呢？』」

* * *

在楊立昆於紐澤西州建造他的銀行掃瞄器的同時，克里斯・布羅克特（Chris Brockett）正在華盛頓大學亞洲語文學系教授日文。後來微軟僱用他從事人工智慧研究員的工作。那一年是一九九六年，此一科技巨擘才剛設立其第一座研究實驗室不久。微軟希望開發一套能夠理解自然語言的系統——即人們日常的書寫與談話。當時，這是語言學家的工作。布羅克特在其祖國紐西蘭攻讀語言學與文學，接著又到日本與美國深造。現在他與其他語言學家每天就是為機器詳細寫下人們如何組合字句的規則。他們會解釋為什麼會有「時光飛逝」（time flies）一詞，小心地將名詞的「契約」（contract）與動詞的「收縮」分隔開來，仔細說明英語母語者是如何以奇異又無意識的方式選擇連續多個形容詞的排列順序……等等。這項工作讓人聯想到早期在奧斯丁的 Cyc 計畫或是卡內基美隆大學在波梅洛之前的無人車研究——不論微軟僱用多少語言學家，這項複製人類知識的努力都是一個耗費幾十年光陰仍無法看到盡頭的工作。九〇年代晚期，在閔斯基與麥卡錫等知名的科學家領軍下，大部分的大學與科技業者就是以這樣的方式來開發電腦視覺、語音辨識與自然語言理解。各方的專家學者都是以一次一個規則的方式來開發科技。

坐在西雅圖近郊微軟總部的辦公室裡，布羅克特有近七年的時間都在撰寫自然語言的規則。然後，二〇〇三年的一個下午，在他辦公室同條走廊上一間通風良好的會議室內，他的兩位同事展示了一項新的研發計畫。他們根據統計學的技術開發了一套語言翻譯系統——統計每一詞在每一種語言出現的頻率。如果一組字串以同樣的頻率出現在兩種語言中相同的段落，翻譯結果就可能成立。這兩位科學家是在六週前才開始此一計畫，不過已能產生看似實際語言的效果。會議室內擠滿了人，布羅克特坐在後面一排垃圾桶上觀看展示，突然恐慌症發作——他以為是心臟病發作——立刻被送到醫院。他後來形容那是他「見到耶穌的時刻」（意指恍然大悟），因為他發現他六年多來所寫的規則現在完全等於作廢。「我看到一個沒有我參與的未來，我五十二歲的身體可受不了這樣的打擊。」

全球研究自然語言的專家學者立刻修正他們的方法，轉而擁抱那天下午在西雅圖近郊實驗室所展示的統計模型。這只是廣大的人工智慧研究圈在一九九〇年代與邁入二〇〇〇年代之際所使用的眾多數學方法之一，例如「隨機森林」（random forests）、「提升樹」（boosted trees）與「支援向量機」（support vector machines）。

科學家們將這些方法應用在自然語言理解、語音辨識或是影像辨識等科技的開發上。在神經網路停滯不前之際，許多運用這些方法的科技開始進步，並且趨於成熟，在人工智慧的疆域內占有一席之地。但是它們與臻於完美的境界仍有一段（非常）漫長的距離。雖然統計翻譯一開始就成功到把布羅克特送進醫院，但是它的效能確實有限，只能應用於簡短的詞句——一整句話的一小部分。在一個短句翻譯完成後，就需要一套更為複雜的規則來確定時態、句尾，以及將所有的短句排列成完整的句子。即使如此，這樣的翻譯也是錯亂不清，就像你小時候重組一些短語紙卡來編一則故事的遊戲。不過光是這樣已遠在神經網路之上了。到了二〇〇四年，神經網路看來僅是處理事務的第三種選擇——一項已經過氣的舊科技。一位研究人員就向當時還在瑞士攻讀神經網路的年輕研究生艾力克斯·格雷夫斯（Alex Graves）表示：「神經網路是給那些不懂統計學的人用的。」與此同時，一個仍在猶豫該主修什麼科系的十九歲史丹佛大學生伊恩·古德費洛（Ian Goodfellow），聽了一堂叫做認知科學的講座，這是研究思想與學習的一門學問，課堂講師直接駁斥神經網路，指它無法處理「互斥或」的問題。然而這個四十年前的批評早在二十年前就已獲得澄清。

連結主義者的研究活動在美國頂尖大學幾乎銷聲匿跡。有一所仍在研究此一概念的實驗室位在紐約大學，頭髮往後梳、綁著小馬尾的楊立昆二〇〇三年在該校擔任教授。而加拿大已成為此一概念支持者的避難所。辛頓在多倫多大學執教，楊立昆在貝爾實驗室的一位老同事約書亞·班吉歐（Yoshua Bengio），也是出生於巴黎的科學家，則在蒙特婁大學主持一所實驗室。在這些年間，伊恩·古德費洛申請電腦科學的研究所，獲得多所大學的邀請，包括史丹佛、柏克萊與蒙特婁。他比較中意蒙特婁，但是當他去參訪蒙特婁大學時，該校一位學生一直想說服他不要前來就讀。史丹佛的電腦科學系在北美排名第三，柏克萊排名第四，而且這兩所大學都在陽光明媚的加州。蒙特婁大學的排名卻在一百五十左右，而且冷得要命。

「史丹佛！那是全世界最有名的大學之一！」這位蒙特婁大學的學生這樣告訴他，他們兩人漫步在晚春的蒙特婁街頭，地上還有積雪。「你到底在想什麼？」

古德費洛答道：「我想學習神經網路。」

諷刺的是，古德費洛於蒙特婁大學研究神經網路的同時，他以前的一位教授吳恩達看到來自加拿大的研究成果，於是他在史丹佛的實驗室也開始跟進擁抱此一概念。但是吳恩達不論是在大學內還是在整個人工智慧研究圈，都像是一個外人，而且他也沒有足夠的資料來說服周邊的人相信神經網路具有發展潛力。這些年間，他曾在波士頓的一場研討會上宣揚神經網路前景光明的信念。然而在他演說中途，當時等同電腦視覺研究領域領軍人物的柏克萊大學教授吉坦特拉·馬利克突然站起來，就像閔斯基一樣，直指他是在胡扯，根本沒有證據支持他的說法，他是在自欺欺人。

在大約相同的時間，辛頓向NIPS提出一份論文，他後來拍賣公司就是利用此一會議場合。這個會議自一九八〇年代晚期開始舉行，主要是提供包括生物與人工的各類神經網路研究人員相互交流的平台。但會議的主辦方拒絕了辛頓的論文，因為他們已接受了另一份關於神經網路的論文，他們認為在同一年接受兩份神經網路的論文不太合適。在那個時候，即使是討論神經訊息處理系統（NIPS）的會議，「神經」一詞也不討喜。在整個相關領域所有已經出版的論文中，含有「神經網路」者的比率還不到百分之五。研究人員在向相關研討會或學術期刊提出論文時，為了獲得接受，有一些會用其他不相干的名詞取代「神經網路」，例如「函式近似」（function approximation）或「非線性迴歸」（nonlinear regression）。事實上，楊立昆在他最重要的發明上也移去了「神經」一詞，「卷積神經網路」變成「卷積網路」。

儘管如此，被楊立昆視為意義重大的論文仍遭到人工智慧研究圈內大老的拒絕，面對這樣的情況，他只會變得更加好鬥，堅持他的觀點才是正確的。有些人視他這樣的反應為充滿信心的表現，但是也有人認為這透露出他缺乏安全感，因為沒有受到該領域領袖的肯定而隱然自責。有一年，楊立昆的一名博士生克萊蒙特．法拉貝特（Clément Farabet）開發出一套能夠分析影片與分辨不同物體——例如樹木與建築、汽車與行人——的神經網路。這是一項有助機器人與自動駕駛車的電腦視覺的重大發展，相較其他的方式，能夠減少錯誤與加快速度。但是一場權威性的電腦視覺研討會的審核委員卻拒絕了這份論文。楊立昆的反應是寫了一封信給該會議主席，指出這樣的審核實在太荒謬了，以致於他這封信無法在駁斥審核的同時，又能避免侮辱審核委員。研討會主席將這封信放在網站上，讓所有人都能看到，雖然他已刪掉楊立昆的署名，但是大家都知道是誰寫的。

當時認真研究神經網路的其他地方只有歐洲與日本。其中有一所實驗室位在瑞士，主持人是于爾根．史密德胡柏（Jürgen Schmidhuber）。史密德胡柏在小時候就曾告訴他的弟弟，用銅線可以複製人腦，而且自十五歲開始，他的志向就是製造一部比他還聰明的機器，然後退休。在一九八〇年代的大學生涯，他主修神經網路，接著自研究所畢業後，他發現他與義大利一位利口酒大亨安傑洛．達萊．莫勒（Angelo Dalle Molle）有志一同。達萊．莫勒靠著以洋薊釀成的利口酒致富，在八〇年代晚期，他於瑞士靠近義大利邊境的盧加諾湖（Lake Lugano）畔設立一所人工智慧實驗室，旨在研發智慧型機器來取代傳統的人力工作。這所實驗室沒過多久就僱用了史密德胡柏。

史密德胡柏身高六呎二吋，體格精瘦，有一個方下巴。他喜歡頭戴寬沿紳士帽或報童帽，身著尼赫魯裝（Nehru jacket）。他以前的一位學生表示，「你可以想像他撫摸懷中白貓的樣子。」他指的是早年詹姆斯．龐德電影中的反派人物恩斯特．布洛費德（Ernst Blofeld），此人也是穿著尼赫魯裝。就某些方面來看，史密德胡柏的穿著與他在瑞士的實驗室頗為相配，因為該座實驗室也像是龐德電影的產物——一座在歐洲湖畔的古堡，周圍種滿棕櫚樹。在達萊．莫勒人工智慧研究所（Dalle Molle Institute for Artificial Intelligence Research）內，史密德胡柏與他的一位學生研究著他們所謂的短期記憶神經網路。它可以「記住」最近分析的資料，並且利用它的記憶來改善之後每一步的分析。他們將其稱為「ＬＳＴＭ」，就是長期短期記憶（Long Short-Term Memory）。它的效用不大，不過史密德胡柏認為此一科技未來能夠帶來人工智慧。他表示有些神經網路不僅有記憶，同時還具有知覺。他會這麼說：「我們的實驗室裡有意識在流動。」他的一位學生後來有感而發：「他聽來就像是一個狂人。」

辛頓總愛開玩笑說ＬＳＴＭ是「我覺得看來挺蠢的」（looks silly to me）。在羅森布拉特、閔斯基與麥卡錫等人組成的人工智慧研究圈中，史密德胡柏算是一號特別豐富多彩的人物。自從此一領域出現後，該領域的領軍人物就將其科技說得活靈活現，儘管與實際應用之間仍有很長一段距離。他們之所以這麼做，有時是為了向政府機構或創投家籌措資金，不過其他時候則是真心相信人工智慧已近在咫尺。這樣的態度有利推動研究，但是如果此一科技遲遲無法兌現，研究腳步可能就會多年停滯不動。

連結主義者研究圈很小，領軍人物都是歐洲人士——英國人、法國人與德國人。他們甚至在政治意識形態、宗教信仰與文化上都與美國主流大不相同。辛頓自承是一位社會主義分子。班吉歐因為不願服兵役而放棄法國公民資格。楊立昆則自稱是一名「激進的無神論者」。儘管辛頓從來不會使用這樣的語言，但是他也深有同感。他經常回想他在青少年時期坐在英國公立學校克里弗頓學院（Clifton College）的小教堂內，聆聽講道的情景。講壇上的講道者表示共產國家會逼迫人民參加思想集會，不准離開。辛頓心想：「這就是我現在的處境。」他在未來幾十年將一直維持個人的信念——無神論、社會主義與連結主義——不過在把公司以四千四百萬美元賣給谷歌之後，他喜歡自稱是「魚子醬左派」。他會問別人：「我有沒有用錯這個詞？」但他心知肚明是對的。

* * *

楊立昆在九〇年代的生活過得已經夠辛苦了，對辛頓來說則更艱難。搬到多倫多沒多久，他和妻子就領養了南美洲的兩個小孩，來自秘魯的男孩湯瑪斯和來自瓜地馬拉的女孩艾瑪。他的妻子在兩個孩子還不到六歲時感到腹部疼痛，體重急速下降。這樣的情況持續了好幾個月，但是她拒絕就醫，堅持她所深信的順勢療法。後來她終於同意去看醫生，結果診斷出是卵巢癌。即使如此，她仍堅持以順勢療法來治療，而不是化學治療。六個月後她就離開人世。

辛頓覺得他作為一名科學研究人員的生涯從此結束。他必須照顧他的小孩，尤其是被家人稱為有「特殊需求」的湯瑪斯，特別需要照看。辛頓表示：「我過去已習慣把時間花在思考上。」二十年後，他和楊立昆一起獲頒圖靈獎，他發言感謝他的第二任妻子，英國的藝術史學家潔姬·福特（Jackie Ford）拯救了他的事業。他們在九〇年代末結婚，她幫助他撫養兩個孩子。他們是多年前在薩塞克斯大學相識的，在英國交往了一年後由於他遷居聖地牙哥而分手。後來他們再次相遇，他搬回英國並在倫敦大學學院擔任教職，但是他們不久後就返回加拿大。他覺得他的孩子在多倫多能獲得比較友善的待遇。

於是，在千禧年交替之際，辛頓又回到他在多倫多大學電腦科學大樓一角的辦公室，辦公室外面是一條貫穿校園的鵝卵石步道。大樓的窗戶很大，會吸收他辦公室內的溫度，向零下寒冷的室外散熱。這間辦公室成為一小批仍然相信神經網路的科學研究人員的集會中心，部分是因為辛頓在此一領域的資歷，不過同時也是他的創意、熱情與略帶諷刺的幽默感吸引別人前來。如果你發出一封電子郵件問他希望別人稱他為傑弗瑞還是傑夫，他的回覆機智而詼諧：

「我比較喜傑弗瑞，謝謝，傑夫上。」

一位名叫阿波．赫瓦里寧（Aapo Hyvärinen）的科學家曾發表一篇論文，在致謝詞上談到辛頓的幽默感與對數學的態度：

本論文的基本概念是與傑弗瑞．辛頓討論後發展而出，不過他並不願意擔任本論文的共同作者，因為本論文包含太多數學方程式。

他常常為了思考新理論而忘了吃東西，他還因此用自己減輕了多少體重來給理論打分數。一位學生曾經表示辛頓家人給他最好的耶誕禮物就是同意讓他返回實驗室繼續工作。與此同時，辛頓多位同事都表示，他總是衝進屋內，宣布他終於了解大腦的運作，然後向大家解釋他的理論，接著以同樣的速度衝出屋外，幾天後他又會表示那關於大腦的理論完全錯誤，不過他現在又有了一個新理論。

魯斯・薩拉赫丁諾夫（Russ Salakhutdinov），日後成為全球最頂尖的連結主義科學家之一，同時也是蘋果禮聘從事開創性研究的專家，然而在他二〇〇四年於多倫多大學結識辛頓的時候，卻已放棄此一領域的研究。辛頓告訴他一項新計畫，以一次一層的方式來訓練多層神經網路，如此一來，向它們輸入的資料會遠比過去豐富。他稱之為「深度信念網路」（deep belief networks）。結果他說服薩拉赫丁諾夫歸隊。事實上主要是那個名稱把他拉回此一領域。一名年輕學生奈迪普・傑特利（Navdeep Jaitly）到多倫多大學拜訪一位教授，無意間看到許多人都在辛頓的辦公室外排隊，於是決定投入多倫多的實驗室。另外一位學生，喬治・達爾（George Dahl），在全球機器學習研究領域也見識到相同的效果。他每看到一篇意義重大的論文——或是地位重要的科學家——總是會與辛頓有直接的關係。達爾表示：「我不知道傑夫是不是只挑選日後會獲得成功的人，或者是他讓他們成功的。以我的經驗，我認為是後者。」

英國教授之子達爾是一位學術理想主義者，他將到研究所深造比喻為進入修道院。他說：「你想要一個無可逃避的命運，當你信心動搖時，某種感召將幫助你穿過黑暗。」他認為他所受到的感召就來自傑弗瑞．辛頓。他並不是唯一如此的人。達爾之前曾到亞伯達大學（University of Alberta）拜訪另一個機器學習團體，有位名叫弗拉德．明（Vlad Mnih）的學生一直試圖說服他，這兒才是適合他的地方，多倫多不是。但是那年秋天達爾來到多倫多大學，到校方分配給他的座位所在的儲物櫃改建的空間時，他發現弗拉德．明也在那兒。原來弗拉德．明在夏天時就已來到辛頓的實驗室。

二〇〇四年，眾人對神經網路的興趣再度消減，辛頓卻是加倍努力，希望能夠加速這一小批連結主義信徒的研究腳步。「傑夫團隊的主調是：舊點子又是新點子了。」達爾表示，「如果是一個好想法，你就該研究二十年。如果是一個好想法，你就該一直嘗試直到成功為止。第一次失敗並不代表它不是一個好想法。」在加拿大先進研究所（Canadian Institute for Advanced Research）有限的資助下——一年不到四十萬美元——辛頓成立了一個新的集團，專注於他所謂的「神經計算與適性知覺」，為仍堅信連結主義的專家學者，包括電腦科學家、電機工程師、神經科學家與心理學家等，每年舉行兩次研討會，楊立昆、班吉歐與日後加入百度的中國科學家余凱都是該集團的成員。辛頓後來將此一團體比作是鮑伯・伍華德（Bob Woodward）與卡爾・伯恩斯坦（Carl Bernstein）聯手合作——並非單打獨鬥——揭發水門事件。這是一個分享想法的途徑。在多倫多，其中一個想法是給這個舊科技取個新名字。

辛頓於六十歲生日當天在溫哥華的NIPS年會上發表演說，演說標題首次出現「深度學習」一詞。這是一個頗具巧思的名稱再造行動。對多層神經網路而言，「深度學習」並無新意。但它是一個可以喚起聯想的名詞，有助重振這門已經再度式微的研究領域。他在演說中表示現在大家都在「淺層學習」的階段，引來一陣笑聲，他由此知道他這個深度學習的名稱取對了。就長期來看，它更是一個大師級的決定。此一研究非主流科學領域的團體因為該名稱而聲名鵲起。後來在NIPS的一次年會上，有人製作了一部惡作劇的影片，影片中一人接一人地歌頌深度學習，彷彿是山達基（Scientology）或人民聖殿教（People Temple）的信徒。

「我以前是一位搖滾明星，」影片中一人說道，「後來我發現了深度學習。」

「辛頓是我們的領袖，」另一位說道，「追隨領袖。」

這部影片很有趣，因為它是事實。這項科技幾十年來不曾證明有任何價值，但仍然有人對其深信不疑。

在那次建立人工智慧研究學科的夏季會議五十年後，閔斯基與其他多位該領域的創始元勛重回達特茅斯參加週年慶典。這一回是閔斯基站在講台上，另一名研究員在觀眾席站起來。那個人是西諾斯基，他已從東邊的巴爾的摩搬到西邊的聖地牙哥，現在是索爾克研究所的教授。西諾斯基告訴閔斯基，有一些人工智慧的科學家視他為惡魔，因為他寫的那本書阻礙了神經網路的研究進程。

西諾斯基問道：「你是惡魔嗎？」閔斯基並沒有正面回答，轉而解釋神經網路有諸多限制，並且如實指出神經網路從來沒有達到預期的成果。

西諾斯基又問了一遍，「你是惡魔嗎？」

閔斯基有些惱怒，最後，他答道：「是的，我就是。」

# 第四章
# 突破

「你要對谷歌予取予求，而不是讓谷歌對你予取予求。」

二〇〇八年十二月十一日，鄧力走進卑詩省惠斯勒（Whistler）的一家旅館。當地位於溫哥華北部白雪皚皚的層層山巒之下，即將成為二〇一〇年冬季奧運的滑雪競技場地。不過他來這兒並非為了滑雪，而是為了科學。每一年數百位科學家都會到溫哥華參加人工智慧年會NIPS，在年會結束後，大部分的人會來相隔不遠的惠斯勒，參加氣氛相對輕鬆的NIPS研討會。在這為期兩天的活動中有學術演講、蘇格拉底式的辯論與走道交談，內容都圍繞著人工智慧的短期未來。在中國出生、在美國接受教育的鄧力，致力於開發能夠辨識語音的軟體。他原是加拿大滑鐵盧大學（University of Waterloo）的教授，後來成為微軟在西雅圖近郊的中央研發實驗室的研究員。像微軟這樣的公司銷售所謂的「語音辨識」軟體已有十幾年了，他們宣稱這樣的軟體可以讓電腦與筆記型電腦具備自動聽寫的功能。但不容否認的是這項功能的表現並不好，儘管你對著桌上型的長頸麥克風發出清晰的聲音，語音辨識的結果卻是錯誤百出。和當時大部分的人工智慧科技研發一樣，此一科技的進展速度之慢有如冰川移動。鄧力與他的團隊在微軟花了三年的時間開發了一套最新一代的語音辨識系統，然而其準確度可能只比上代高出百分之五。然後，一天晚上，他在惠斯勒遇到了辛頓。

他早在加拿大的時候就已認識辛頓。在連結主義研究活動短暫振興的九〇年代初期，鄧力的一位學生寫了一篇關於以神經網路做為語音辨識途徑的論文，當時在多倫多大學任教的辛頓加入論文的口試委員會。連結主義在接下來的幾年間逐漸不再受到商業界與學術界的注重，這兩位科學家在這段期間也很少見面。雖然辛頓堅守神經網路的概念，但語音辨識一直不是他在多倫多實驗室重視的部門，這也代表他與鄧力的研究標的完全不同。但是，當他們走進希爾頓惠斯勒度假村與溫泉中心（Hilton Whistler Resort and Spa）的同一個房間——除了幾位科學家坐在桌後等待別人詢問他們最近的研究之外，別無一物——鄧力與辛頓立刻熱烈交談起來。鄧力衝動而健談，與在場的每一個人都談得來。辛頓則是自有一個交談主題。

鄧力問道：「有什麼新鮮事？」

「深度學習。」辛頓回答。他表示，神經網路已開始發展語音辨識。

鄧力心中存疑。辛頓從來就不是一位語音辨識專家，而且神經網路迄今也不曾在任何方面出現實質成果。當時鄧力正在微軟研發一套新款的語音辨識系統，沒有時間去探討其他未知的演算法。但是辛頓意志堅決。他表示，雖然他的研究並未受到重視，不過他和他的學生近幾年已出版了多篇關於深度信念網路的論文，此一網路可以處理大量數據，並且自其中學習，現今其效能已接近最先進的語音辨識系統，這是之前的科技無法企及的。「你一定得試試。」辛頓不斷說道。鄧力表示他會的，然後他們交換了電子郵件地址。接著，幾個月過去了。

第二年夏天，鄧力手邊較為有空，於是他開始閱讀當時被稱為神經語音辨識的論文。結果他大為激賞，發了一封電子郵件給辛頓，建議他們針對此一概念籌辦一場新的惠斯勒研討會，不過他仍對這遭到全球語言群落忽視的科技之長期前景存疑。此一科技在一些簡單的測試中表現優異，但其他的演算法也是如此。接著，在下屆惠斯勒研討會前夕，辛頓發了一封電子郵件給鄧力，郵件中附有一篇論文的草稿，這篇論文把他的技巧推進到更高一層。該稿件顯示在經過約三小時對口語的分析之後，神經網路的語音辨識表現與其他一些最先進的方式不相上下。但是鄧力仍然存疑。多倫多大學這些科學家解說此一科技的方式令人難以理解，而且他們是以實驗室錄製的聲音資料庫來進行測試，而非真實世界的語音。辛頓與他的學生現今所涉足的研究領域是他們不完全熟悉的，這一點在論文中顯露無遺。「論文有許多毛病，」鄧力說道，「我就是無法相信他們會得到與我相同的結果。」於是他要求檢視他們測試的原始數據。當他打開電子郵件，親眼看到這些資料，了解此一科技的能耐後，他終於相信了。

＊＊＊

那年夏天，鄧力邀請辛頓到微軟位於華盛頓州雷德蒙德（Redmond）的中央研發實驗室待上一陣子。辛頓答應了。但是他首先必須設法成行。近幾年來，他背部的問題愈來愈嚴重，使得他再次對能否繼續從事研究感到憂心。他在四十年前因為幫助母親搬運一台裝滿磚塊的蓄熱器而造成椎間盤滑脫，隨著年歲增長，那個椎間盤也變得愈來愈不穩定。最近他只要彎腰或是坐下就可能造成椎間盤滑脫。他說：「這是遺傳基因、愚蠢與厄運的綜合體，就和生活中所有的不幸一樣。」他認為唯一的解決之道就是不再坐下（他表示，除了拜「生物學」的必然性之賜，「一次坐下兩分鐘、一天坐下一到兩次」之外。）在多倫多的實驗室，為了減輕疼痛，他是平躺在講桌或是牆邊的一張簡易窄床上與學生交談。這也代表他無法駕車或搭機旅行。

於是，在二〇〇九年的秋天，他搭乘地鐵到多倫多市區內的公車站，早早排隊等候前往水牛城的公車，因為只有這樣他才可以搶先占到最後排的座位，躺下來假裝睡覺，如此一來別人就不會過來打擾。他說：「在加拿大，這招挺管用的。」（從美國返回加拿大的回程中，這招就不管用了。他說道：「我躺在最後面的座位假裝睡覺，結果有個傢伙過來踹我一腳。」）抵達水牛城後，他辦妥了在微軟實驗室工作所需的工作簽證，然後他搭了將近三天的火車橫跨美國來到西雅圖。鄧力直到聽說他必須如此大費周章地過來，才了解他的背痛有多嚴重。在辛頓搭乘的火車抵達前，他訂購了一張站立式辦公桌擺在自己的辦公室內，這樣兩人就可以並肩工作。

辛頓在十一月中旬抵達，他一路躺在計程車後座，通過橫跨華盛頓湖的浮橋來到西雅圖的東區，然後來到雷德蒙德。這是一個城郊小鎮，觸目所及都是屬於微軟的中型辦公大樓。他與鄧力在微軟九十九號樓的三樓會合，這棟花崗岩的玻璃帷幕建築是微軟研發實驗中心所在。這兒也是布羅克特恐慌症發作的那座實驗室——一座學術型的實驗室，著重的不是如微軟其他部門所強調的市場與金錢，而是未來的科技。這座實驗室設立於一九九一年，正是微軟開始稱霸國際軟體市場的時候。該實驗室的主要目標之一是研發可以辨識語音的科技，而在接下來的十五年間，該公司以不尋常的高薪聘僱多位此一領域的頂尖科學家，包括鄧力。但是在辛頓抵達時，微軟在全球市場的地位已有所改變。權勢的天平已由這位軟體巨擘轉移到其他科技領域。谷歌、蘋果、亞馬遜與臉書都強勢崛起，搶占新市場與新資金——網際網路搜尋、智慧型手機、線上零售與社交網路。微軟應用於桌上型個人電腦與筆記型電腦的視窗作業系統依然是電腦軟體市場霸主，但是該公司已是全球規模最大的企業之一——企業官僚體系疊床架屋——改弦易轍的步伐緩慢。

九十九號樓是一棟兼有實驗室、會議室與辦公室的四層樓建築，有一個寬敞的中庭與一間小咖啡店。辛頓與鄧力計畫根據在多倫多的研究成果建立一套訓練神經網路識別語音的原型系統。這是一個兩人計畫，但是他們要著手進行時卻遇到麻煩。辛頓需要密碼才能登入微軟的電腦網路，取得密碼的唯一方法是透過公司的電話，然而要使用公司電話也有自己的密碼。他們發出無數次電子郵件要求取得一支電話的密碼，卻毫無下文，於是鄧力陪著辛頓爬上四樓來到技術支援辦公室。微軟有一項特殊的規定，允許發給只來這兒參觀一天的外賓一個臨時的網路密碼，因此坐在辦公桌後的女士發給他們一個臨時密碼。但是當辛頓問這個密碼第二天能否繼續使用時，這位女士收回了密碼。「如果你要待在這兒不止一天，」她說道，「這個就不能給你。」

他們最終得以進入網路，研究計畫也在幾天之內就緒。有一次，辛頓正將程式碼輸入他的桌上型電腦，鄧力也開始在一旁輸入程式碼，而且使用的是同一具鍵盤。這是個性衝動的鄧力向來的作風，但辛頓以前從來沒有遇過這樣的情況。「我對工作時受到干擾已習以為常，」他說，「可是我可不習慣在輸入程式碼時，另一個人也用同一具鍵盤在輸入程式碼。」他們以稱作 MATLAB 的程式語言來建立原型，所寫的程式碼超過十頁，大多數都是辛頓所寫的。儘管辛頓總是對他擁有的數學家與電腦科學家的技能保持低調，鄧力仍對他優雅簡約的程式碼大為驚豔。「寫得太清楚了，」鄧力心想，「井然有序。」不過這些程式碼讓他感到欣喜的不只是明確而已。他們以微軟的語音資料來訓練該套系統，成效卓著——雖然還不及當時一些最先進的系統，但是已足以令鄧力相信這就是語音辨識的近未來。商用系統是使用其他手動製作的方式辨識語音，成效有限。而鄧力已可預見他和辛頓合力建立的系統在吸收大量的資料之後，效能會更為強大。

這套原型系統所缺少的是分析所有資料所需的處理效能。在多倫多，辛頓使用的是一款非常特殊的電腦晶片，叫做GPU，也就是圖形處理器（graphics processing unit）。輝達（Nvidia）等矽谷晶片廠商原本設計這些晶片是為供「最後一戰」（Halo）與「俠盜獵車手」（Grand Theft Auto）等熱門電子遊戲快速產生圖像，但是曾幾何時，深度學習的研究人員發現GPU可以快速處理神經網路的數學運算。早在二〇〇五年，在鄧力與辛頓日後建立語音辨識系統的微軟實驗室，就有三位工程師想到使用這類晶片。與此同時，史丹福大學的一個研究團隊也在無意間發現這類晶片的另種用途。這種晶片可以讓神經網路學習速度加快，而且增加其學習的能量——完全呼應了楊立昆九〇年代初在貝爾實驗室的研究成果。GPU最大的特點之一在於它是現成的硬體，研究人員無須打造新晶片來加快深度學習的進展。拜「俠盜獵車手」等電子遊戲與Xbox等電子遊戲機之賜，他們現在都可以直接使用這類現成的晶片。在多倫多，辛頓與他的兩位學生阿布圖－拉曼．穆罕默德（Abdel-rahman Mohamed）與英國教授之子喬治．達爾，就是利用這種特殊晶片來訓練他們的語音辨識系統，從而開發出遠在當時水準之上的科技。

在辛頓結束他在微軟的短期停留後，鄧力堅持穆罕默德與達爾也應該來九十九號樓，而且希望他們是分開過來，這樣，此一計畫的研發腳步在未來幾個月就不會中斷。辛頓與他的學生同意了，但是也指出若缺乏一些特殊的硬體，包括一萬美元的GPU顯示卡，此一計畫難以為繼。鄧力起初因為這個價格而有意打退堂鼓。他的頂頭上司，日後成為蘋果iPhone數位助理Siri總監的艾力克斯．阿塞羅（Alex Acero）告訴他這是一筆非必要的支出。GPU是用在電子遊戲上，不適合人工智慧的開發。「別浪費你的錢。」他囑咐鄧力別買這款昂貴的輝達晶片，而是去當地的弗萊電子商城（Fry's Electronics）買一般的顯示卡就好了。但辛頓慫恿鄧力拒絕老闆的要求，並且解釋廉價的硬體可能會破壞他的研究計畫，原因在於此一神經網路需要連續多天分析微軟的語音資料，一般顯示卡可能會由於長時間使用而過熱，直接燒壞。不過他更為關切的是神經網路需要額外強大的處理能量。鄧力所需要購買的不是一顆一萬美元的GPU，而是好幾顆，同時還要加上特別專用的伺服器來驅動顯卡，而其花費可能與GPU一樣高。「這筆花費可能需要你一萬美元，」辛頓在一封電子郵件中對鄧力表示，「我們正準備訂購三顆，畢竟我們是一所資金充裕的加拿大大學，不是一家口袋空空的軟體銷售商。」最後鄧力決定購買這些硬體。

同年微軟僱用了一位名叫彼得．李（Peter Lee）的人來接掌雷德蒙德的研發中心。李是一位經過專業訓練的研究人員，不過也有行政主管的架勢，他在卡內基美隆大學擔任教職超過二十年，後來當上電腦科學系主任。他進入微軟後立刻開始審查研發預算，他查閱鄧力的語音辨識研發工作表，上面列著付給辛頓、穆罕默德與達爾的酬勞；惠斯勒語音研討會的經費；以及購買ＧＰＵ等硬體的支出。李看得目瞪口呆。他認為這是他所審核的預算案中最荒謬的一筆。他早在八〇年代於卡內基美隆大學就認識辛頓，他當時就覺得神經網路的概念行不通，現在他更認為那是瘋狂的想法。不過他來到雷德蒙德之前，此一研究計畫已在進行之中。「我有時候在想如果微軟早一年僱用我，」李說道，「這一切就不會發生了。」

那一年夏天，在達爾來訪的時候，出現了突破性的進展。達爾身材高大、五官分明，臉上掛著一副小眼鏡。他在大二的時候就視研究機器學習為他的終身志業，認為機器學習是電腦程式設計的替代品——能夠幫助你處理你甚至不知道該如何處理的問題。你可以直接讓機器學習就好。他投入神經網路領域，但是他並非貨真價實的語音辨識研究人員。他常常表示：「我從事語音研究的唯一原因是辛頓團隊的其他人都在研究視覺。」他要向外界證明辛頓實驗室所研究的項目不止對影像有效而已。他確實做到了。「喬治對語音辨識懂得不多，」鄧力表示，「不過他懂ＧＰＵ。」他們在微軟利用這些價值一萬美元的ＧＰＵ，訓練神經網路辨識Bing語音搜尋服務所蒐集的語音，達爾因此大幅提升辛頓的語音辨識系統效能，超過微軟當時的任何一個研發項目。他、穆罕默德以及辛頓開發的神經網路，能夠自大量吵雜的語音中辨識重要的聲音，分辨語音與字詞間細微的區別，這是光憑人類工程師無法做到的。這是人工智慧歷史長河中的轉折點。不過幾個月的時間，一位教授和他的兩名研究生就開發出一套系統，足可媲美全球最大企業之一花了十幾年的時間才有的研發成果。「他是一個天才，」鄧力說道，「他知道如何不斷地創造衝擊與影響。」

＊＊＊

幾個月後，在多倫多可以看到國王學院戶外鵝卵石步道的辦公室書桌前，辛頓打開一封來自一位陌生人的電子郵件。此人名叫威爾．奈維特（Will Neveitt），他問辛頓能否送一位學生來北加州的谷歌總部。辛頓與學生的語音辨識研發成果已在科技業引發連鎖反應。繼幫助微軟設立新的語音研發計畫——和公開發表研究報告之後——他們又前往幫助第二家科技巨擘ＩＢＭ進行類似的研發計畫。二〇一〇年秋天，在造訪微軟九個月後，阿布圖－拉曼．穆罕默德開始與ＩＢＭ的華生研究中心（Thomas J. Watson Research Center）合作。該座研究中心同樣是埃羅．薩里寧的傑作，也有著鏡面玻璃窗，位於紐約市以北連綿起伏的丘陵之間。而現在，輪到谷歌了。

不過當時穆罕默德仍在ＩＢＭ，達爾另有其他的研究計畫，於是辛頓轉向一位幾乎與他們語音辨識研究計畫毫不相干的學生。這位學生是奈迪普·傑特利，加拿大印度移民之子，多年來他一直是計算生物學家，直到最近才開始投入人工智慧的研發領域。頭髮剃得很短的傑特利個性活潑，他和達爾都在辛頓辦公室另一頭的改建儲物櫃工作，而他一直在找企業實習生的工作。辛頓原本想為他在黑莓機（BlackBerry）製造商行動研究（Research in Motion，ＲＩＭ）那兒安排一個位置，但這家加拿大企業表示對語音辨識不感興趣。ＲＩＭ的鍵盤式裝置在幾年前還稱霸手機市場，然而卻錯失了觸控螢幕智慧手機的大躍進。如今該公司又要錯過一次大好機會。當辛頓第一次將谷歌工作機會提供給傑特利，傑特利卻拒絕了。他和妻子正在等待他們的孩子出生，而且他已申請美國綠卡，他知道他無法拿到在谷歌工作所需的工作簽證。不過經過幾天的重新考慮後，他要求奈維特，也就是當初寄電子郵件給辛頓的谷歌主管，購買一台裝滿ＧＰＵ的機器。

但是等他要成為谷歌實習生的時候，奈維特已經離職了。奈維特的接班人，法國出生的工程師文生·范浩克（Vincent Vanhoucke）到職後發現他有一台他不知該如何使用的ＧＰＵ機器，唯一知道如何使用的是一位加拿大實習生，然而這位實習生卻不得在辦公室內工作，因為他沒有工作簽證。於是范浩克打電話給蒙特婁的谷歌辦事處，要他們為傑特利安排一張桌子。傑特利一整個夏天幾乎就是一個人在這兒工作，透過網際網路來使用這台GPU機器。不過他首先必須去北加州一趟，與范浩克會面與啟動GPU機器。「沒有人知道該怎麼處理它，」范浩克說道，「所以他必須過來。」

傑特利抵達時，發現這部機器塞在范浩克與其語音團隊辦公室外走廊另一端的角落裡。范浩克表示：「它在印表機後面嗡嗡作響。」他不要讓這台機器放在任何人的辦公室內，也不希望它接近任何工作人員。這部機器的每個GPU顯示卡都有一具風扇不停地轉動，以避免過熱，他擔心某人有一天會受不了這些噪音，在一無所知之下關掉這台機器。他因此把機器放在印表機後面，讓人以為是印表機在作祟。這類機器在谷歌算是異類，就和微軟一樣，但是原因不同。谷歌成為線上服務帝國的同時，也建立了一套遍及全球、與數十萬台電腦相連的數據中心網路。該公司的工程師使用任何一部谷歌個人電腦或筆記型電腦都能立即獲得強大的運算能力。這是谷歌開發與測試新軟體的方式——而非靠著塞在角落裡的機器。「這兒的文化是：每一個人都以大數據中心來跑他們的軟體，」范浩克說道，「我們有許多電腦，所以你為什麼還要買自己的電腦？」問題是谷歌數據中心的電腦並沒有裝傑特利所需要的GPU晶片。

他的研究類似穆罕默德與達爾在微軟與ＩＢＭ所做的：以神經網路重建企業既有的語音辨識系統。但是他想更進一步。微軟與ＩＢＭ的系統有部分仍依賴別的科技，傑特利則是想擴大神經網路的學習內容，希望能夠建立一套完全以分析口語來學會所有事情的系統。傑特利離開多倫多時，學者氣息濃厚的達爾曾叮嚀他，不要隨便聽從大公司的話。他說：「你要對谷歌予取予求，而不是讓谷歌對你予取予求。」於是傑特利在加州與范浩克等谷歌人見面時就提出了大型神經網路的計畫。起初，他們否決了此一提議。即使是訓練小型的神經網路也要幾天的時間，傑特利若是要以谷歌的資料來訓練，可能要花上好幾週的時間，但是他只會在這兒待一個夏季而已。一位谷歌人問傑特利，他能否以兩千小時的口語訓練出一套神經網路——這回輪到傑特利拒絕了。在多倫多的實驗室，穆罕默德與達爾只用三小時的資料訓練神經網路，在微軟時，他們則用了十二個小時的資料。谷歌是一家所有資料都超大量的企業，它透過熱門的線上服務，包括谷歌搜尋與YouTube，將文字、語音與影片等所有的資料囊括其中。但是傑特利堅守立場。在會面結束後，他寫了一封電子郵件給辛頓。

他問道：「有誰曾經用兩千個小時來訓練嗎？」

「沒有，」辛頓答覆，「不過我不認為有什麼行不通的。」

到了蒙特婁後，傑特利在一週之內就開始透過線上操作那台嗡嗡作響的GPU機器訓練他的第一套神經網路。當他測試他的新系統時，發現它的辨識錯誤率是百分之二十一左右——這是一項了不起的成就。谷歌自己應用在全球安卓（Android）智慧手機上的語音辨識服務的錯誤率都還卡在百分之二十三降不下來。又經過兩週的訓練後，傑特利將他的系統的錯誤率進一步降至百分之十八。在傑特利開始測試前，范浩克與他的團隊都只將其視為一個有趣的實驗。他們從沒想過這套系統竟能匹敵谷歌現有的科技。「我原本以為我們是在不同的檔次，」范浩克說道，「結果發現確實不是。」

這套系統又快又好，傑特利於是決定訓練第二套系統，能夠在YouTube影片中搜尋特定的語彙。（如果你指示系統搜尋「驚喜」（surprise）一詞，該系統就能辨識影片何時出現此詞。）谷歌已建立了一套這樣的服務，不過有百分之五十三的錯誤率。而在夏季結束之前，傑特利已將他的系統的錯誤率降到百分之四十八的水準，而且幾乎都是由他一人獨力完成。他慶幸自己在蒙特婁工作，因為沒有人會管他。他常常忘了時間，每天都工作到晚上十一點或是午夜。當他回到家裡，他的妻子會把嬰兒交給他照顧，而嬰兒經常是整夜哭鬧不休。不過這並不妨礙他第二天重新再來一遍。「這就像是上癮一樣，」他說道，「成果一次比一次好。」

傑特利與他的家人返回多倫多後，范浩克與他的團體接收了此一計畫。谷歌知道微軟與ＩＢＭ正在研發相同的科技，希望能夠領先對手。但問題在於傑特利的系統處理網路即時詢問的速度比理想上慢了十倍，這種速度根本沒有人會想使用。在范浩克的團隊處理這問題的同時，又有一支團隊加入研究，而且是來自谷歌完全不同的部門。原來，當傑特利還在蒙特婁為其計畫埋頭苦幹時，有幾名科學家，包括辛頓一位學生在內，在谷歌的加州總部設立了一所深度學習實驗室。在范浩克團隊的合作下，該實驗室不到六個月的時間就將此一科技應用在安卓智慧手機上。谷歌起初並未向世界宣布其語音辨識服務已經改變，服務上線後沒過多久，范浩克就接到為最新款安卓手機供應晶片的一家小廠商的電話。此一廠商的晶片是在你對手機發號施令時能夠去除四周環境的噪音——用以去除雜音，幫助語音系統能夠更容易辨識語音。但是該廠商告訴范浩克，晶片已失去作用，無法提升語音識別服務的效能。范浩克聽了之後很快就了解是怎麼一回事。

這是因為新型的語音辨識系統效能太高，反過來使得去除噪音的晶片無用武之地。事實上，在晶片無法去除噪音的情況下，該系統尤其能夠發揮效用。由此顯示，谷歌的神經網路已經學會如何處理噪音。

# 第五章
# 證明

「原本真空狀態下的光速是時速三十五英里，後來傑夫．狄恩用了一個週末的時間優化物理學。」

吳恩達坐在一家日本料理店內，這家餐館就位於谷歌總部所在的大街上。吳恩達正在等候谷歌的創辦人暨執行長賴利．佩吉（Larry Page），他遲到了，一如吳恩達的預期。這是二〇一〇年底的事情，近些年來谷歌已發展成為全球網際網路霸主，由一家小而美的線上搜尋公司變成一個從個人電子郵件、線上影音到智慧型手機無所不包，主宰一切的科技帝國。吳恩達是鄰近史丹佛大學的電腦科學教授，他坐在靠牆的餐桌後面，他覺得比起坐在餐廳中間，佩吉坐在這兒比較不會被別人認出來或是搭訕干擾。史丹佛大學的一位同事坐在旁邊，陪他一起等候。此人是塞巴斯蒂安．特龍（Sebastian Thrun），他接受佩吉的邀請參與該公司的一項研發計畫，因此目前向史丹佛大學請假。他所參與的研發計畫直到最近才公諸於世：谷歌自動駕駛車。現在，在特龍的引介下，吳恩達要向佩吉提出一個新想法。

三十四歲的吳恩達，身材高大，說話卻是輕聲細語，他在他的筆記型電腦內準備了一幅折線圖，打算用來向佩吉說明他的構想。但是當佩吉終於抵達入座後，吳恩達覺得與谷歌執行長共進午餐時從袋子裡拿出筆記型電腦並不得體。於是他決定以手勢來說明他的想法，他指出那幅折線圖是顯示線形向右上升。神經網路分析的資料愈多就愈準確，不論是學習影像、聲音或是語言。谷歌最不缺的就是資料——多年來透過如谷歌搜尋、Gmail 與 YouTube 等服務所蒐集的照片、影片、語音指令與文字。他已在史丹佛大學的實驗室進行深度學習的研發，他現在希望谷歌也能加入研發的陣容。特龍當時正在人稱谷歌 X 的最新「射月」實驗室從事自動駕駛汽車的研發，如今他們兩人打算在深度學習上進行另一次「射月」式的探索。

出生於倫敦、成長於新加坡的吳恩達，是一位香港籍醫生的兒子。他先後在卡內基美隆、麻省理工與加州大學柏克萊分校研讀電腦科學、經濟學與統計學，後來才到史丹佛大學，他在這兒的第一項大型研究計畫是自動駕駛直升機。不久之後，他與另一位機器人專家結婚。他們在電機電子工程師學會（IEEE）發行的機械工程期刊

《IEEE綜覽》（*IEEE Spectrum*）以彩色照片宣布他們的喜訊。儘管他曾經對滿屋子的學生表示，楊立昆是地球上唯一能夠實際應用神經網路的人，但是他看到潮流轉向時也跟著改變立場。「他是少數幾位自其他領域轉移到神經網路的人之一，因為他了解其潛力所在。」辛頓表示，「他的博士指導教授視他為叛徒。」他後來主動要求加入辛頓所創立的小型研發社團，該社團是利用加拿大政府以探索「神經計算」為名義的資金設立的。在辛頓向谷歌的某一部門推銷神經網路的同時，吳恩達則在該公司另一部門發展相同的科技，實非巧合。他們是站在相同的高度看此一科技的未來。不過吳恩達對佩吉提出的構想更為深入。

吳恩達不僅是辛頓的門徒，也可以算是二〇〇四年出版的《創智慧》（*On Intelligence*）一書的產物。這本書由一位矽谷工程師、創業家與自學成功的神經科學家傑夫·霍金斯（Jeff Hawkins）執筆。霍金斯發明了手持裝置掌上電腦 **PalmPilot**，這是 **iPhone** 在一九九〇年代的前輩，但是他真正想要做的是研究人類大腦。他在書中指出，整個新皮質——大腦中主管視覺、聽覺、語言與認知的部分——全都是由單一的生物演算法來驅動。他表示，如果科學家能夠複製此一演算法，就能複製大腦。吳恩達將此謹記在心。他在史丹佛大學的畢業講座說的是一項關於雪貂大腦的實驗。如果視神經與視覺皮質（大腦主管視覺的部分）切斷，然後與聽覺皮質（大腦主管聽覺的部分）相連，雪貂依然看得見。吳恩達解釋，大腦這兩個部分使用的是同一個基礎演算法，這個演算法可以由機器複製出來。他強調，深度學習的興起，就是在朝這個方向前進。「學生們過去常常會到我的辦公室，表示要製造智慧型機器，我總是會心一笑，然後拋給他們一個統計學的問題，」他說道，「不過現在我相信智慧在我們有生之年是可以複製出來的。」

與佩吉共進日本料理的幾天後，吳恩達對這位谷歌創辦人正式提案，這也成為他構想的主幹。他告訴佩吉，深度學習不僅能提供影像辨識、機器翻譯與自然語言理解，同時也能夠促使機器具有真正的智慧。在這一年結束前，該項研發計畫獲得批准，稱做馬文計畫（Project Marvin），向馬文・閔斯基致意。其中若有任何諷刺的意味完全是無心之過。

＊＊＊

谷歌總部座落於加州的山景城，沿著一〇一高速公路大約是在舊金山以南四十英里的位置，位處舊金山灣的最南端。主園區位在高速公路附近的山丘上。這兒有一批藍、紅、黃色的建築群，圍繞著一座綠草如茵的庭園，庭園裡有一座沙灘排球場和一座金屬製的恐龍雕像。當吳恩達在二〇一一年初進入谷歌時，他並不是在這兒工作。他是在位於山景城另一處的谷歌X進行研究，那兒是該公司廣大的北加州營運據點的邊緣地帶。不過在進入公司不久，他和特龍就來到在山丘上的主園區與谷歌搜尋的主管會面。為了替吳恩達的研究尋找預算、資源與政治資本，特龍安排了與谷歌幾位高級主管會面，第一位是已主掌谷歌搜尋引擎近十年的阿米特・辛格爾（Amit Singhal）。吳恩達交出的提案與他給佩吉的一樣，只不過這一回完全聚焦於該公司王冠上的明珠：搜尋引擎。已成功多年，作為網際網路最主要入口的谷歌搜尋一直是以一種單純的方式來答覆詢問：回應關鍵字。如果你以五個關鍵字來進行搜尋，就算將它們順序弄亂，重新搜尋，你可能每次都會得到相同的結果。但是吳恩達告訴辛格爾，深度學習可以大幅改進他的搜尋引擎，使其具有過去不可能擁有的效能。透過分析數百萬的谷歌搜尋，自其中尋找人們會點擊和不會點擊的搜尋結果模式，神經網路可以學習提供更加貼近人們真正期待的結果。吳恩達表示：「人們可以提出真正的問題，而不只是輸入關鍵字。」

可是辛格爾並不感興趣。「人們並不想要提出問題，他們要的是輸入關鍵字，」

他說道，「如果我要他們提出問題，他們會搞迷糊的。」就算他同意不以關鍵字來搜尋，他也反對使用需要如此大規模進行學習的系統。神經系統就像是一個「黑盒子」，當它做決定時，例如選擇搜尋結果，根本無從知道它為什麼會做此決定。它每次決定都是根據多天甚至多週來在數十組電腦晶片上的運算。人類大腦根本無法吸收神經網路所學到的東西。若要改變它所學的東西是一項大工程，需要新的資料與打掉重練的試誤。已主持谷歌搜尋十年的辛格爾可不想失去對搜尋引擎運作方式的掌控。當他和他的工程師改變他們的搜尋引擎，他們要完全知道做了什麼改變，而且在別人問起時，也能夠清楚解釋。然而神經網路卻非如此。辛格爾的回答再明確不過。他說道：「我不要和你談。」

吳恩達也分別與谷歌的圖片搜尋和影片搜尋的主管會談，但是同樣都遭到拒絕。直到他與傑夫．狄恩走進同一間微廚房（microkitchen）才算真正找到合作夥伴。谷歌園區內有許多公共空間供應員工點心、飲料、廚具、微波爐，或者是短暫的交談機會，谷歌將其稱為微廚房。這位狄恩是谷歌的傳奇人物。

狄恩是熱帶疾病專家與醫療人類學家的兒子，成長足跡遍及全球。他的父母為了工作，全家從狄恩的出生地夏威夷搬到索馬利亞，狄恩在這兒度過他的初中時期，並在當地協助經營一所難民營。他的高三是在喬治亞州的亞特蘭大念的，他父親那時候受聘於設在當地的美國疾病控制與預防中心（Centers for Disease Control and Prevention，CDC）。狄恩為CDC設計了一套軟體工具，幫助研究人員蒐集疾病資料，而在將近四十年後，此套軟體仍是開發中國家流行病學的典範。他研究所念的是當時仍在基礎水準的電腦科學——將軟體程式碼轉換成電腦能夠了解的東西的「編譯器」——畢業後，他進入由迪吉多電腦公司（Digital Equipment Corporation，DEC）在矽谷設立的研究實驗室工作。迪吉多一度是電腦業界的巨擘之一，但是影響力逐漸式微，狄恩因此和該公司其他的優秀人才一起投奔正在崛起的谷歌。外界往往將谷歌早期的成功歸功於網頁排名（Page-Rank），這是佩吉與他的共同創辦人賽吉・布林（Sergey Brin）還是史丹佛大學研究生的時候研發的一種搜尋演算法。但是身材瘦削、方下巴、古典帥氣、說話含蓄略顯含混不清的狄恩，對於谷歌的快速崛起也是功不可沒，甚至可說功勞更大。他和一批工程師開發出強力支撐谷歌搜尋引擎的軟體系統，這些系統能夠連接數以千計的電腦伺服器與數據中心，允許網頁排名在每一秒即時為數百萬人提供搜尋服務。「他的專長是能建立讓數百萬台電腦合而為一的系統，」特龍表示，「在電腦運算史中沒有人做得到。」

狄恩是矽谷中少數幾位備受推崇的工程師之一。「我還是一名年輕的工程師的時候，這就是我們午餐的話題。我們會圍坐在一起，討論何謂無堅不摧的強大。」早期在谷歌工作，後來成為微軟技術長的凱文．史考特（Kevin Scott）回憶，「他具有一種非凡的能力，能將非常、非常複雜的科技層層剝開，直達其本質所在。」有一年在愚人節的時候——這是谷歌早年最神聖的節日——該公司的私人網路出現一個網站，貼出一份「傑夫．狄恩事實」（Jeff Dean Facts）的清單，這是仿效在網際網路上流傳的「查克．羅禮士事實」（Chuck Norris Facts），以一種諷刺性的方式來表達對這位八〇年代動作明星的推崇：

> 傑夫．狄恩有一次沒通過圖靈測試，因為他不到一秒就正確算出費波那契數列（Fibonacci number）第二〇三位數字。
>
> 傑夫．狄恩在送出程式碼之前會先編譯與執行，不過只是為了抓編譯器與中央處理器的漏洞。
>
> 傑夫．狄恩的個人識別碼是圓周率最後四個數字。
>
> 原本真空狀態下的光速是時速三十五英里，後來傑夫．狄恩用了一個週末的時

間優化物理學。

該網站也鼓勵谷歌其他的職員加上他們自己的事實，許多人都參加了這項活動。設立該網站的年輕工程師肯頓・瓦爾達（Kenton Varda）很小心地隱藏自己的身分，但是將藏在谷歌伺服器紀錄檔裡的幾條數位線索拼湊起來後，狄恩很快就找出他來，還對他發出一封感謝函。這原本只是愚人節的玩笑，如今已成為谷歌的神話，無論在公司內外都受人津津樂道。

吳恩達知道狄恩能將他研究計畫的技術水平提升到別人難以企及的程度，同時也能幫助他的計畫獲得在公司內通行無阻的政治資本。因此，他們在微廚房的會面——狄恩細聲細語地問吳恩達來谷歌做什麼，吳恩達回答他在建立一套神經網路——意義重大。根據公司的傳說，就是他們這次偶然間的聚首促成谷歌人工智慧實驗室的設立。但實際上狄恩早在會面之前就以電子郵件與吳恩達保持聯繫。吳恩達在進入谷歌之初就知道他的計畫必須仰賴狄恩是否感興趣。他一直在想該如何把狄恩也拉入他的計畫，並且確保他能繼續留在計畫之內。不過他並不知道狄恩也有一段涉入神經網路的歷史。比吳恩達年長約十歲的狄恩在九〇年代初還是明尼蘇達大學學生的時候，就曾對此概念進行研究，當時正是連結主義首次復興之際。他的畢業論文是用一部六十四位元處理器的設備訓練神經網路，該部機器稱為「凱撒」，在當時看來強大無比，但是與最終發揮用處所需的科技相差十萬八千里。「我以為以六十四位元處理器執行平行運算，可以產生一些有趣的東西，」他說道，「我太天真了。」他需要的是一百萬倍以上的運算能力，不是六十四位元。因此，當吳恩達表示他在研究神經網路，狄恩立刻就了解其中意義。事實上，當時谷歌另外兩位專家，包括神經科學家葛瑞格．柯拉多（Greg Corrado），也已在從事類似的研究。「我們谷歌有許多電腦，」狄恩以其向來直話直說的方式告訴吳恩達，「我們為什麼不建一個真正大規模的神經網路？」畢竟，這是狄恩的專長——結合數百部，甚至數千部機器的運算能力來處理單一問題。那年冬天，他在谷歌X內加了一張桌子，將他「百分之二十的時間」投入吳恩達的計畫——谷歌人傳統上會在一週中抽出一天的時間用在正職之外的專案上。馬文計畫最初僅是一項實驗，吳恩達、狄恩與柯拉多只把部分的注意力放在該計畫上。

他們建造了一套完全反映人們在二〇一〇年代初期最熱門消遣活動的系統：它觀察在 YouTube 影片中的貓。它匯集了遍及谷歌數據中心一萬六千顆晶片的運算能力，分析數百萬的影片以學習如何辨識貓。辨識的準確度並不如當時最為頂尖的影像辨識工具，但是對於已有六十年歷史的神經網路卻是向前邁進一步。吳恩達、狄恩與柯拉多在第二年夏天發表了他們的研究報告，這份報告就是在人工智慧專家圈內著名的「貓咪論文」。該計畫同時也出現在《紐約時報》的報導之中，指出這是「模擬人類的大腦」。這就是當時專家學者對他們研究的看法。狄恩與神經科學家柯拉多最終將他們所有的時間都投入吳恩達的研究。他們也自史丹福與多倫多增聘研究人員。與此同時，該計畫也自谷歌X實驗室移至專屬的谷歌大腦（Google Brain）人工智慧實驗室。

該業界的其他人士，甚至包括谷歌大腦的部分人士，都沒有預測到接下來發生的事情。正當實驗室的研究進行到關鍵時刻，吳恩達卻決定退出了。他手上還有另一項計畫，而且需要他投入大量精力。他正在創設一家新創企業課思銳（Coursera），這是一個專業的 MOOCs 平台，亦即大規模開放線上課程（Massive Open Online Course），是透過網際網路來提供大學課程。在二〇一二年，創業家、投資人與新聞媒體都認為這是矽谷能夠徹底改變世界的構想之一。同一時間，特龍也設立了一個類似的新創企業，稱為優達學城（Udacity）。但是這兩項計畫都無法與谷歌大腦即將出現的事情相提並論。

吳恩達的退出似乎以一種迂迴的方式來催化該計畫。他在離開前推薦了一位替手：傑弗瑞・辛頓。以事隔數年的後見之明來看，對參與其中的所有人來說，這都是再自然不過的一步發展。辛頓不僅僅是吳恩達的導師，他在一年前派遣傑特利前來谷歌，就已為實驗室栽下第一粒大成功的種子，這項成功實現了辛頓已耕耘幾十年的科技。但是當谷歌於二〇一二年春天與他聯絡時，他無意離開多倫多大學。他當時是六十四歲的終身教授，帶領一大批研究生與博士後研究員。因此，他僅同意暑假時待在谷歌的新實驗室。由於公司特有的人事規定，谷歌為他安排的是與其他幾十位大學生一樣的暑期實習生身分。在迎新週的時候，他感覺自己就是一個異類，他似乎是唯一不知道單一身分驗證（LDAP）是用來登入谷歌電腦網路方式的人。他回憶道：「沒過多久他們就指定四位指導員中的一位站在我旁邊。」不過他同時發現另一批人也與這個團體格格不入：他們看來是主管級人物，身邊帶著私人助理，而且個個都滿面春風。一天午餐時，辛頓忍不住過去問他們為什麼也來參加迎新週，他們回答谷歌最近才買下他們的公司。他於是心想，把公司賣給谷歌，是一件可以讓你臉上掛滿笑容的事情。

到了夏天，谷歌大腦已從佩吉與其他行政團隊所在的辦公大樓搬到庭園另一端的建築物內，同時也擴張成為十人以上的研發團隊。辛頓認識其中一位研究員，那人之前是多倫多大學的博士後研究員，名叫馬克奧瑞里歐・瑞桑多（Marc'Aurelio Ranzato）。他並且對狄恩印象深刻。辛頓將狄恩比作巴恩斯・沃利斯（Barnes Wallis），這是英國經典電影《轟炸魯爾水壩》（*The Dam Busters*）中所描繪的二十世紀科學家與發明家。在電影中，沃利斯要求政府官員派遣一架威靈頓轟炸機供他使用。他要用來測試一款可以在水面上彈跳的炸彈，當時沒有人認為這個構想會成功。政府官員拒絕他的要求，解釋現在是戰爭期間，沒有多餘的威靈頓轟炸機。官員表示：「這些飛機就和黃金一樣值錢。」不過在沃利斯指出他自己就是威靈頓轟炸機的設計師後，官員便答應了。在辛頓的暑期實習期間，有一項計畫所需電腦運算能力達到谷歌規定的上限，研究人員將這事告訴狄恩，狄恩立刻就添購了價值二百萬美元的相關設備。谷歌的基礎結構都是由他建立的，這代表只要他認為需要就可以使用。「他為研發團隊提供了一個保護艙，我們可以專心工作，不必擔心其他任何事情，」辛頓說道，「如果你需要什麼，你就找狄恩，他是有求必應。」辛頓認為狄恩最特別的一點是他不像其他大部分高智商的掌權人士，他不會以自我為中心。他總是樂意與人合作。辛頓將狄恩比作牛頓，除了牛頓是一個混蛋外：「大部分的聰明人——像牛頓這樣的人——都比較會記仇。傑夫・狄恩似乎沒有這項人格特質。」

諷刺的是，谷歌大腦實驗室進行的方法全錯了。它使用的是錯誤的運算工具——因此建成的神經網路也不對。傑特利的語音識別系統之所以成功，使用的是GPU晶片。狄恩與其他創設谷歌大腦的人則是以支援谷歌數據中心全球網路的機器來訓練神經網路，這些機器使用的是數千個中央處理器（central processing unit），即CPU（所有電腦都有的核心晶片），而不是GPU。特龍有一次想說服谷歌基礎架構的主管在其數據中心裝設GPU電腦，卻遭到拒絕，原因是這樣會使得該公司的數據中心作業複雜化，並且導致成本加重。當狄恩與其團隊在一項大型的人工智慧會議上揭露他們的方法時，當時還在蒙特婁大學就讀的伊恩·古德費洛從觀眾席中站起來，指責他們沒有使用GPU——不過他很快就後悔太過魯莽與公開批評狄恩。「我當時根本不知道他是誰，」古德費洛說道，「不過現在我算是崇拜他。」

該套系統就是著名的DistBelief，然而卻是一部錯誤的神經網路。一般來說，研究人員在訓練神經網路之前會先標示它所要學習的每個影像。他們必須確認每隻貓真的是貓，然後在每隻動物四周畫上數位「邊界框」（bounding box）。但是谷歌貓咪論文中詳述的系統，能透過沒有標明的影像來學習辨識貓與其他物件。雖然狄恩與其團隊展示他們不必使用經過標示的影像也能訓練神經網路，但是他們的神經網路遠不及使用標示影像的準確、穩定與有效。那年秋天，辛頓結束他在谷歌短暫的實習生涯返回多倫多大學，他和他的兩位學生很快就證明谷歌的神經網路走錯方向了。他們建立一套系統分析經過標示的影像，從中學習辨識物體，而其準確性遠超過之前以其他任何科技所建立的神經網路，由此顯示當人們幫助指出正確的方向時，機器的辨識會更有效率。因此，若是有人指出貓隻所在的位置時，神經網路的學習能力就會大增。

***

二〇一二年春天，辛頓打了一通電話給加州大學柏克萊分校教授吉坦特拉．馬利克，後者曾公開抨擊吳恩達宣稱深度學習就是電腦視覺的未來的說法。儘管深度學習已成功辨識語音，馬利克與其同事仍然質疑此一科技能否掌握影像辨識的精髓。馬利克一向認為所有來電都是電話推銷員打來想要他買東西的，因此他能接到辛頓打來的電話實在令人意外。在他拿起電話後，辛頓說道：「我聽說你不喜歡深度學習。」馬利克表示沒錯，辛頓問為什麼，馬利克回答，因為沒有科學依據證明深度學習在電腦視覺上的表現會優於其他科技。辛頓指出最近的一些論文都顯示，深度學習在辨識物件的多重基準測試上表現優異。馬利克表示這些資料集都太舊了，沒有人在意。他說：「凡是與你有不同意識形態偏好的人都不會被說服的。」於是辛頓問他要怎麼做才能說服他。

起初，馬利克表示深度學習必須精通稱作 PASCAL 的歐洲資料集。「PASCAL 的規模太小了，」辛頓告訴馬利克，「真要這樣做的話，我們需要大量可供訓練的資料，ImageNet 怎麼樣？」馬利克告訴他：成交。ImageNet 是史丹福一所實驗室每年舉辦的一項競賽。該所實驗室位於柏克萊分校以南約四十英里，擁有一座大型資料庫，彙集大量經過標示的照片，從狗、鮮花到汽車，應有盡有，每年全球各地的研究人員會比賽建造一套能夠辨識最多影像的系統。辛頓認為在 ImageNet 比賽獲得亮眼成績，勢必能為他贏得辯論。他沒有告訴馬利克，他的實驗室已在建造參加競賽的神經網路，而且多虧他的兩位學生——伊爾亞・蘇茨克維（Ilya Sutskever）與亞歷克斯・克里澤夫斯基（Alex Krizhevsky）——它已接近完成。

蘇茨克維與克里澤夫斯基反映出人工智慧研究圈內典型的國際色彩。他們都出生於蘇聯，先是遷居以色列，然後再到多倫多。但是除此之外，他們兩人迥然不同。企圖心旺盛，個性略顯急躁，甚至有些咄咄逼人的蘇茨克維九年前還是多倫多大學大學生，在當地速食店打工炸薯條賺取生活費的時候，就直接到辛頓辦公室敲門。在辛頓打開房門後，蘇茨克維以他清脆的東歐腔立刻問道，他能否加入辛頓的深度學習實驗室。

辛頓說道：「我們可以約個時間再來談談。」

「好啊，」蘇茨克維說道，「就是現在怎麼樣？」

於是辛頓請他進來。蘇茨克維念的是數學，而在接下來的幾分鐘，他表現得很像一位高材生。辛頓交給他一篇反向傳播算法的論文——就是那篇在二十五年前揭示深度神經網路潛力的論文——要他讀完以後再過來。蘇茨克維在幾天後就回來了。

他說：「我搞不懂。」

「這只是基本的微積分。」辛頓說道，有些意外與失望。

「噢，不是的。我不懂的是你為什麼不把這些導數進行函數優化。」

辛頓心想：「我花了五年的時間才想出來這一點。」於是他又交給這名二十一歲青年第二份論文。蘇茨克維一週後又回來了。

他說：「我搞不懂。」

「為什麼不懂？」

「你訓練一套神經網路解決問題，如果你要解決另一個問題，你就會訓練另一套神經網路來解決問題。你應該訓練一套可以解決所有問題的神經網路。」

辛頓這才了解蘇茨克維聰明絕頂，可以想出即使是老資格研究人員可能都要花上好幾年的時間才能得到的結論，於是邀請他加入他們的實驗室。蘇茨克維剛加入時，教育水準遠低於其他學生——辛頓覺得可能落後好幾年——但是他在幾週內就設法趕上了。辛頓視蘇茨克維為他所教過的學生中唯一青出於藍的一位，而蘇茨克維——一頭黑色短髮，即使沒事也一副愁眉不展的樣子——在思考問題上似乎總有用不完的精力。在靈光閃現時，他會立刻在與達爾共住的多倫多公寓內倒立挺身，宣布「成功就在眼前」。二〇一〇年，在看過瑞士的于爾根．史密德胡柏實驗室發表的一篇論文後，他站在走廊對其他幾位研究人員宣布，神經網路可以處理電腦視覺，他強調，這完全是事在人為的問題。

辛頓與蘇茨克維——這兩位創意豐富的人——都知道神經網路可以破解 ImageNet，但是他們也需要克里澤夫斯基的技能。寡言木訥的克里澤夫斯基並非創意人才，但他是一位天分極高的軟體工程師，尤其擅長建立神經網路。憑著經驗、直覺與些許的運氣，克里澤夫斯基這類的研究人員都是藉由試誤來建立神經網路。他們透過持續好幾個小時、甚至幾天的電腦運算來獲得結果，而這是他們光靠自己無法完成的。他們讓數十個數位「神經元」進行小型數學運算，將數千張狗圖像輸入人工神經網路，希望它在經過多個小時的運算後能夠學會辨識狗。如果不行，他們會調整算式，再度測試——不斷地測試——直到成功。克里澤夫斯基就是這種有人稱為「巫術」的大師。但是更重要的是，至少在當時是如此，他能夠將滿載GPU晶片的機器運算速度催逼到極限，這類機器在當時的電腦硬體還算是異類。「他是一位很優秀的神經網路研究人才，」辛頓說道，「但他更是一位了不起的軟體工程師。」

在蘇茨克維說起前，克里澤夫斯基從沒聽過ImageNet，而在知道他們的計畫時，他也不像他這位實驗室夥伴這麼興奮。蘇茨克維以好幾週時間簡化數據來降低作業難度，而辛頓告訴克里澤夫斯基，每當他把神經網路的效能提高百分之一，他就會給他一週的假期，讓他趕寫他的「深度論文」，這是一項全校性的專案，他的進度已經落後好幾週了。（克里澤夫斯基說：「他在開玩笑。」辛頓表示：「他也許認為我在開玩笑，不過並不是。」）

仍與父母同住的克里澤夫斯基是在他的臥房、以他的電腦來訓練神經網路。幾週下來，他以他載有兩份GPU卡的電腦幫助神經網路不斷提高效能，這代表他能輸入神經網路更多的資料。辛頓經常會說，多倫多大學連這筆電費都省了。克里澤夫斯基每週都會開始一次神經網路訓練，然後隨著每一小時的過去，他會緊盯著臥房內的電腦螢幕，觀察進度——黑色螢幕上不斷向上攀升的白色數字。每週結束時，他會以一套新的影像來測試系統。如果沒有達到目標，他會調整GPU程式碼與神經元的權重，然後再訓練一週。然後再一週，再一週。辛頓每週也會召集學生在他的實驗室，舉行進度會議。這有些像是貴格會的聚會，大家靜坐在那兒，直到有人決定站起來發言分享他的工作與進展。克里澤夫斯基很少主動發言，不過只要辛頓請他說明他的成果時，屋內就出現一股興奮的氣氛。「他每週都會設法從克里澤夫斯基口中套出一些東西，」那些年間在實驗室的另一位成員艾力克斯．格雷夫斯回憶道，「他知道這個有多重要。」到了秋天，克里澤夫斯基的神經網路效能已超越當代的科技水準，其辨識準確度是全球次好的系統的兩倍。它贏了 ImageNet 的競賽。

克里澤夫斯基、蘇茨克維與辛頓打鐵趁熱，發表了一篇說明他們系統（後來命名為 AlexNet）的論文，並由克里澤夫斯基於十月底左右在義大利的佛羅倫斯電腦視覺大會上公布。面對台下一百多名研究學者與專家，他以他向來溫和，近乎道歉的口吻來解釋他的計畫。在他結束後，台下議論紛紛。坐在前排的加州大學柏克萊分校教授阿列克謝．葉夫羅斯（Alexei Efros）站起來，表示 ImageNet 並非理想的電腦視覺測試工具。他說：「它跟現實世界不一樣。」他告訴屋內的人，它可能擁有數百張T恤的照片，AlexNet 或許可以學會辨識T恤，但這些T恤都是整齊攤開在桌上，沒有絲毫縐褶，沒有穿在真人身上。「你也許可以在亞馬遜的購物目錄上辨識這些T恤，但是並不能幫助你辨識真正的T恤。」他在柏克萊分校的同事吉坦特拉・馬利克（也就是那位告訴辛頓，如果他的神經網路贏了 ImageNet 競賽，自己就會改變對深度學習看法的教授），表示他對 AlexNet 印象深刻，但是他仍將保留對此一科技的看法，直到它證明可以應用在其他的資料集上。克里澤夫斯基根本沒有機會為他的研究提出辯護，因為這個角色被楊立昆搶走了。楊立昆站起來表示，這是電腦視覺發展史上再明確不過的轉捩點。「這就是證明。」他洪亮的聲音傳遍整個房間。

他說得沒錯。經歷多年來對神經網路未來的質疑之後，他終於證明自己是對的。在贏得 ImageNet 的競賽中，辛頓與學生使用的是楊立昆一九八〇年代末期研發成果的改良品：卷積神經網路。但是對楊立昆實驗室的某些學生來說，這也是一件令人失望的事情。在辛頓與他的學生發表 AlexNet 論文後，楊立昆的學生悔恨不已——耗盡三十年心血，最終卻欠缺臨門一腳而功虧一簣的懊惱。當天晚上在討論那篇論文時，楊立昆告訴葉夫羅斯與馬利克：「多倫多大學的學生比紐約大學的學生快了一步。」

在之後的多年間，辛頓常把深度學習比作大陸漂移說，該理論是由阿爾弗雷德・韋格納（Alfred Wegener）在一九一二年率先提出的，但是幾十年來一直受到地質學界的排斥，部分原因在於韋格納不是一位地質學家。「他有證據，但是他是一位氣象學家。他『不是我們的人』，他備受嘲弄。」辛頓說道，「神經網路也是如此。」有許多證據都顯示神經網路可以有多方面的用途，然而卻不受重視。「你要他們相信如果你以隨機權重開始、有大量的資料與依循梯度，就可以創造出這些美妙的表現，實在太難了。算了吧，你是痴人妄想。」

最終韋格納的理論獲得證明，但是他並沒有活到享受這一刻的時候，他在一次遠征格陵蘭的行動中喪生。在深度學習方面，沒有機會看到此時的先驅是大衛・魯梅爾哈特。他在九〇年代患了稱作皮克氏症（Pick's disease）的退化性腦部疾病，使他的判斷力嚴重受損。在確診前，他與長相廝守、幸福美滿的妻子離婚，辭掉工作，換了一個比較差的差事。他最終搬到密西根州，由他的兄弟照顧，並於二〇一一年去世，也就是 AlexNet 橫空出世的前一年。「如果他還健在，」辛頓表示，「他一定是關鍵人物。」

AlexNet 論文將成為電腦科學史上最具影響力的論文，獲得其他科學家引用超過六萬次。辛頓常常喜歡說這比他父親所寫的任何一篇論文都要多出五萬九千次。「但是誰在算呢？」他說道。AlexNet 不僅是深度學習，同時也是全球科技產業的轉捩點。它顯示神經網路可以應用在多項領域——不僅是語音辨識——而GPU是成功關鍵所在。它改變了整個軟體與硬體市場。在深度學習專家余凱向百度執行長李彥宏解釋之後，百度了解了其中的重要性。微軟在鄧力爭取到執行副總裁陸奇的支持後也開始了解它的重要性。谷歌也是如此。

辛頓就在此一關鍵時刻創立了DNN研究公司，也就是在十二月於太浩湖畔一間旅館房間內以四千四百萬美元賣掉的那家公司。在商討如何分配這筆財富時，原先的計畫一直是三人平分。但是後來這兩位研究生告訴辛頓，他應該分得較多的一份：百分之四十。「你們可是放棄了大把鈔票，」他告訴他們，「你們回房睡一覺再說。」

他們在第二天早晨回來，堅持他應分得較多的一份。「這件事顯示他們是什麼樣的人，」辛頓說道，「可是並沒有告訴你，我是什麼樣的人。」

# 第六章
# 野心

「咱們要大幹一場。」

對艾倫・尤斯塔斯來說，買下DNN研究公司只是開端而已。身為谷歌工程部門最高領導人，他打算壟斷深度學習研究人才的全球市場，或至少盡可能這麼做。谷歌執行長佩吉早在幾個月前就已將此事列為最優先的計畫，當時他和谷歌領導團隊在南太平洋的一個（未公開）小島召開策略會議。佩吉告訴他的屬下，深度學習將改變整個產業界，谷歌必須率先掌握。他說：「咱們要大幹一場。」尤斯塔斯是房間內唯一了解他話中含意的人。「他們都在猶豫，」尤斯塔斯回憶，「我沒有。」在那一刻，佩吉顯然已決定放手讓尤斯塔斯去網羅任何與所有在此一領域的優秀研發人才（此一領域當時人才有限），大約會讓谷歌增加數百名僱員。尤斯塔斯已經自多倫多大學招來辛頓、蘇茨克維與克里澤夫斯基。現在，在二〇一三年十二月的最後幾天，他搭機飛往倫敦，追求深度心智。

深度心智成立時間與谷歌大腦差不多，是一家新創企業，設立宗旨崇高得有些離譜。該公司的目標是開發所謂的「通用人工智慧」（artifical general intelligence）——AGI，即人類大腦所能做的事都能做、而且可以做得更好的科技。此一目標可能需要數年、數十年，甚至數個世紀才能達成，但這家小公司的創辦人們都相信這一天終將到來；而且他們也和吳恩達與其他樂觀的科學家一樣，堅信各大實驗室所收穫的諸多概念，例如多倫多大學的就是一個強而有力的起始點。儘管口袋沒有其競爭對手那麼深，深度心智還是參加了辛頓公司的競標活動，據信該公司人才濟濟，匯集了全球最有才華的年輕一輩人工智慧研發人才，甚至不輸積極網羅人才的谷歌。因此，這個即將構成威脅的後輩也成為各家巨擘爭搶的目標，包括谷歌兩個最大的競爭對手：臉書與微軟。情勢使得尤斯塔斯的倫敦之行更顯急迫。尤斯塔斯、狄恩與另外兩位谷歌專家打算在深度心智位於倫敦市中心羅素廣場（Russell Square）附近的辦公室待上兩天，以便考察該公司的科技與研發人才。他們知道還有一位谷歌專家理應加入他們的行列：傑弗瑞・辛頓。但是尤斯塔斯問辛頓是否參加倫敦之行時，辛頓禮貌地回絕，表示他的背部症狀不允許他成行，因為航空公司會要求他在起降時坐下來，可是他已不再坐下。尤斯塔斯原以為辛頓的拒絕只是客套話，表示他會想辦法的。

尤斯塔斯不僅是一位工程師。他身材瘦削筆挺，戴著一副無框眼鏡，同時也是一位飛行員、跳傘運動員。他熱愛追求刺激，每每以他製造電腦晶片時冷靜沉著的態度來面對新的刺激。他不久將穿上壓力服，自飄浮在距離地球二十五英里的同溫層的汽球跳下來，締造世界紀錄。他最近才和其他幾位跳傘運動員自灣流噴射機上跳下——這是史無前例的——此次行動也讓他有了一個主意。他們在跳傘之前，某人必須打開在機艙後面的艙門，為了確保大家不致摔出飛機，跳傘之前身先死，他們都有全身的登山安全帶，以兩條黑色的吊帶勾住艙壁的金屬環。尤斯塔斯認為，如果谷歌租一架私人飛機，他們可以要辛頓繫上登山安全帶，讓他躺在安置於飛機地板上的床上，然後再以相同的方式勾住金屬環。結果他們真的這麼做了。他們搭乘一架私人的灣流噴射機前往倫敦，辛頓則躺在由兩張飛機座椅擺平而搭成的臨時床鋪上，用兩條吊帶固定住身子。「大家都很高興與我同行，」辛頓說道，「這表示他們也可以搭乘私人飛機。」

該架飛機的基地在加州聖荷西，經常受谷歌與矽谷其他科技巨擘租用，機組人員每次都會依據租用的公司來更換機艙內的照明模式，以配合公司的企業標誌。因此，當谷歌人員在二〇一三年十二月的一個週日登上飛機時，機內的燈光是藍色、紅色與黃色。辛頓並不確定他身上的登山安全帶能夠保護他個人安全，不過至少可以避免他在飛機上滾來滾去、在飛機起降時撞到他的同事。他們當晚在倫敦降落，翌日上午，辛頓走進深度心智的辦公室。

***

深度心智由幾位身懷絕技的能人所領導。其中兩位，德米斯・哈薩比斯與大衛・席瓦爾（David Silver）是在劍橋念書時熟識，不過他們早就碰過面：在席瓦爾的英國東海岸家鄉附近舉行的一場青少年西洋棋比賽上。「我認識德米斯的時候，他還不知道我。」席瓦爾說道，「我看到他出現在我住的小鎮上，然後贏得冠軍離開。」母親是新加坡華人，父親是希臘裔賽浦路斯人，家在倫敦北部開了一家玩具店的哈薩比斯，一度是全球十四歲以下排名第二的西洋棋手。不過他的天分不僅於下棋。他是以劍橋大學電腦科學系第一名畢業，尤其擅長於心智遊戲。一九九八年，他二十一歲的時候，參加了在倫敦皇家節日音樂廳（Royal Festival Hall）舉辦的奧林匹克腦力運動會（Pentamind competition），這是來自全球的選手以自選的五個項目來進行比賽。這場競賽包括從西洋棋、圍棋，到拼字比賽、雙陸棋與撲克等所有的腦力遊戲——結果哈薩比斯大獲全勝。他在接下來的五年共贏得四次冠軍，沒贏的那一年是因為他沒有參加。「儘管表面上看來一團和氣，腦力運動就和其他的運動一樣都是競爭激烈，」他在贏得第二次比賽後於網路日誌上說道，「比賽到了最後，什麼招數都用得出來。挑釁、搖桌子，各種詭計與伎倆都是在預料之中。我以前參加的青少年西洋棋比賽，棋桌下有一片木頭隔板，防止選手對踢。別被他們騙了——這就是戰爭。」辛頓後來表示，哈薩比斯絕對可以自稱為有史以來最厲害的遊戲高手，接著他又補充，他高超的技能所反映的不僅是他的智力，還有他極端強烈的好勝心。在贏得奧林匹克腦力運動會後，哈薩比斯又贏得「外交強權」（Diplomacy）競賽的世界團體冠軍，這是背景設在一戰前夕的歐洲的桌遊，各玩家需要仰賴類似西洋棋手的分析與策略技能，還有高明的政治手段與詭計來進行談判、哄騙與妥協以贏得勝利。「他擁有三項才華，」辛頓說道，「他非常聰明，具有強烈的好勝心，而且擅於社交互動。這是一個危險的組合。」

哈薩比斯有兩項愛好。一項是設計電子遊戲。他在空檔年的期間，幫助著名的英國設計師彼得・莫利紐斯（Peter Molyneux）創造電子遊戲「主題樂園」（Theme

Park），玩家在這款遊戲中透過數位模擬科技建造與經營一座擁有摩天輪與雲宵飛車的主題樂園，這款遊戲總共賣出一千萬套左右，並且帶動市場出現一種全新遊戲類型——重建現實世界的「模擬遊戲」（sims）。他另一項愛好是人工智慧。他堅信，終有一天，他能建造出模擬大腦的機器。在未來的幾年間，隨著他成立深度心智，這兩項愛好也以一種他人始料未及的方式合而為一。

在劍橋的同學中他找到一位同好，就是大衛·席瓦爾。大學畢業後，他們兩人開了一家電腦遊戲公司「萬靈丹」（Elixir）。哈薩比斯在建立這家倫敦新創企業的同時，也不忘繼續經營記錄他在公司內外生活點滴（大部分是公司內的情形）的網路日誌。這是由公司一位設計師擔任寫手的行銷工具——用以吸引外界對公司與其遊戲興趣的一種手段——不過日誌十分坦誠，完全展現出他的極客魅力、機靈古怪的特質與贏得勝利的決心。有一次，他談起他與藝奪（Eidos）的會面，藝奪是英國大型遊戲發行商，已同意幫公司發行他們的第一款遊戲。哈薩比斯表示，對於一個遊戲開發商來說，與發行商建立互信關係至關緊要，而他覺得在他倫敦辦公室的會談十分成功。然而會談結束後，藝奪董事長——後來因對產業界的貢獻而獲得一級騎士勛章的伊恩·李文斯東（Ian Livingstone）——注意到辦公室內有一個足球遊戲台，於是挑戰哈薩比斯打一場。哈薩比斯不禁有些猶豫，他暗忖是否應該輸掉比賽好取悅他的發行商，不過他最後決定別無選擇，只有力求勝利。「伊恩可不是一般的玩家——傳說他與史蒂夫．傑克森（Steve Jackson）是赫爾大學（Hull University）的雙人組冠軍——可是這也使我陷入兩難的局面，」哈薩比斯說道，「我如果（在其高超的技術之下）成為藝奪董事長的手下敗將，應是最理想的情況。可是你必須有所取捨，比賽就是比賽，我最後六比三贏了。」

網路日誌不僅記錄了哈薩比斯在萬靈丹的日子，似乎也預示了他下一個風險投資行動。那篇日誌開頭是他坐在家中一張厚實的椅子上，聽著電影《銀翼殺手》（*Blade Runner*）的配樂（第十二首，〈雨中的淚水〉〔Tears in Rain〕，循環播放）。如同史丹利．庫柏力克在六〇年代末啟發了年輕的楊立昆一樣，雷利．史考特（Ridley Scott）在八〇年代初以這部電影啟發了年輕的哈薩比斯。這是一部近代科幻經典電影，講述一位科學家與他的企業帝國建造了行為類似人類的機器。小型遊戲開發商往往會被市場淘汰，哈薩比斯結束萬靈丹的營業，同時決定另起爐灶，而且這一回比上一回更具野心，他要重回電腦科學——與科幻的世界。二〇〇五年，他決定設立一家能夠複製人類智慧的公司。

他知道光是要邁出第一小步，都需要好幾年的時間。因此在成立公司之前，他先進入倫敦大學學院攻讀神經科學博士學位，希望多了解人類大腦再進行複製。他說道：「我棲身於學界一向只是暫時性的。」與此同時，席瓦爾也重返學校，不過並不是想成為一位神經科學家。他進入與其毗連的領域——人工智慧——不過是在加拿大的亞伯達大學。他們分頭進行研究、成立深度心智之後再合而為一的做法，對於神經科學與人工智慧間的關係具有指標性的意義，至少促成一批研究人員在此期間對人工智慧的研究做出重大改變。沒有人能夠真正了解大腦，也沒有人能夠完全複製，但有些人相信這兩門科學最終能相輔相成。哈薩比斯將其稱為「良性循環」。

在倫敦大學學院，他積極探索腦中記憶與想像之間的交集。他發表了一篇論文指出，大腦受傷的人往往會記憶受損，無法記得過去的事情；而且他們同時也顯示難以想像自己在新情況的樣子，例如去逛購物中心或是到海灘度假。影像的辨識、儲存與回想似乎是與它們的創造相連接。二〇〇七年，全球最具權威的學術期刊之一《科學》（*Science*）將這篇論文列為當年十大科學突破之一。不過這項成就只算是他的踏腳石而已。拿到博士後，哈薩比斯在倫敦大學學院的蓋茲比研究中心（Gatsby Unit）擔任博士後研究員。該實驗室主要從事結合神經科學與人工智慧的相關研究，由英國超級市場大亨大衛・賽恩斯百利（David Sainsbury）出資設立的，其創始教授是傑弗瑞・辛頓。

辛頓只在這個職位待了三年就離開，返回他在多倫多大學的教職，當時哈薩比斯還在經營他的遊戲公司。他們兩人好幾年後才見到面，而且還只是碰巧遇到。不過在此期間，哈薩比斯在蓋茲比研究中心的同事中找到一位同路人，名叫肖恩・萊格（Shane Legg）。哈薩比斯回憶，在那個時候，通用人工智慧不是上得了科學家檯面的東西，即使是在蓋茲比中心。「基本上它就是一個令人翻白眼的領域，」他說，「如果你和別人談起通用人工智慧，好的話，人家會認為你是一個怪人；糟的話，人家會說你是一個有妄想症、缺乏科學精神的怪咖。」不過萊格的看法與哈薩比斯相同。萊格是紐西蘭人，研讀電腦科學與數學，閒暇時喜愛練習芭蕾舞。萊格夢想開發超級智慧——能夠超越大腦的科技——儘管他擔心這些機器有一天會危害到人類的未來。他在他的論文中指出，超級智慧能帶來前所未有的財富與機會，但是也可能造成威脅全人類生存的「噩夢般情景」。他認為，即使超級智慧的產生只有些微的可能性，研究人員都必須考慮其後果。「如果我們相信真正具有智慧的機器可能造成巨大的影響，而且確實有在可見的未來出現的一絲可能，我們就必須謹慎以對、未雨綢繆。如果等到這種智慧機器很可能即將出現的時候，再來討論與思考其中的問題就太遲了，」他寫道，「我們現在就必須嚴肅看待此一問題。」他同時堅信大腦自身就能提供建造超級智慧的圖譜，這也是他進入蓋茲比中心的原因。「這裡看來是一個再適當不過的地方。」他說道。這是一個他可以探索他所謂「大腦與機器學習間關係」的場所。

幾年後，有人問應該如何形容肖恩．萊格，辛頓將他與哈薩比斯相比。「他不是那麼聰明、沒有那麼強的好勝心，也不是那麼善於社交。可是話說回來，大部分的人都是這個樣子。」話雖如此，日後萊格的創意幾乎與比他遠為出名的搭檔具有相同的影響力。

哈薩比斯與萊格具有相同的野心。以他們的話說，他們都想要「解開智慧之謎」。但是他們在如何達成目標上卻意見不同。萊格建議應從學界開始，哈薩比斯卻表示他們別無選擇，只能從產業界著手，堅持這是他們唯一能夠取得所需資源來進行此一浩大工程的途徑。他了解學術界，而在成立與經營萬靈丹之後，他也深諳商業之道。他不想為了設立而設立一家新創企業，他要成立一家能夠從事長期研究以達成目標的公司。他告訴萊格，他們自創投家籌得的資金會遠高於當一名教授撰寫提案的補助金，而且業界公司建構所需硬體的速度也是大學望塵莫及的。萊格最終同意了。「我們並沒有讓蓋茲比中心的其他人知道我們的計畫，」哈薩比斯說道，「若是知道，他們一定會說我們瘋了。」

他們在博士後期間，開始與一位創業家暨社會運動人士穆斯塔法・蘇萊曼（Mustafa Suleyman）來往。當他們三人決定成立深度心智時，蘇萊曼負責所有的財務問題，籌措他們研發所需的經費。深度心智在二〇一〇年秋天成立，此一名稱是向深度學習與神經科學致意——同時也是為紀念英國科幻小說《銀河便車指南》（*The Hitchhiker's Guide to the Galaxy*）中，解決生命終極問題（Ultimate Question of Life）的深度思維（Deep Thought）超級電腦。哈薩比斯、萊格與蘇萊曼都將他們對人工智慧的期待寄託在這家公司之上，而在尋求解決短期問題的同時，也公開表達對此一科技現在與未來危險的關切。他們的宗旨——寫在他們商業計畫書的第一行——是通用人工智慧。不過與此同時，他們也告訴任何一位願意聽的人，包括潛在投資人：此一研發行動可能具有危險性。他們表示絕不會與軍方分享他們的科技，並且也響應萊格的論點，警告超級智慧可能會對人類的存在構成威脅。

他們在深度心智成立之前就已接洽最重要的投資人。近幾年來，萊格加入了一群未來主義人士每年的聚會，稱做奇點峰會（Singularity Summit）。「奇點」（理論上）是科技的進步已到不再受人類控制的時刻。此一小團體的創辦人大都是邊緣學術人士、創業家與相信奇點即將到來的人。他們所追求的不僅是人工智慧，也包括延長壽命的科技、幹細胞研究與各種不同的未來主義。其中一位創辦人是自學成功的哲學家暨自稱為人工智慧科學家的伊利澤・尤考斯基（Eliezer Yudkowsky）。二〇〇〇年代初期他曾和萊格與紐約的一家新創企業 Intelligensis 合作，當時他將超級智慧的概念介紹給萊格。但是哈薩比斯與萊格關注的是另一位創辦人：彼得・提爾（Peter Thiel）。

二〇一〇年夏天，哈薩比斯與萊格分別安排在奇點峰會發表演說，他們知道每位演說人都會受邀至提爾在舊金山透天別墅的私人派對。提爾是線上支付服務 PayPal 的創設團隊成員，後來更因身為臉書、領英（LinkedIn）與愛彼迎（Airbnb）的早期投資人，而博得更大的名氣——以及更驚人的財富。他們思索，如果他們得以進入提爾的別墅，就可以向他介紹他們的公司，爭取到一些投資資金。提爾不僅是有錢，他還愛好投資。他是一位願相信極端想法的人，熱中程度甚至超過矽谷創投家。畢竟，他是奇點峰會的大金主。在接下來的幾年間，他的作為與其他矽谷大亨完全不同，在二〇一六年總統大選前後全力支持唐納・川普（Donald Trump）。「我們需要一個瘋到願意投資通用人工智慧公司的人，」萊格說道，「他是一位深度反主流人士——到現在仍是，而且對所有事情都是如此。大部分的人都認為我們不該從事這方面的研發，以他如此強烈反主流的特質，或許反而對我們有利。」

峰會在舊金山市中心的一家飯店內舉行，哈薩比斯在會議首日發表演說，表示建造人工智慧最好的方法就是模擬大腦的運作。他稱之為「生物取向」，即工程師以大腦的形象來開發神經網路或是其他數位創新科技。「我們應該聚焦於大腦的演算水準，」他說道，「我們希望用通用人工智慧解決哪一類問題，就擷取大腦用來解決那類問題的表徵與演算。」這是定義深度心智意涵的中心主幹之一。第二天，萊格闡述了另一個觀點。他告訴聽眾，人工智慧的研究人員必須有一套明確的方法來追蹤其進展，否則他們就不知道是否還在正軌之上。「我得知道我們正走向何方，」他說道，「我們需要了解智慧的概念，也需要一套監控的方法。」哈薩比斯與萊格不僅是在介紹公司，他們的演說主要就是為了博取提爾的注意。

提爾的別墅位於貝克街（Baker Street），與藝術宮（Palace of Fine Art）遙望同一座環礁湖中的天鵝，藝術宮是一座百年前為藝術博覽會建造的石砌城堡。哈薩比斯與萊格穿過前門進入客廳，首先映入眼簾的是一具西洋棋盤，棋盤上棋子各就各位，黑白相對，就等來客下棋。他們首先找到了尤考斯基，後者為他們引見提爾。不過兩人並沒有介紹自己的公司——至少沒有開門見山。哈薩比斯開始聊起西洋棋。他告訴提爾，他也是一位棋手，他們於是談論著此一古老遊戲歷久不衰的魅力。哈薩比斯表示，西洋棋的歷史已有好幾個世紀，自古以來騎士與主教間高度緊張的關係，就反映在棋盤上的技巧與強弱對峙的進退之間。提爾大為激賞，邀請他們第二天來介紹他們的公司。

他們翌日上午再度來到別墅，提爾才剛結束他每日的健身運動，還穿著短褲與T恤，滿身大汗。一位管家為他拿來一罐健怡可樂，他們來到餐廳坐下。哈薩比斯是主講人，解釋他不僅是一位棋手，也是一位神經科學家，他們要依據人類大腦的形象來研發通用人工智慧，他們將尋求建立能夠學習玩遊戲的系統，在全球運算能力突飛猛進之際，可以預見他們的科技也將一路攀高。此番介紹連提爾都感到驚訝。他說：「這可能有些過分了。」不過他們繼續討論，在接下來的幾個星期不斷與提爾及其創投公司創始人基金（Founders Fund）的合夥人進行洽談。最終，提爾主要的顧慮不是這家公司野心過大，而是公司設於倫敦的問題，因為如此就難以監督他的投資，而這是矽谷創投家們向來關切的。不過儘管如此，他仍針對深度心智所需的二百萬英鎊種籽資金挹注了一百四十萬英鎊。在接下來的歲月中，又有其他幾位投資大咖加入，包括矽谷的當紅炸子雞伊隆．馬斯克（Elon Musk），他在設立太空探索技術公司（SpaceX）與電動汽車公司特斯拉（Tesla）之前曾隨同提爾幫助建立 PayPal。「有一個社群，」萊格說道，「而馬斯克是幾位決定投資的億萬富豪之一。」

深度心智從此一路擴張。哈薩比斯與萊格聘請辛頓與楊立昆擔任技術顧問，並且很快僱用多位在該領域前程似錦的科學家，包括辛頓在多倫多的學生弗拉德．明；曾在紐約跟隨楊立昆的土耳其科學家柯雷．卡夫柯格魯（Koray Kavukcuoglu），以及艾力克斯．格雷夫斯，他先是在瑞士跟隨史密德胡柏，後來跟隨辛頓擔任博士後研究員。正如他們告訴提爾的，公司的起始點是遊戲。自五〇年代以來，遊戲就一直是人工智慧的實驗場，當時的電腦科學家製造了第一部自動西洋棋手。一九九〇年，研究人員奠立一個里程碑，製造了一部稱作奇努克（Chinook）的機器，擊敗了當時最厲害的國際跳棋高手。七年後，ＩＢＭ的深藍（Deep Blue）超級電腦又擊敗了西洋棋特級大師加里．卡斯帕洛夫（Garry Kasparov）。二〇一一年，ＩＢＭ另一部超級電腦華生（Watson）贏得智力競賽電視節目《危險邊緣》（*Jeopardy!*）的總冠軍。現在，深度心智的一支研究團隊在弗拉德．明的帶領下開始建立一套能夠玩雅達利（Atari）

老遊戲的系統，這些遊戲包括八〇年代的經典電玩，如「太空侵略者」（Space Invaders）、「乒乓」（Pong）與「打磚塊」（Breakout）。哈薩比斯與萊格堅持人工智慧的研發進展必須受到嚴密的評估與監控，以避免形成任何危險。遊戲就是一個能夠提供此一方式的實驗場，因為遊戲的分數是絕對的，結果是明確的。「這是我們插旗的方式，」哈薩比斯說道，「我們下一步該去哪裡？下一座埃弗勒斯峰在哪裡？」此外，以人工智慧來玩遊戲也是一個很棒的展示方式。藉由展示不但可以賣出軟體，甚至可以把公司推銷出去。到了二〇一三年年初，這已是明顯、甚至不容否認的事實。

「打磚塊」遊戲是玩家用一個小球拍將小白球反彈撞擊彩色磚牆，當你擊中磚塊，磚塊就會消失，你會得到分數。如果多次漏接小白球，你就輸了。在深度心智，弗拉德·明與他的團隊建立一套深度神經網路，透過數百次的「打磚塊」遊戲，不斷測試，研究其中奧妙，以學習此一遊戲的技巧——這樣的方式，即是所謂「強化學習」。這套神經網路可以在二小時左右學會掌握此一遊戲的訣竅。在最初的三十分鐘，它學會基本概念——移動球拍擊中白球，將其反彈撞擊磚塊——儘管還未掌握要領。一小時後，它每次都能擊中白球，並且將其反彈到磚塊上得到分數。兩小時後，它學會破解遊戲的招數，會讓白球穿過磚塊間的空隙到磚牆背後，不斷反彈，持續擊中磚塊與得分，而無須使用球拍回擊。最終，這套系統打磚塊的速度與準確度都遠在任何人之上。

在弗拉德．明與其團隊建立這套系統後不久，深度心智就將一支影片寄給在創始人基金的投資人，包括一位名叫盧克．諾賽克（Luke Nosek）的人。他和提爾、馬斯克都屬於 PayPal 的開發團隊——人稱「PayPal 黑手黨」。據說諾賽克後來對其同事表示，他們收到深度心智有關人工智慧打雅達利遊戲的影片後，他和馬斯克剛好共乘一架私人飛機，他們觀賞這支影片、談論深度心智，然而他們的談話被同在飛機上的另一位矽谷大亨聽到，這人就是佩吉。這就是佩吉如何知道深度心智與後來以灣流噴射機前往倫敦展開追求的原因。佩吉想買下這家公司，儘管它還在初始階段。可是哈薩比斯卻沒這麼肯定。他一直想有一家自己的公司。或者，至少他是這麼告訴他的員工的。他說深度心智至少未來二十年會維持獨立。

***

辛頓與其他谷歌人搭乘電梯前往深度心智辦公室大廳，然而電梯突然故障，卡在樓層之間。他們在等候時，辛頓不禁擔心延誤會引起深度心智辦公室內的不安，裡面有許多人都是他認識的。他心想：「他們一定會感到不好意思。」電梯終於再度啟動，載他們來到頂層，受到哈薩比斯的歡迎，哈薩比斯帶他們來到有著一張大會議桌的辦公室。他儘管有些尷尬，但更多的是緊張，對於要將實驗室的研發展現在一家資源豐富、能以他們無法企及的速度加快研發腳步的企業面前，感到不安與警惕。他不想透露公司的機密，除非他真的想賣——與谷歌真的想買。眾人就坐後，他先解釋深度心智的成立宗旨與目的。接著深度心智的幾名研究人員開始介紹實驗室的部分研發內容，有的具體、有的仍在理論的階段。重頭戲來自弗拉德．明，而且一如既往，講的就是「打磚塊」。

弗拉德．明在講解時，所有人都坐在桌前，只有累壞的辛頓是躺在桌邊的地板上。弗拉德．明偶爾會看到辛頓舉手發問。弗拉德．明心想，這彷彿是以前在多倫多大學的時光。展示結束後，傑夫．狄恩問這套系統是否真的學習打磚塊的技巧。弗拉德．明點頭稱是。它是專注於一些特定的技巧，因為這些技巧能夠讓其獲得最多的回報——在打磚塊上就是最多的分數。這樣的技術——強化學習——並非谷歌研發的方向，不過卻是深度心智研發的主要部分。萊格在其博士後顧問發表一篇論文，指出大腦的運作也大致是類似的情況，並熱烈擁抱此一概念。該公司也聘僱了許多專精此一領域的科學家，包括大衛．席瓦爾。尤斯塔斯相信，強化學習讓深度心智得以建造一套首次真正尋求通用人工智慧的系統。「它們在一半的遊戲都有超越人類的表現，在某些特定方面更是驚人，」他說道，「這部機器能夠發展出戰無不勝的殺手級策略。」

在雅達利遊戲的展示之後，萊格發表了一篇有關他博士論文的演講，有一種數學代理模型可以在任何環境下學習新事物。弗拉德．明與其團隊所開發的代理程式可以在「打磚塊」與「太空侵略者」等遊戲內學習新東西，萊格所提出的則是將範圍進一步擴大——超越電子遊戲進入更為複雜的數位領域與現實世界。就像軟體代理程式學習玩「打磚塊」一樣，機器人也可以學習在起居室移動或是讓汽車學習在鄰里間行進。或者，這樣的程式也可以學習掌握英文。這些都是遠為困難許多的問題。電子遊戲是一個封閉的世界，酬賞十分明確，有分數也有終點線；現實世界遠為複雜，酬賞難以定義，不過這也正是深度心智所選擇的道路。「肖恩的理論，」尤斯塔斯表示，「就是他們所作所為的核心。」

這是一個屬於遙遠未來的目標，不過其間會有許多小進展，這些進展在近期內可望帶來實際的用途。在谷歌訪客的注視下，雙親為美國人但生長於蘇格蘭的格雷夫斯展示了其中一項：一套會「書法」的系統。這是神經網路透過分析物體的模式來學習辨識此一物體。如果它能了解這些模式，就可以產生該物體的影像。格雷夫斯這套神經網路在分析一批手寫文字後，可以產生手寫文字的影像。他們的希望是在分析狗與貓的圖片後能夠自行產生這些動物的圖片。研究人員將其稱為「生成模型」，這也是深度心智主要的研發領域。

谷歌當時求才若渴，在全球網羅科技人才，付給每一位研究專家的薪資就算不是上百萬美元，也有數十萬美元，反觀深度心智付給如艾力克斯．格雷夫斯這樣的專家的年薪還不到十萬美元。他們只負擔得起這些。在成立三年後，這家小公司依然沒有營收。蘇萊曼與其團隊正試圖開發一個手機APP，以人工智慧來幫你瀏覽最新時裝——除了人工智慧的研究人員外，一些時尚編輯與作家有時也會出入他們位於羅素廣場的辦公室。另外一組人員已接近完成一套準備在蘋果APP商店販賣的人工智慧電子遊戲，但也還未有一毛美元進帳。看著格雷夫斯向谷歌來賓介紹他們的工作，哈薩比斯知道有些事情必須改變。

展示結束後，狄恩問哈薩比斯，他能否看看該公司的電腦程式碼。哈薩比斯起初有些猶豫，不過還是同意了。狄恩於是坐在電腦面前，看著旁邊的卡夫柯格魯操作機器。卡夫柯格魯負責操作該公司用來建造與訓練機器學習模型的軟體「火炬」

（Torch）。在經過十五分鐘後，狄恩明白深度心智十分適合谷歌。「由這個可以看出他們顯然是一批知道自己在幹什麼的人，」他說道，「我覺得他們的文化與我們的文化十分相容。」到了此刻，谷歌將買下這家倫敦實驗室已是無庸置疑。馬克．祖克柏（Mark Zuckerberg）與臉書最近也加入谷歌、微軟與百度的人才追求競賽，而谷歌一心要維持其領先地位。雖然哈薩比斯早已承諾他的員工，深度心智會維持獨立，但是他現在別無選擇只有出售一途。如果深度心智沒有出售，可能就此倒閉。「我們無法承受這些規模動輒上千億美元的企業無所不用其極地爭取我們的高端人才，」萊格說道，「我們想盡辦法留住所有人，但是這並非長遠之計。」

不過，他們在與谷歌談判出售深度心智的時候，至少堅持了哈薩比斯對其員工所作的部分承諾。深度心智甚至無法再維持三週以上的獨立，更遑論二十年了，不過他、萊格與蘇萊曼都堅持他們與谷歌的合約必須包含兩項條件，以維持他們的理想。第一項是禁止谷歌將深度心智的任何科技應用在軍事目的上。另一項是要求谷歌設立一個獨立的倫理委員會，來監督深度心智通用人工智慧科技的使用情況，而且不論這樣的科技何時出現都必須如此。有些私下看過合約的人質疑這些條件的必要性。此外，幾年之後，許多人工智慧業界人士認為這些特殊條款只是為了抬高深度心智的身價。這些人士指出，「如果他們說他們的科技具有危險性，就是在暗示其效能強大，這樣他們就可以開價更高。」但是深度心智的創辦人們堅持，除非答應這些條件，否則不會出售，結果他們為了這一理想力爭多年。

在加州登上灣流噴射機前，辛頓就表示他要搭乘火車返回加拿大——用以掩飾他們的倫敦祕密之行。因此在回程時，飛機先繞道加拿大讓他下來，飛機在多倫多降落時正是他所要搭乘的火車到站之時間。此一計畫因而得逞。一月，谷歌宣布以六億五千萬美元收購擁有五十人的深度心智。這其實又是一場險勝。當時臉書也想收購倫敦這家公司，而且對深度心智每位創辦人的出價是他們自谷歌所獲得的兩倍。

# 第二部

# 誰擁有智慧？

## 第七章

# 競爭對手

「哈囉，我是臉書的馬克。」

二〇一三年十一月下旬，克萊蒙特・法拉貝特坐在他布魯克林單房公寓的沙發上，正用筆記型電腦敲打程式碼，iPhone 手機的鈴聲響起。螢幕上顯示的是「門洛帕克（Menlo Park），加州」。他接起手機，傳來一個聲音：「哈囉，我是臉書的馬克。」法拉貝特是紐約大學深度學習實驗室的研究人員。幾個星期之前，他曾接到來自另一位臉書主管的來電，讓他大感意外，但是儘管如此，他仍然沒有料到馬克・祖克柏竟會親自打電話過來。祖克柏以他直接又不拘禮節的方式告訴法拉貝特，他將到太浩湖參加NIPS會議，他們能否約在內華達見面一聊。當時距離NIPS會議已不到一週，法拉貝特原本也不打算參加，但是他同意在會議前夕與祖克柏在赫拉斯大飯店暨賭場的頂樓套房會面。電話結束後，他趕忙訂購跨越國土的機票與旅館，但是他並不知道即將發生什事情，直到他走進赫拉斯的頂樓套房，看見誰坐在臉書創辦人暨執行長身後。這人是楊立昆。

祖克柏沒穿鞋子，在接下來的半個鐘頭，他只穿著襪子在室內走來走去，宣稱人工智慧是「下一件大事」，是「臉書的下一步」。這是在谷歌代表團飛往倫敦追求深度心智一個星期前的事情，臉書正在建立他們自己的深度學習實驗室。臉書幾天前才聘請楊立昆來主持這所實驗室。現在，在楊立昆與在場的另一人——臉書技術長邁克．「施瑞普」．施瑞普弗（Mike "Schrep" Schroepfer）——的陪同下，祖克柏正在為他的新投資招收人才。法拉貝特是里昂出生的科學家，專精影像識別，投注多年心血在神經網路訓練的晶片設計上，然而他只是當天下午走進赫拉斯頂樓套房與祖克柏會面的多位科學家之一而已。「他基本上要僱用每一個人，」法拉貝特說道，「他知道從事此一領域研發的所有人的名字。」

當天晚上，臉書在飯店的一間舞會廳內舉辦私人派對，面對錯層式空間內的眾人，包括俯瞰樓下群眾的陽台上的數十位工程師、電腦科學家和學者，楊立昆宣布臉書即將在曼哈頓設立一所人工智慧實驗室，距離他在紐約大學的辦公室不遠。他說：「這是在天堂中結下的姻緣——天堂又名紐約市。」他接著舉杯向「馬克與施瑞普」致敬。這所實驗室稱作FAIR，亦即臉書人工智慧研究中心（Facebook Artificial Intelligence Research）的縮寫，臉書已聘僱紐約大學另一位教授來輔佐楊立昆，還有多位知名的科學家近期內也將加入他們，其中包括自谷歌挖來的三位研究人員。不過儘管追隨楊立昆多年、也都是法國同胞，法拉貝特並未同意加入臉書。當時他正和另外幾位科學家籌設自己的深度學習新創企業，稱做麥比特（Madbits），他決心完成他的心願。不過在六個月後，這家新公司甚至還沒有推出處女作，就被矽谷另一個社交網路巨擘推特收購。這場人才搶奪大戰愈演愈烈。

***

臉書的矽谷總部園區有如迪士尼樂園，在一支由壁畫家、雕塑家、絹印家與其他駐村藝術家所組成的輪換團隊的幫助下，這兒的每座建築、房間、走廊與門廳都經過精心設計與裝飾，五彩繽紛，其間還有多家以同樣熱情裝飾的餐廳。大東尼披薩（Big Tony's Pizza）設在其中一角，昔客堡（Burger Shack）則在另一個角落。那一年稍早，在十六號大樓內的泰迪墨西哥料理（Teddy's Nacho Royale）旁邊，祖克柏曾與深度心智的創辦人促膝長談。他們之間其實有一個重要的連結：提爾是深度心智的第一位投資人，同時也是臉書董事會的一員。可是祖克柏仍無法確定該如何看待這家倫敦小公司，他最近曾與多家所謂的人工智慧新創企業會面，深度心智看來不過是其中一家而已。

在那次會面結束後，臉書一位名叫盧波米爾．包得夫（Lubomir Bourdev）的工程師告訴祖克柏，他們所聽到的顯然並非吹噓，哈薩比斯與萊格確實掌握了這門新興科技的重點。包得夫說：「他們是玩真的。」包得夫是電腦視覺專家，正帶領一支團隊研發能夠自動辨識臉書上照片與影片中物體的服務。在 AlexNet 的啟發下，許多科學家都發現深度學習突然超越他們研究多年的系統，包得夫也是其中之一，他知道神經網路將改變數位科技的產生。他告訴祖克柏，深度心智，臉書應該買下來。

在二〇一三年，這可是一個奇怪的想法。廣大的科技產業，包括臉書大部分的工程師與主管，都還沒有聽說過深度學習，更遑論了解其日益升高的重要性。還有更重要的一點：臉書是社交網路公司。它的網際網路科技都具有高度的即時性，而非「通用人工智慧」這類不可能在近幾年間就應用於現實世界的科技。該公司的座右銘是「快速行動，打破陳規」，此一標語不斷重複出現在園區內四處可見的網版印刷標示牌上。臉書經營的社交網路遍及全球逾十億人口，該公司必須持續盡快擴大與強化其服務。它其實並不從事像深度心智所做的研究工作，因為那是探索科技的新疆界，不是快速行動與打破陳規。但是現在，在成為全球最強大的公司之一後，祖克柏決定加入競爭行列——與谷歌、微軟、蘋果和亞馬遜相拚，爭取「下一件大事」。

這就是科技業的運作方式。大企業相互牽制，陷入一場不斷追求下一個變革性科技、永無止境的競賽之中，不論此一科技會是什麼。每一家都一心要成為第一名，如果有人領先他們，他們的壓力就會大增，必須加倍努力以迎頭趕上。收購辛頓與他的新創企業後，谷歌在深度學習的競賽中已居於領先地位。到了二〇一三年中，祖克柏決定加入競爭，儘管只是爭取第二名。在這場競爭中，祖克柏毫不考慮臉書經營的只是社交網路，也不在意深度學習可能只會對其廣告定向投放與影像識別有所幫助，更不在乎臉書之前從未真正從事過長期研發的工作。他已決意將深度學習的研發引入臉書。他將這項工作交給被大家稱為施瑞普的人。

五年前，在祖克柏的哈佛室友，臉書共同創辦人達斯丁．莫斯科維茨（Dustin Moskovitz）自臉書工程副總裁的職位卸任後，邁克．施瑞普弗加入臉書，接掌此一職位。他戴著一副黑框眼鏡，剪了與祖克柏一樣的凱撒式短髮。施瑞普比臉書這位執行長大了十歲左右，是矽谷的老將，他在史丹佛大學的同學都是矽谷老一輩的名人。他當年的初試啼聲是擔任謀智（Mozilla）的技術長，該公司曾在二〇〇〇年初挑戰微軟與其 Internet Explorer 網頁瀏覽器的市場壟斷地位。他在進入臉書後，主要的工作是確保支援這個全球最大社交網路的軟、硬體，具有處理由數億人擴張至十億人以上用戶的能力。但是到了二〇一三年，被擢升為技術長後，他工作的優先次序也改變了。他現在的任務是推動臉書進入一個全新的技術領域，首先就從深度學習開始。「這是馬克建構其未來視野的眾多例子之一。」施瑞普後來表示。他沒說的是谷歌也所見略同。

最終祖克柏與施瑞普弗爭取收購深度心智以失敗收場。哈薩比斯告訴同事，他覺得祖克柏無法引起他的共鳴，他不了解這位臉書創辦人要如何處置深度心智，而且也不認為他的實驗室適合臉書一心追求成長的企業文化。不過還有一個更大的問題——對哈薩比斯、萊格與蘇萊曼來說——祖克柏並不認同他們對人工智慧可能造成道德問題的憂慮，不論近期還是長期。他拒絕在合約中保證深度心智的科技研發必須受到一個獨立倫理委員會的監督。「我們會賺到更多的錢——假如我們只是想要錢的話，」萊格說道，「可是我們不是。」

伊恩·古德費洛，蒙特婁大學的一位研究生——不久後即將成為該領域的大咖，是當時被臉書延攬的多位科學家之一，他拜訪臉書總部時與祖克柏會面，對祖克柏不斷提到深度心智感到詫異。「我那時候應該想到的，」古德費洛說道，「他是想收購深度心智。」雖然對科技未來的看法與谷歌所見略同，臉書卻面臨一個先有雞還是先有蛋的問題：它無法吸引高端研究人才，因為它沒有研發實驗室；然而它沒有實驗室，也正是因為它無法吸引高端人才。幫助臉書突破此一困境的是馬克奧瑞里歐・瑞桑多。他原是義大利帕多瓦（Padua）的一位職業小提琴手，後來發現當一位音樂家難以糊口，於是轉行進入科技業，希望成為一名錄音工程師。因為如此，他一腳踏進了人工智慧中聲音與影像的領域。這位身形單薄、語氣輕柔的義大利人先後追隨紐約大學的楊立昆與多倫多大學的辛頓，是辛頓在二〇〇〇年代末舉辦的神經計算研討會的常客。在谷歌大腦實驗室成立後，吳恩達拉他進入該實驗室，是他所延攬的第一批科學家。他是貓咪論文與新版安卓語音服務的研發成員之一。接著，在二〇一三年夏天，臉書找上他。

臉書在那一年舉辦灣區視覺會議（Bay Area Vision Meeting），這是一個為矽谷電腦視覺科學家安排的年度聚會。此一小型研討會由包得夫負責籌辦，他就是慫恿祖克柏去收購深度心智的那位臉書工程師。一位同事推薦瑞桑多是此一研討會主題演講者的完美人選，包得夫於是安排與這位義大利年輕科學家在谷歌總部共進午餐。沿著一〇一高速公路往南開的話，這兒距離臉書總部園區大約七英里。起初瑞桑多以為包得夫是想請他幫忙在谷歌找一份工作，隨著午餐的進行，才發現這位臉書工程師不僅想請瑞桑多在灣區視覺會議發表演說，還想將他挖來臉書。瑞桑多拒絕了。雖然他在谷歌大腦的工作不是那麼理想——他大部分的時間都花在工程方面的工作，反而花在他喜愛的創意研究方面的時間較少——但是跳槽臉書也不見得就是一個改善的機會。臉書甚至沒有自己的人工智慧實驗室。不過在接下來的幾個星期，包得夫以電話與電子郵件一再詢問。

瑞桑多打電話給他在研究所時的指導教授楊立昆，尋求對臉書挖角一事的建議。楊立昆並不贊同。他在二〇〇二年時也曾遭遇類似情況。當時成立不過四年的谷歌想聘請楊立昆來主持研究部門，而他拒絕了，原因在於他對該公司的研發能力有疑慮。（那時谷歌只有六百名員工。）楊立昆說道：「當時谷歌顯然處於向上攀升的正軌，但是它的規模仍無法負擔研發的工作。」同時，谷歌似乎比較著重短期目標，而非長期規劃。許多人其實把此一特質視為谷歌的優勢，它讓谷歌得以在短短六個月的時間內就把深度學習語音引擎安裝在安卓手機上，從而在市場上超越微軟與ＩＢＭ。但是谷歌這種強調立竿見影成效的作風令楊立昆感到不安，現在他擔心臉書也是採行這樣的經營方式。「他們不做研究，」楊立昆告訴瑞桑多，「你要確定你從事的是研究工作。」

不過，瑞桑多仍同意與包得夫再次會面，這一回約在臉書總部，而在他們午後會面接近尾聲時，包得夫表示想為他介紹另一個人。他們穿過園區來到另一棟大樓，走進一間玻璃帷幕的會議室，裡面坐著祖克柏。幾天之後，瑞桑多同意加入臉書。祖克柏承諾會設立一所從事長期研發的實驗室，並將瑞桑多的辦公桌安排在自己旁邊。自此之後，這個慣例成為祖克柏與施瑞普弗推動臉書進入從深度學習到虛擬實境等新科技領域的關鍵步驟。每一個新團隊都是坐在老闆旁邊。在一開始的時候，此舉惹惱了公司內的一些人。臉書其他智庫成員認為把從事長期研發的實驗室置於祖克柏身邊，有違該公司快速行動與打破陳規的文化，並且會在基層員工之間引發不滿。但是在臉書之中，祖克柏執掌大權，他既是創辦人也是執行長，而且不像其他企業的執行長，他在董事會控制了大部分的表決權。

一個月後，祖克柏致電楊立昆，向他解釋公司的做法，並且請求他的幫助。楊立昆有些受寵若驚，尤其是聽到祖克柏表示曾拜讀他的研究論文。但是楊立昆表示他寧願在紐約大學做一位學者，除了建議之外他無法提供任何幫助。「我可以當你的顧問，」他說道，「但是也就這樣了。」他之前曾與施瑞普有過類似的對話，他的立場一直未變。但是祖克柏鍥而不捨，因為臉書顯然已走進另一條死巷子。施瑞普已與該領域其他幾位領袖人物接觸，包括吳恩達與約書亞・班吉歐，但是仍無法找到合適的人選來主持實驗室——一位對該領域頂尖科學家具有號召力的重量級人物。

接著來到十一月下旬，瑞桑多告訴祖克柏，他要參加NIPS。「NIPS是什麼？」祖克柏問道。瑞桑多向他解釋，屆時會有數百位人工智慧科學家在太浩湖的一家大飯店與賭場齊聚一堂，祖克柏問他能否隨行。瑞桑多表示這樣看來有些奇怪，因為祖克柏的形象是一位流行文化偶像，不過他也表示，如果能安排他在太浩湖的會議中發表演說，或許能夠避免他不請自來的尷尬。於是祖克柏與會議主辦單位協商，安排了一場演說，不過他所做的不僅於此。他打聽到楊立昆會在NIPS開幕前一週於矽谷舉辦一場研討會，於是邀請這位紐約大學教授來他在帕羅奧圖的住所共進晚餐。

祖克柏住在一棟白色隔板的殖民地風格房子，座落於環繞史丹佛大學那些維護得宜的住宅區樹木之間。晚餐席間，祖克柏向楊立昆解釋他對人工智慧在臉書中的宏大願景。他告訴楊立昆，未來，社交網路上的互動將由強大的科技自行主導。短期而言，這些科技可以辨識照片中的面孔、語音指令，以及翻譯語言。長期來說，「智慧代理人」或「網路機器人」會在臉書的數位世界中巡邏，接受與執行指令。需要班機訂位嗎？告訴網路機器人就行了。想訂花給老婆？網路機器人可以為你服務。楊立昆問道，臉書是否有任何不感興趣的人工智慧領域，祖克柏回答：「可能是機械人。」但是其他所有的科技——在數位世界的一切——都在其範圍之內。

還有一個更為重要的課題是祖克柏對於企業研發的哲學看法。楊立昆堅信「開放」——概念、演算法與技術必須能夠開放，與廣大的科學家、研究人員的社群分享，而非隔離在一家公司或一所大學之內。開放的主旨在於資訊的自由交換可以加速整體研發的腳步。大家互通有無，每一個人的工作都植基於另一人的工作之上。開放式的研究是學界在此一領域的職業倫理，但是大型網際網路公司往往把重要技術視為商業機密，嚴密保護。不過祖克柏解釋，臉書是一個大例外。臉書是成長於開源軟體的時代——軟體程式碼在網際網路上自由分享——該公司並將此一概念擴張至其整個科技帝國，甚至將其大型電腦數據中心的客製化硬體的規格與全球分享。祖克柏相信臉書的價值是使用其社交網路的人群，不是軟體或硬體。即使有了原料，也沒有人能夠複製，但是如果公司將其原料對外分享，別人就可以幫助改善其品質。楊立昆與祖克柏英雄所見略同。

第二天，楊立昆參觀臉書總部，與祖克柏、施瑞普，以及在「水族箱」的其他人交談，這是一間玻璃帷幕的會議室，專供臉書老闆主持會議使用。到了此刻，祖克柏不再客套，他說道：「我們需要你來臉書設立人工智慧實驗室。」楊立昆表示他有兩個條件：「我不會離開紐約，也不會離開我在紐約大學的教職。」祖克柏點頭同意，而且是毫不遲疑。在接下來的幾天，該公司又延聘了紐約大學另外一位教授羅勃・弗格斯（Rob Fergus），他最近才與一位年輕的研究生麥特・塞勒（Matt Zeiler）贏得ImageNet的另一回合競賽。接著祖克柏就搭機前往太浩湖參加NIPS年會。他先是在大會前夕的臉書派對上揭露設立實驗室的計畫，然後在他的大會演說中向全世界宣布此一消息。

＊＊＊

當辛頓將他的公司賣給谷歌時，他設法維持他在多倫多大學的教職。他不想拋棄他的學生，也不想離開現在已是他家園所在的城市。這在當時是一個不尋常的安排。谷歌在此之前一直堅持它所聘僱的所有學者都必須向其執教的大學請假或是乾脆辭職。但辛頓並不接受這樣的做法，儘管他知道他的做法對他的財務並沒有好處。「我知道多倫多大學付給我的薪水還不及我日後的退休年金，」辛頓表示，「因此我現在等於是付錢給學校，讓它允許我來教書。」他的新創企業DNN研究公司最大的一筆支出，是他所僱用與谷歌進行談判的律師費——大約四十萬美元。這份合約成為楊立昆與其他許多自大學踏入業界的學者的範本。和辛頓一樣，楊立昆也將其時間分配給紐約大學與臉書，不過兩者之間的比率不同，他是一週一天保留給大學，另外四天給公司。

由於谷歌與臉書的頂尖研究人員大都來自學界——而且許多科學家都仍在學界，至少是身兼二職——楊立昆對於開放研究的看法也成為業界的規範。「如果不是開放的，如果不是屬於研究社群的一分子，我不知道該如何進行研究，」楊立昆說，「因為如果你是祕密進行，你的研究不會好。你無法吸引最好的人才，你無法獲得能夠幫助你的研究更上層樓的人。」即使是像傑夫．狄恩這樣飽受企業保密文化薰陶的前輩，也漸漸了解開放的好處。谷歌開始和臉書以及其他科技巨擘一樣，與各界分享其研發成果，發表有關其最新科技的論文，甚至開放其軟體的大部分原始碼。此舉加速了這些科技的發展，同時也吸引頂尖的研究人員加入，從而使得發展速度更為加快。

微軟是這場勇闖新世界競賽的輸家。微軟曾親眼目睹深度學習的崛起，當時辛頓與其學生以及鄧力聯手開發語音辨識，該公司也因此在其設於美國與中國的實驗室進行相關科技的研發。二〇一二年末，在谷歌推出安裝在安卓手機上的語音引擎後，微軟研發長瑞克・拉希德（Rick Rashid）也在中國發表了其語音科技研發成果，向世人展示可以識別語音，並且將其翻譯成另一種語言的原型系統。他後來常說有許多觀眾在看到與聽到這項科技的作用之後都激動地哭了。接著，在二〇一三年的秋天，微軟長期的視覺科學家拉瑞・辛尼克（Larry Zitnick）延聘柏克萊的研究生羅斯・吉爾西克（Ross Girshick）來設立專門從事深度學習的電腦視覺實驗室。吉爾西克曾發表演說，詳述一套影像辨識系統，其效能超過辛頓與其學生在上一年十二月展示的系統，辛尼克為此大為激賞。在加入這所實驗室的研究人員中有一位是年輕的梅格・米契爾（Meg Mitchell），她已將這項科技運用在語言上。米契爾出生於南加州，在蘇格蘭學習計算語言學，日後成為深度學習運動的關鍵人物，這是因為她對彭博新聞社（*Bloomberg News*）表示人工智慧領域面臨「陽盛陰衰」的問題——此一新科技由於幾乎完全由男人打造，因此難以達到預期表現。這是一個後來困擾大型網際網路公司（包括微軟在內）的議題。不過當時這三位科學家正在研發能夠判讀圖片，並且自動產生說明的系統。但縱使這所實驗室努力配合當時方興未艾的開放研究文化——研究團隊並排坐在開放式辦公室內，這種矽谷式的作風在微軟研發部門仍十分少見——進展卻極為緩慢。部分問題是他們塞在桌下、用來訓練神經網路的GPU設備少得可憐，另一個問題是他們使用了「錯誤的」軟體。

九〇年代，在微軟稱霸全球軟體市場的年代，它的主要力量來自視窗作業系統，全球百分之九十以上的家用與商用個人電腦以及自全球數據中心提供線上應用程式的大部分伺服器，都使用這套系統。但是到了二〇一四年，微軟深度倚重視窗作業系統反而拖累了公司。新興的網際網路產業與電腦科學家不再使用視窗作業系統，他們改用 Linux，這是開放原始碼的作業系統，可以免費使用與修改。Linux 提供遠為便宜與深具彈性的手段，打造網際網路年代最具代表性、廣為分布的系統，包括深度學習。為了建立這些系統，全球的人工智慧科學家可以在 Linux 的基礎上自由交換建構部件。然而微軟的研究人員卻被困在視窗作業系統之內，把大部分時間花在尋找讓 Linux 工具能在微軟作業系統內運作的配套組件。

因此，當臉書來召喚時，他們就離開微軟了。臉書提供了一個更為快速開發人工智慧科技與推出上市的機會，更重要的是還能夠讓他們接觸谷歌與其他企業、學術實驗室正在進行的相關研發計畫。這並不是一場像微軟在九〇年代贏得勝利的軍備競賽，這是一場企業發送武器的軍備競賽——至少許多企業是如此。微軟已預料到會有一場搶人大戰，卻讓競爭對手搶占先機。臉書挖走了吉爾西克與辛尼克，接著梅格跳槽到谷歌。

還有另外一個挑戰——不僅只有微軟需要面對——是延聘與留住這些頂尖研究人員的高昂花費。由於此一領域的人才稀缺，加上谷歌大手筆買下DNN研究公司與深度心智，科技巨擘往往以四或五年為期付給研究人員數百萬甚至數千萬美元的酬勞，其中包括薪資、獎金與公司股票。根據深度心智在英國的財務年報，該公司一年的人事費用是二億六千萬美元，而該公司只有七百位員工，這表示每位員工是三十七萬一千美元。即使是剛從校門出來的菜鳥博士，一年也可以拿到五十萬美元，至於該領域的明星級人物拿得更多，不僅因為他們學識高深，同時也是由於他們的名氣足以吸引具有相同水準的人才加入。微軟副總裁彼得．李曾向《彭博商業週刊》（*Bloomberg Businessweek*）表示，招聘一位人工智慧科學家的成本已接近買下國家美式足球聯盟（NFL）一位四分衛的花費。然而這場激烈的搶人大戰因為一位新的競爭者加入而更加火熱。繼臉書宣布要設立實驗室與谷歌收購深度心智之後，又有一家科技巨擘宣布吳恩達將主持其矽谷與北京的實驗室——這家公司就是百度。

# 第八章
# 炒作

「保證成功。」

二〇一二年，尤斯塔斯在長途班機上，隨手翻閱飛機座椅椅背袋子裡的免費雜誌，無意間看到一篇介紹奧地利冒險家菲利克斯．保加拿（Felix Baumgartner）的文章。文中指出保加拿與他的團隊計畫從事一項自同溫層單人高空跳傘的行動，他們要建造一座新型的太空艙，將這位奧地利人送往高空，有如太空人一般。但是尤斯塔斯認為他們的方法全錯了。他覺得最好是別把保加拿當作太空人，而是把他當作潛水員：他相當確定對於需要在稀薄空氣中停留與生存的人來說，潛水衣更為合適。保加拿不久之後就自距離地面二十四英里的高空的一座太空艙躍下，成功締造高空跳傘的世界紀錄。但是尤斯塔斯已在計畫打破此一紀錄。在接下來的兩年間，他把大部分的閒暇時間都花在與一家私人工程公司合作製造一件高空飛行的潛水衣與其他所有旨在打破保加拿紀錄所需的裝備。打算在二〇一四年秋天進行驚天一躍，地點是在新墨西哥州羅斯威爾（Roswell）一條廢棄的跑道上空。不過在此之前，他必須與谷歌再次向前躍進。

以四千四百萬美元延聘克里澤夫斯基、蘇茨克維與辛頓，以六億五千萬美元收購深度心智後，尤斯塔斯幾乎已將對深度學習死忠的科學家一網打盡。不過多倫多三人幫很快就發現，谷歌仍然缺少可以幫助他們加速研發與配合他們才能和野心的硬體設施。克里澤夫斯基是以為GPU晶片撰寫的程式碼贏得ImageNet的競賽，但是他們抵達山景城後，卻發現谷歌的版本使用的是標準的晶片，這套硬體設備由一位名叫沃伊切赫・薩倫巴（Wojciech Zaremba）的研究人員所建造，和其他所有裝置一樣，都是專門為DistBelief打造的，DistBelief是谷歌為操作神經網路而設計的軟、硬體系統。與此同時，辛頓也反對此一專案的名稱：WojNet，這是以薩倫巴的名字來命名。辛頓後來將其改稱為AlexNet，從此成為全球人工智慧界通用的名稱。克里澤夫斯基更是對谷歌的科技不以為然。谷歌花了好幾個月的時間來打造可以操作神經網路的系統，但是他根本無意使用。

克里澤夫斯基來到谷歌的頭幾天，先是到當地的電子商店買了一部GPU機器，塞到他座位沿著走道再過去一些的壁櫥裡，接上網路，然後以此唯一的硬體來訓練神經網路。其他的研究人員則乾脆把GPU設備塞在桌子下面。這樣的情況其實與克里澤夫斯基原先在多倫多家中臥室工作的情形差不多，只不過現在是由谷歌來付電費。谷歌其他人都是在其廣大的數據中心網路建立與操作軟體，從而在可能是全球規模最大的民間電腦集合體上運作，但是克里澤夫斯基卻只能屈就於遠為渺小的規模。谷歌掌控數據中心的人員都認為沒有加裝GPU的理由。

谷歌人在其相對傳統的思維下並未意識到深度學習就是未來——GPU可以加速此一新興科技的發展，這是一般的電腦晶片無法辦到的。這樣的情況往往出現在規模過大的科技公司與小型企業：大部分的人只能顧到眼前，眼光無法放遠。要改變這樣的情況，尤斯塔斯認為，必須找到一批人能夠運用其新專業來解決以舊技術無法應付的問題。「大部分的人看待特定的問題，都是以其特定的角度、特定的觀點與特定的歷史來面對，」他說道，「他們看不到能夠改變未來的轉捩點。」他從同溫層躍下的計畫也是根據相同理論。他在計畫此一行動時，他的妻子大為反對。她堅持要他拍一段影片解釋他為什麼要冒險，這樣如果他行動失敗命歸西天，她可以把影片放給孩子們看。他乖乖拍了影片，但也告訴她，此一行動的風險其實很小，幾乎是不存在。他和他的團隊已找到這次高空跳傘的新方法，即使其他人並不了解，但是他知道此次行動必然成功。「大家一直問我：『你是不是一個冒險家？』但我其實是冒險家的反面，」他說道，「我聘請了最厲害的專家，我們齊心協力，基本上已去除了所有可能的風險，而且針對每一項風險都進行測試，努力將看來非常危險的行動轉變為最安全的行動。」

狄恩的辦公室與克里澤夫斯基的辦公桌在同一條走廊上，他知道谷歌的硬體必須改變。該公司無法推動深度學習的研發更上層樓，除非以GPU重建DistBelief，於是他在二〇一四年春天找來谷歌「人工智慧的首腦」約翰・吉安南德雷亞（John Giannandrea）商量，公司裡的人都稱吉安南德雷亞為「J・G」，他主掌谷歌大腦與一支這幾年來他協助建立的人工智慧專家小組。像克里澤夫斯基這些研究人員若是需要將更多的GPU塞在桌子底下或是走廊上的壁櫥裡，他們就會去找吉安南德雷亞。他和狄恩商量到底還要在他們巨大的數據中心增添多少GPU，克里澤夫斯基這些研究人員才不會再來找他們要GPU。

最初的想法是二萬枚，後來他們覺得這個數字太少了，他們應該要求四萬枚。當他們把此一提案交給會計部時，卻立刻被打了回票。一套有四萬枚GPU的網路需要花掉公司大約一億三千萬美元的經費，雖然谷歌定期會對其數據中心硬體投資相同規模的資金，但是從沒在這類硬體上投下這麼多的經費。狄恩和吉安南德雷亞於是將他們的要求交給正準備自同溫層高空跳傘的尤斯塔斯。尤斯塔斯了解其中的重要性，於是直接找上佩吉，然後就在他身著潛水衣打破保加拿高空跳傘紀錄的前夕，他爭取到一億三千萬美元的圖形晶片。安裝不到一個月，這批為數四萬枚的晶片就開始一天二十四小時持續運轉，不間斷地訓練神經網路。

* * *

到了那時候，克里澤夫斯基已在公司截然不同的部門工作。那年十二月，他趁假日返回多倫多探視父母時，收到一封來自一名女子安妮莉亞・安吉洛娃（Anelia Angelova）的電子郵件，請求他幫忙製造谷歌的自動駕駛車。她其實並不是在自動駕駛車部門工作，而是克里澤夫斯基在谷歌大腦的同事。但是她知道該實驗室的電腦視覺研發工作——是克里澤夫斯基在多倫多大學所從事研究的延伸——有助改進該公司製造自動駕駛車的方法。谷歌自動駕駛車的計畫在內部稱為「司機」（Chauffeur），早在五年前就已啟動。這也表示谷歌在沒有深度學習的幫助下已研究了五年的自動駕駛車。

一九八〇年代末期，迪恩・波梅洛在卡內基美隆大學設計了一款利用神經網路的自動駕駛車，但是近二十年後谷歌開始研發自動駕駛車時，包括谷歌為了此一計畫自卡內基美隆大學所聘僱的多位專家在內，科技圈早已放棄了此一概念。神經網路可以幫助汽車在空無一人的街道上自動駕駛，但也就僅止於此。它只是一個新奇玩意兒，並非能夠像人類司機一樣在繁忙的交通中行進自如。可是安吉洛娃卻不這麼認為。大家回家過節後，她在谷歌空蕩蕩的辦公室內開始以深度學習來教導汽車偵測穿越馬路或是在路邊行走的路人。不過由於對她來說這些都是新東西，她決定向她口中的「深度網路大師」求助。大師同意了，於是她和克里澤夫斯基在假期期間共同打造了一套能夠藉由分析數千張街景照片來學習辨識行人的系統。隨著新年假期結束，谷歌開始上班，他們將此套系統交給自動駕駛車專案的主管。經過測試，結果大好，他們都被邀請加入司機專案，此一專案後來由於該部門自谷歌分割成為公司，而改名為Waymo。谷歌大腦最終將克里澤夫斯基的桌子給了一位實習生，因為他幾乎從來不使用。他一直待在司機專案那邊。

司機專案的工程師稱克里澤夫斯基為「人工智慧訓練師」，該專案很快就全面採用他的方法。深度學習成為谷歌自動駕駛車用來辨識路上所有東西的管道，包括停車標誌、路牌與其他車輛。克里澤夫斯基將之稱為「低處的果實」（意指唾手可得的目標）。在接下來的幾年間，他和他的同事將此一科技擴大應用到汽車導航系統的其他部分。在接受適當的資料訓練後，深度學習可以事先幫助規劃路線，甚至可以預測未來可能發生的事情。司機專案團隊之前曾經花了五年的時間以人工的方式為汽車的行為編碼，現在則是可以建造一套自我學習的系統。過去他們是以一次一行程式碼的方式來定義每一個行人的樣子，現在他們只要花幾天時間利用數千張街景照片來訓練系統自我學習。理論上，谷歌只要蒐集到足夠的資料——顯示車子在路上可能遭遇的所有情境的照片——將它們輸入一個龐大的神經網路，此一系統就可以自動駕駛。要達到這樣的目標最快也還需要好幾年，不過在二〇一四年，谷歌已在朝這個方向前進。

此一轉捩點是谷歌內部大改革的一部分。這個單一的概念——神經網路——現在已改變了谷歌在其持續成長的帝國中建構科技的方式，不論是在實體世界還是數位領域。在預期未來還會更多的四萬枚GPU晶片幫助下——該公司發動一項名為麥克貨車專案（Project Mack Truck）的計畫來改造其數據中心——深度學習已深入谷歌的各個部門，包括谷歌相簿APP，它可以在浩瀚大海般的照片中找到特定物件，還有Gmail，它可以預測你所要輸入的詞彙。它同時也能強化谷歌廣告關鍵字（AdWords）

的效能，該公司一年五百六十億美元的營收有很大一部分都是由此一線上廣告系統所貢獻的。透過分析人們過去所點擊的廣告，深度學習可以幫助預測他們未來會點擊的廣告形態。點擊愈多，所賺的錢也就愈多。谷歌花了數億美元來購買GPU晶片——同時也投下數百萬美元來延聘研究人員——不過都已經回本了。

很快地，阿米特．辛格爾，負責谷歌搜尋引擎的主管，在二〇一一年吳恩達與特龍來找他時，還曾強烈反對深度學習，如今也承認網際網路科技正在改變之中。他與他的工程師別無選擇，只有放棄對搜尋引擎的嚴密控管。二〇一五年，他們發表一套叫做 **RankBrain** 的系統，使用神經網路來幫助選擇搜尋結果。這套系統幫助該公司處理百分之十五的搜尋要求，而且整體上在預測人們會點擊哪些搜尋結果的準確度，遠在舊搜尋引擎之上。數月後，辛格爾由於遭指控性騷擾而離開公司，接替他掌管搜尋引擎部門的是人工智慧的主管：約翰．吉安南德雷亞。

在倫敦方面，哈薩比斯也很快宣布深度心智已建立一套系統，利用當初破解「打磚塊」遊戲的技術來減少谷歌數據中心網路所消耗的電力。這套系統能夠自行決定何時打開與關閉個別電腦伺服器的散熱風扇；何時開啟數據中心的窗戶以增加散熱及何時關閉；何時使用冷卻器或冷卻塔，何時伺服器不需使用它們。谷歌數據中心規模龐大，深度心智這套系統充分發揮作用，哈薩比斯表示，它已為該公司省下上億美元的經費。換句話說，它已付清當初收購深度心智的成本。

谷歌GPU大軍力量強大，可供其從事各種科技的試驗。打造一套神經網路是一個不斷試誤的工作，而在數萬枚GPU晶片的支持下，研究人員可以大為縮短探索各種可能的時間。此一優勢很快就吸引其他科技業者群起效法。在出售一億三千萬美元圖形晶片給谷歌的激勵下，輝達也以深度學習的概念為中心來重組其業務，不再僅是出售供人工智慧研發使用的晶片，而是自己也投入研究，開始涉入影像辨識與自動駕駛車的領域，希望藉此來擴大市場。與此同時，在吳恩達的帶領下，百度也開始從事多方面的研發，從新型態的廣告系統到能夠預測數據中心硬碟何時會壽終正寢的科技，無所不包。不過最重大的改變是語音數位助理的興起。這項服務不再只是扮演搜尋引擎的角色：接受打在網頁瀏覽器上的關鍵字，然後提供幾個網路連結作為回應。它們現在可以聽取你的問題與指令，然後就像人類一樣以語音來回答。在谷歌重製安卓手機的語音辨識系統之後，立刻使得原先在業界廣為流行的類似科技蘋果 Siri 黯然失色。二〇一四年，亞馬遜推出 Alexa，將此一科技自手機移植到客廳的茶几上，市場立刻跟進。現在，谷歌的科技，如今稱作谷歌助理（Google Assistant），可同時應用在手機與桌上型裝置。另一方面，百度、微軟，甚至臉書，都在打造自己的助理。

隨著這些產品、服務、概念不斷擴散，再加上包括上列以及許多其他科技公司常見的宣傳手法，使得「人工智慧」成為近十年來的熱門話題，不斷重複出現在新聞稿、網站、部落格與新聞專題報導之中。一如往常，這個詞帶有一些既定意涵。對於一般大眾而言，「人工智慧」就等同於科幻小說——可以與人交談的電腦、具有知覺的機器，以及無所不能、最終毀滅創造者的擬人化機器人。新聞媒體業以《二〇〇一太空漫遊》與《魔鬼終結者》（*Terminator*）等電影在相關的新聞標題、照片與報導中描述此一新興科技，更造成推波助瀾的作用。過去法蘭克．羅森布拉特與感知器遭到炒作的情形如今再度上演。在深度學習興起之際，自動駕駛車的概念也水漲船高。此外，差不多在同一時間，牛津大學一批學者發表一份研究報告，預言自動化科技很快就會席捲就業市場。這些所有的元素一時之間匯集成一股莫之能禦的巨流，將實際的科技發展與毫無根據的造勢、瘋狂的預測和對未來的憂慮都攪和在一起。「人工智慧」就是所有這些的總合。

新聞界的人工智慧故事需要英雄，拜谷歌與臉書大力推廣，它們選擇了辛頓、楊立昆、班吉歐，有時也加入吳恩達。但是此一榮耀並沒有加諸到史密德胡柏身上，這位在盧加諾湖畔的德國科學家在一九九〇與二〇〇〇年代一直延續著歐洲神經網路的火苗。有人為史密德胡柏抱不平，包括史密德胡柏本人在內。二〇〇五年，他和後來加入深度心智的格雷夫斯發表一篇論文，介紹一套根據LSTMs（長期短期記憶模型）建構的語音辨識系統——具有短期記憶的神經網路。「這正是瘋狂的史密德胡柏會做出來的東西，」辛頓告訴自己，「不過它確實成功了。」如今如谷歌與微軟等公司語音服務的效能都因此一系統而大為精進，史密德胡柏覺得他必須爭取他應得的榮譽。在辛頓、楊立昆與班吉歐於《自然》期刊發表了一篇有關深度學習的論文後，他寫了一篇評論指出「這些加拿大人」實際上並不像表面上那麼有影響力——他們的成就其實是根據歐洲與日本所研發的概念。大約在此同時，伊恩．古德費洛發表了一篇有關生成對抗網路（GANs）的論文——這是日後迅速在業界引發巨大迴響的一項科技——在觀眾席中的史密德胡柏立刻站起來指責他漏提了瑞士早在一九九〇年代就已開始這項研究。他經常這樣說三道四，結果他自己反而變成一個動詞——例如：「你被史密德胡柏了。」不過他並非唯一想爭取光環的人。經過科技圈多年來的忽略，許多深度學習的科學家都覺得他們有功於這場科技革命，應該大聲宣揚。「每個人心中都有一個小川普，」辛頓說道，「你從自己身上就可以看到這一點，不過能夠意識到這一點也好。」

有一個人例外，就是克里澤夫斯基。根據辛頓的說法：「他心中的川普不夠多。」坐在司機專案部門辦公桌後的克里澤夫斯基，可說是身處此波人工智慧熱潮的中心位置，但是他並不覺得他有這麼重要，也不認為他的工作就是人工智慧。這是深度學習，而深度學習只是數學、模式的辨識，或者是他所謂的「非線性迴歸」。這些技術早在數十年之前就已存在，他這種人只是生逢其時，握有足夠的資料與處理能力，一切水到渠成。他所研發的並非智慧，它們只能在特定的情況下運作。「深度學習並不該稱為人工智慧，」克里澤夫斯基表示，「我在研究所學的是曲線設定，不是人工智慧。」他所從事的，不論是在谷歌大腦還是後來的自動駕駛車計畫，都是將此一演算應用到新環境下。這與複製大腦完全是兩回事——更遑論令人擔驚受怕可能會失去控制的機器。這是電腦科學，其他人也同意此一說法，但是這樣並不夠格成為頭條新聞。相對於他的低調，行事高調的是他在多倫多的實驗夥伴伊爾亞．蘇茨克維。

***

二〇一一年，仍在多倫多大學的蘇茨克維飛到倫敦參加深度心智的工作面試。他在羅素廣場附近與哈薩比斯、萊格會面，兩人向他解釋他們目前的計畫。他們正在建造ＡＧＩ——通用人工智慧——而且他們是從打電子遊戲開始建造此一系統。蘇茨克維一面聽著，一面心想他們已與現實脫節。ＡＧＩ並不是一些認真的研究人員會注意的課題。於是他拒絕了這家新創企業的工作邀約，返回多倫多大學，最終來到谷歌。但是他一踏入谷歌，就發現人工智慧研發的本質已完全改變。這項工作不再只是一、兩人在學校實驗室裡與神經網路間的奮鬥，現在是有一個規模龐大的團隊，挾其威力強大的運算能力，向同一個目標邁進。他一向雄心勃勃，進入谷歌大腦後，他的抱負變得更加宏大。在谷歌大腦與深度心智間的跨大西洋合作計畫下，他在倫敦的深度心智待了兩個月，在此期間，他開始相信要獲得真正的成果就必須去碰觸看來無法觸及的領域。他心中所想的與狄恩的目標完全不同（狄恩關心的是能夠儘快在市場發揮作用），也與楊立昆的目標有所差異（楊立昆的研發是著眼於未來，不過也不是太遠的未來）。他的想法較接近深度心智創辦人原先的抱負。他的想法是將一個遙遠的未來描繪成近在眼前的目標——思想超越人類的機器，一種能夠自行建立電腦數據中心的電腦數據中心。要達成這樣的目標，他和他的同事唯一需要的就是多多益善的資料與處理能力。如此，他們就能訓練出一套可以做任何事情的系統——不僅是自動駕駛，還能讀、能說、能思考。「他是一個敢於抱持信念的人，」這些年間曾與蘇茨克維在谷歌共事的機器人專家謝爾蓋・萊文（Sergey Levine）說道，「這樣的人很多，但是他尤其如此。」

蘇茨克維加入谷歌時，其語音與影像辨識都已接受深度學習的改造。下一大步是機器翻譯——可以即時將一種語文翻譯成另一種語文的科技。這是一個相對困難的課題。它所牽涉的不是辨識單一的物體，例如照片中的狗；它牽涉的是將一連串的事物（例如構成句子的單詞）轉換成另一種序列（句子的翻譯）。這需要完全不同的神經網路，不過蘇茨克維認為解決之道就在不遠之處，而且不光是他一個這麼認為。他在谷歌大腦的兩位同事也具有相同的看法。此外，在其他地方，例如百度與蒙特婁大學，也都開始這方面的研究。

谷歌大腦已開發出一項科技，稱作「詞向量」（word embedding）。這是利用神經網路來分析大量的文字材料——新聞報導、維基百科文章、自費出版的書籍——從而繪製英文的數學地圖，以顯示詞與詞間的關係。這並不是你能看見的地圖，它並非像街道圖的二維空間，也非如電子遊戲的三維空間。它有數以千計的維度，這不但是你未曾見過的，也是你永遠都不會看到的。在此一地圖上，「哈佛」與「大學」、

「常春藤」、「波士頓」等名詞相近，儘管它們之間沒有任何語言學上的關係。這個地圖會給每一個詞一個數值，由此來定義它在該語文中與其他詞的關係。此一數值稱作「向量」。哈佛的向量看來與「耶魯」的向量相近，但並不完全相同。「耶魯」和「大學」、「常春藤」相近，但是和「波士頓」關係很遠。

蘇茨克維的翻譯系統是此一概念的延伸。他利用史密德胡柏與格雷夫斯在瑞士研發的長期短期記憶模型，將一大堆英文字句連同其法文翻譯輸入神經網路。透過分析原文與譯本，神經網路可以學習為英文的字句建立一個向量，然後給予相對應的法文相同的向量。這樣，即使你不懂法文，你也可以看到其中數學的力量。「瑪麗仰慕約翰」的向量看來與「瑪麗愛上約翰」、「瑪麗尊敬約翰」的向量相似——但是與「約翰仰慕瑪麗」完全不同。「她在花園裡給了我一張卡片」的向量與「我在花園裡被她給了一張卡片」、「在花園裡，她給了我一張卡片」的向量相近。到了該年年底，蘇茨克維與同事開發的系統在效能上超越了其他所有的翻譯科技，至少在他們所測試的少量英文與法文間翻譯是如此。

二〇一四年十二月，NIPS年會在蒙特婁舉行，蘇茨克維向一屋子來自全球的科學家發表了一份關於他們研究成果的論文。他告訴他的觀眾，這套系統的力量在於它很單純。「我們用最小化的創新來達到成果的最大化。」他說道。觀眾間響起陣陣掌聲，讓他有些意外。他解釋，神經網路的優勢是你只要餵它資料，它就可以自我學習行為。雖然訓練這些數學系統有時看來像是黑魔法，但是他的系統並非如此。他說：「它自己也想成功。」它接收資料，訓練一段時間，不需要經過一般的反覆試誤就能產生結果。但蘇茨克維不僅視它為翻譯科技的突破，更視它為解決任何牽涉到序列的人工智慧問題的重大突破，從對圖片的自動說明到即時以一、兩句話來摘要一篇新聞報導的重點，都能應付裕如。他表示，凡是人類在一秒鐘之內可以完成的事情，神經網路也都做得到。它需要的只是正確的資料。「結論是如果你有一個非常大的資料集與一套非常大的神經網路，」他告訴他的觀眾，「就保證成功。」

辛頓在房間後面觀看演說，當蘇茨克維說到「就保證成功」時，他不禁心想：「只有伊爾亞（蘇茨克維）敢這麼說。」有些科學家對他大膽的宣示頗不以為然，其他人卻是興趣盎然。蘇茨克維不知用了什麼方法，做出這樣的宣示竟然還能躲過科技圈的攻擊。這就是他，這句話若是出自別人之口，一定會被認為信口開河，然而出自他口卻不知怎地反而顯得有幾分真確。事實上，他說得沒錯——至少在翻譯上是如此。在接下來的十八個月，谷歌大腦將這套原型系統轉變成供數百萬用戶使用的商用系統，就像三年前傑特利開發出語音辨識原型系統一樣。不過這一回，這所實驗室還做了一番改變，在該領域又激起陣陣漣漪，最終更加壯大了蘇茨克維與其他人的企圖心。

＊＊＊

「我們還需要一個谷歌。」狄恩告訴烏爾斯．赫爾斯（Urs Hölzle），後者是主持該公司數據中心的瑞士電腦科學家。確實如此。在谷歌針對特定的安卓手機推出新型的語音辨識服務幾個月後，狄恩就發現了一個問題：如果谷歌要繼續推廣此一服務，最終讓全球逾十億支安卓手機都能使用，且假設這十億支手機每天只使用此一服務三分鐘，那麼要處理這些流量，谷歌所需要的數據中心數量，必須比現今的水準多出一倍。這是一個巨大的問題。谷歌目前已有逾十五座數據中心——加州、芬蘭到新加坡都有據點——每一座的設立都要耗資數億美元。不過，在與赫爾斯以及其他幾位專精數據中心設施的同事的一次站立會議上，狄恩提出了一個替代性的方案：他們可以製造專供神經網路使用的電腦晶片。

谷歌長期以來都在為自己的數據中心製造硬體。它的數據中心規模龐大，需要大量電力，赫爾斯與其團隊用了多年時間來設計電腦伺服器、網路設備以及其他裝置來幫助谷歌的服務更加便宜與有效。這個討論度一向不高的事業以低價競爭的方式挑戰如惠普（HP）、戴爾（Dell）與思科（Cisco）等商用硬體製造廠商，並且搶走了它們許多核心業務。谷歌製造自己的硬體，因此並不需要在市場上購買，臉書、亞馬遜與其他業者也是有樣學樣，結果促成這些網路巨擘建立了一個電腦硬體的影子產業。但是谷歌從來沒有想過要製造自己的電腦晶片，它的競爭對手亦如此。因為這需要更高層次的專業水準與大到不合經濟效益的投資。英特爾（Intel）與輝達等公司都是大規模生產晶片，其成本是谷歌所無法相比的，而且它們的晶片也都能符合谷歌的需求。深度學習的興起，輝達的GPU功不可沒，它有助於訓練如安卓語音服務等系統。然而現在狄恩面對的是一個新問題。在訓練完這些服務之後，他需要用更有效率的方法執行它們——能夠透過網際網路供全球使用。狄恩可以使用GPU或標準處理器，但都無法達到他所需要的效能。於是他和他的團隊決定製造一款全新的晶片，專供神經網路的運作。他們自谷歌各個部門籌措資金，包括搜尋團隊。到了此時，所有人都看到了深度學習的能耐。

多年來，谷歌一直是在威斯康辛州麥迪遜（Madison）一所半祕密的實驗室設計數據中心的硬體。赫爾斯——耳朵戴著一顆小鑽石，一頭灰白短髮的前電腦科學教授

——視這項工作為公司真正的優勢所在，總是小心保護設計圖，提防如臉書與亞馬遜等在旁虎視眈眈的競爭對手。麥迪遜雖然地處偏僻，不過總能吸引威斯康辛大學工程學院的人才。現在，狄恩與赫爾斯就利用這批人才，加上自如惠普等矽谷公司挖來的經驗豐富的晶片工程師來進行這項新晶片計畫。他們的研發成果是張量處理器（tensor processing unit），簡稱ＴＰＵ。這是用來處理支持神經網路的張量——數學物件。它的訣竅是其計算的精確度低於一般的處理器。神經網路需要大量計算，每一筆計算的結果無須精準。它所處理的是整數而不是浮點數。因此，與其將一三．六四六乘以四五．八二八，ＴＰＵ會扣除小數點後的數字，直接將十三乘以四十五。這也代表它每秒鐘可以多進行數兆筆運算——正是狄恩與其團隊所需要的，而且不只是語音辨識，還包括了翻譯在內。

當初蘇茨克維所發表的是其研究成果，並非可供大眾使用的產品。他的系統能夠處理常用字句，卻無法處理更廣泛的詞彙，因此仍無法與現行的翻譯服務相競爭，這項服務乃是用老式傳統的規則與統計值建立的，而谷歌在網際網路上提供這項服務已逾十年。不過好在蘇茨克維蒐集的數據提供了公司超大量的翻譯材料，能夠以蘇茨克維和其同事所開發的方法來訓練規模龐大的神經網路。他們的資料集規模約是蘇茨克維當初訓練其系統所使用的一百到一千倍。於是，隨著時序邁入二〇一五年，狄恩找來三位工程師來建立能夠學習這些資料的系統。

谷歌現行的翻譯服務是將句子分解成片段、將其轉換成另一種語言的片段，再予以整合——因此谷歌翻譯常常牛頭不對馬嘴，成為美國晚間電視脫口秀主持人吉米·法隆（Jimmy Fallon）取笑的對象。就英文與法文間的翻譯來說，根據評量翻譯品質的標準BLEU（雙語替換評則），谷歌翻譯的分數只有近三十分，這表示其品質不怎麼樣，同時也代表四年來它只進步三分出頭。不過才幾個月的光景，狄恩的團隊就打造出一套神經網路，翻譯成績比現行的高出整整七分。此一系統的力量就和所有深度學習系統一樣，是來自其單一的學習過程，不需要把句子先分解成片段。「突然之間，一切都從晦澀不明變得清晰明朗，」麥克道夫·休斯（Macduff Hughes）說道，他是建立舊系統團隊的主管，「感覺就像有人把燈打開了。」

不過仍有一個問題。它要十秒鐘才能翻譯包含十個單詞的句子。這樣絕對不能放在網際網路上，人們根本不會使用。休斯認為公司可能還需要三年的時間才能讓此一系統的翻譯不會延遲，但是狄恩有不同的想法。他在公司於舊金山一家飯店舉行的會議上對休斯說道：「只要有心，我們在年底就可做到。」休斯仍持懷疑的態度，不過他還是告訴他的團隊，準備好在年底推出新服務。他說：「我可不想成為說傑夫．狄恩辦不到的那個人。」

他們正與百度賽跑。這家中國網際網路巨人在幾個月前才發表類似研究的論文，而且在那一年的夏季又發表了一篇論文，顯示其翻譯系統的效能與谷歌大腦所開發的水準相當。狄恩與其團隊開發出新版本的谷歌翻譯之後，他們決定首先以英文與中文來推出服務。由這兩種語文巨大的差異性，可以凸顯深度學習可以帶來多大的改善。此外，這兩種語文的翻譯就長期而言也是最有利可圖的，因為，畢竟這也是全球最大的兩個經濟體。最終，谷歌的工程師比狄恩的期限早三個月達成目標，這完全要歸功於TPU。在二月時，以一般的硬體需要十秒鐘才能翻譯一個句子，不過在谷歌新晶片的幫助下，現在只需要千分之一秒就可以翻譯完成。他們在勞動節（美國的勞動節為九月的第一個星期一）後推出此一服務，遠在百度之前。「我沒想到竟然這麼成功。我覺得大家都是這樣，」辛頓說道，「沒有人會料到這麼成功，而且這麼快。」

＊＊＊

辛頓加入谷歌後，與狄恩合作進行一項他們稱作「蒸餾」的計畫：先自他們在公司中所訓練的大型神經網路選擇其中之一，然後將其所學的所有東西濃縮，讓谷歌能夠實際運用在其即時線上服務，向全球用戶展現其本領。這是辛頓長期志業（神經網路）與狄恩長期志業（全球運算）的結合。接著，辛頓開始著眼於比神經網路更為遠大的目標：透過更為複雜的研發來複製大腦。他早在一九七〇年代晚期就已有這樣的概念，他稱之為「膠囊網路」（capsule network）。在谷歌買下深度心智後的那年夏天，辛頓計畫到這所在倫敦的實驗室待上三個月，決定在那兒開始對此一新的老概念進行研發。

他買了兩張船票，打算從紐約搭乘「瑪麗皇后二號」到英國的南安普敦——一張給他自己，一張則是給他的妻子潔姬．福特。第一任妻子羅莎琳因卵巢癌去世後，他於九〇年代晚期與藝術史學家潔姬成婚。他們計畫在週日自紐約啟程。然而在離開多倫多之前的那個週四，潔姬被診斷為胰臟癌末期。醫生告訴她還有一年的壽命，建議她立刻開始接受化學治療。她知道自己已無治癒的機會，決定先去英國，等秋天返回多倫多再接受治療。她的家人與許多朋友都還在英國，這可能是她最後一次與他們見面的機會。因此她和辛頓一起來到紐約，於週日搭船前往南安普敦。辛頓在那年夏天的確展開膠囊網路的研究工作，唯進展有限。

# 第九章
# 反炒作

「他可能在無意間製造出邪惡的東西。」

二〇一四年十一月十四日，伊隆．馬斯克在前沿網（Edge.org）貼文指出，在深度心智這樣的實驗室中，人工智慧正以令人擔憂的速度進步：

除非你直接接觸像深度心智這樣的團體，你根本無從知道它的進步有多快——它已接近指數型成長。這樣的情況可能在五年內就會出現造成重大危險的風險，最多十年。這不是對我不懂的東西高喊狼來了的假警報，我並非唯一認為需要擔心的人。主要的人工智慧公司都已採取措施來確保安全。他們了解其中的危險，但是他們也相信可以改變與控制數位超智慧，防止其中的壞傢伙溜進網際網路。可是這仍是一個未知數……

不到一個小時，這篇文章就消失了。不過打從幾個月前開始，馬斯克就一直在公開與私下的場合傳遞類似的訊息。

一年前，馬斯克在矽谷與《彭博商業週刊》記者艾胥黎・范思（Ashlee Vance）共進晚餐，馬斯克表示他很擔心佩吉正在打造的人工智慧機器人大軍遲早有一天會毀滅人類。問題不是出在佩吉有什麼惡意。佩吉是他的好友，馬斯克常常借睡在他的沙發上。問題在於佩吉相信谷歌所做的一切都有益於世界。然而馬斯克認為：「他可能在無意間製造出邪惡的東西。」此段對話多年來一直不為人所知，直到范思出版了他為馬斯克寫的傳記；不過在他們那頓晚餐後不久，馬斯克就開始在全國電視與社交媒體上一再重複差不多的訊息。在消費者新聞與商業頻道（CNBC）上，他援引《魔鬼終結者》的例子。「早就有電影拍過這種事了。」他說道。在推特上，他則是聲稱人工智慧的「潛在危險甚於核彈」。

他在同一條推文上建議他的追蹤者閱讀牛津大學哲學教授尼克・伯斯特隆姆（Nick Bostrom）最近出版的一部著作《超智慧：出現途徑、可能危機，與我們的因應對策》（*Superintelligence: Paths, Dangers, Strategies*）。和深度心智的創辦人肖恩・萊格一樣，伯斯特隆姆也相信超智慧能保障人類的未來——或是摧毀未來。「這很有可能是全人類所面臨最為嚴重與令人膽寒的挑戰，」他寫道，「而且——不論我們成功還是失敗——它都可能是我們所面臨的最後一次挑戰。」他的擔憂是科學家設計出能使我們生活某一部分更為完美的系統，然而卻不知道它有一天可能會造成我們無法阻擋的浩劫。他經常以一個能夠盡其所能生產迴紋針的系統為比喻。他指出，此一系統「會先把地球，然後是太空，變成一個迴紋針生產設施」。

那一年的秋天，馬斯克出現在《浮華世界》（*Vanity Fair*）紐約年會的舞台上，警告作家華特・艾薩克森（Walter Isaacson）關於人工智慧「遞迴自我改善」的危險。他解釋，如果科學家開發出一套打擊垃圾電子郵件的系統，該系統最終可能決定消除垃圾電子郵件的最佳方法就是消滅所有人類。艾薩克森問他是否會利用他的 SpaceX 火箭來逃離這些機器殺手，馬斯克表示恐怕根本無法逃脫。「如果真的出現這種浩劫，」他說道，「它可能自地球一路追殺人類。」

幾週之後，馬斯克便將他的訊息貼在前沿網上。前沿網是一個專門探索科學新概念的組織所經營的網站，該組織每年舉辦億萬富豪晚宴（Billionares' Dinner），賓客包括如馬斯克、佩吉、布林與祖克柏等明星級人物。不過此一活動很快就停辦了，主要是因為該組織的大金主之一傑佛瑞・艾普斯汀（Jeffrey Epstein）因性交易被捕，後來在監獄內自殺身亡。與先前相比，馬斯克在前沿基金會（Edge Foundation）網站上貼出的訊息更為明確。他指出深度心智就是全球在競相追逐超智慧的證明。他表示頂多五到十年就會出現危險。身為深度心智的投資人之一，他深知這家倫敦實驗室被谷歌突然收購之前的內部情況。然而他到底看到哪些別人無法看到的東西，不得而知。

馬斯克在週五貼出這篇文章，而接下來的週三，他與祖克柏共進晚餐。這是他們兩人首次見面，祖克柏邀請馬斯克來他在帕羅奧圖的寓所，那棟在青蔥郁綠樹蔭下的白色隔板屋。他希望能夠說服這位南非創業家，所有關於超智慧可能十分危險的說法都是無稽之談。他當年曾因深度心智的創辦人堅持要為其通用人工智慧的研發設立獨立的倫理委員會，而猶豫是否要收購這家公司；如今面對馬斯克不斷在電視與社交媒體上散播其觀點，他不希望立法者與決策者以為像臉書這樣的公司突然涉入人工智慧的領域會對全球帶來傷害。為了增加說服力，他還邀請了楊立昆、邁克．施瑞普弗，以及輔佐楊立昆設立臉書實驗室的紐約大學教授羅勃．弗格斯。這些臉書人一頓飯吃下來一直不斷向馬斯克解釋，他對人工智慧的觀點已被少數受到誤導的意見所扭曲。祖克柏與他的臉書員工表示，伯斯特隆姆的哲學思想與馬斯克在深度心智或其他任何一所人工智慧實驗室所看到的東西完全沒有關係。神經網路與超智慧之間仍相差十萬八千里。深度心智所研發的系統只能用於增進如「乓」、「太空侵略者」等遊戲的分數，在其他地方毫無用處。你要關掉遊戲就和你將車子熄火一樣容易。

但是馬斯克不為所動。他指出，問題在於人工智慧進步太快了，這些科技在人們毫無所覺下由無害越過門檻踏入危險境界的風險也隨之升高。他搬出所有過去在推特、電視與公共場合所發表的論點，然而看著他侃侃而談，沒有人能夠確定他是否真的相信這些論點，或者只是故作姿態，別有居心。他說道：「我真的相信這是有危險的。」

***

在帕羅奧圖那頓晚餐幾天後，馬斯克致電楊立昆，表示他正在特斯拉建造自動駕駛車，想請楊立昆介紹能夠主持大局的人選。他在當週聯絡了好幾位臉書的研究人員，詢問同樣的問題——而這個話題最終也惹怒了祖克柏。楊立昆告訴馬斯克應該去找烏爾斯．穆勒（Urs Muller），這是他在貝爾實驗室的老同事，後來成立一家新創企業以深度學習來研發自動駕駛車。但是在馬斯克聘僱這位瑞士科學家之前，已被人捷足先登。楊立昆接到馬斯克的電話幾天後，又接到一通提出同樣問題的電話，這通電話來自輝達的創辦人暨執行長黃仁勳，楊立昆給出了相同的答案，而輝達立刻展開行動。輝達的目標是建立一所實驗室，挑戰自動駕駛的極限，並且在過程中幫助公司賣出更多的GPU晶片。

馬斯克一方面警告人工智慧競賽會摧毀人類，一方面卻又投入競賽之中。在當時他加入的是追逐自動駕駛車的競賽，但是很快地就開始追求類似深度心智那樣宏大的目標，建立自己的實驗室來從事通用人工智慧的研發。對於馬斯克而言，這些全都是在同一個科技趨勢之下。先是影像辨識，接著是翻譯，然後是自動駕駛車，現在則是通用人工智慧。

他是一個不斷在擴大的社群的一分子，這個社群是由一批追求超智慧的科學家、企業主管與投資者所組成，他們在研發超智慧的同時也警告超智慧的危險性。這個社群的成員包括深度心智的創辦人與早期的支持者，以及其他許多抱持相同看法的思想家。對於未參與其中的專家來說，此一觀念根本是無稽之談。現今沒有任何證據顯示超智慧已接近形成。目前的科技水準仍停留在如何穩定駕駛、進行對話與通過八年級科學測驗的程度。就算通用人工智慧已接近實現，像馬斯克這些人的態度也是十分矛盾。「如果它會把我們全都殺死，」一批評者會這樣質疑，「為什麼還要研發出來？」但是對於這些在社群內的局內人而言，他們自然會考慮到此一重大科技可能造成的風險。勢必會有人把超智慧研發出來，而此一科技最好是在嚴加看管、不致出現任何意外結果的情況下建立的。

在二〇〇八年的時候，萊格在其論文中闡述了這種態度，主張雖然風險很高，但是人工智慧的潛在回報也是豐富至極。「如果有所謂的絕對力量，超智慧機器就是。就其定義而言，它能夠在範圍廣大的環境下達成範圍廣大的目標，」他寫道，「如果我們能夠防患未然，做好充分準備來面對此一可能性，我們不但能夠避免災難，我們甚至可以創造一個前所未見的繁榮時代。」他知道這樣的觀點可能過於極端，不過他也指出有一批人與他抱持同樣的看法。他與哈薩比斯在設立深度心智之初就已加入此一社群。他們透過奇點峰會認識提爾。他們也爭取到讓．塔林（Jaan Tallinn）的投資，他是Skype網路通訊服務的創辦人之一，後來與一批學者建立生命未來研究所（Future of Life Institute）——一所致力於探索人工智慧與其他科技存在風險的機構。哈薩比斯與萊格將此一觀念引入新地方。他們將此一觀念介紹給馬斯克，接著在臉書與谷歌搶著要收購他們的新創企業時，又將此一觀念引入這兩家科技巨擘。在爭取投資人與買家時，萊格總是毫無保留地闡述他對未來的觀點。他會說，超智慧將在下一個十年間出現，風險也會隨之而來。祖克柏對這樣的觀念不以為然——他只想要得到深度心智的人才——但是佩吉與谷歌支持此一觀念。在加入谷歌後，蘇萊曼與萊格很快就建立一支深度心智團隊，從事他們所謂的「人工智慧安全」工作，確保該實驗室的科技不致造成傷害。「如果科技要在未來成功獲得運用，在設計上就應內建道德責任，」蘇萊曼說道，「我們在建造系統之初，就應思考道德倫理層面上的問題。」馬斯克投資深度心智後也開始表達他在這方面的憂慮，他參加了一項行動，並且將之帶至極端。

二〇一四年秋天，當時成立還不到一年的生命未來研究所邀請此一人數不斷增加的社群到波多黎各參加一場私人峰會。該研究所在麻省理工學院宇宙學家暨物理學家馬克斯・鐵馬克（Max Tegmark）的領導下，決定舉行一項類似一九七五年阿西洛馬會議（Asilomar conference）的集會。阿西洛馬會議影響深遠，該會議聚集了全球頂尖的遺傳學家商討他們的研究——基因編輯——最終是否會毀滅人類。生命未來研究所的邀請函印有兩張照片：一張是聖胡安的海灘，一張是地點不明的酷寒地區，一個可憐的人正在鏟雪，解救一輛深埋雪中的福斯金龜車（意指「一元復始之際，你在波多黎各會比較快樂」）。它同時保證該次活動不會有任何媒體參加（意指「你可以自由討論你對人工智慧未來的憂慮，不必擔心會出現類似《魔鬼終結者》的標題與報導」）。該研究所將此一閉門會議定名為「人工智慧的未來：機會與挑戰」。哈薩比斯與萊格都參加了，馬斯克也來了。於是，在邁入二〇一五年的第一個週日，在他與祖克柏共進晚餐的六週後，馬斯克站上講台談論智慧爆炸的威脅，指人工智慧突然達到即使專家都不曾預測到的程度。他表示，這是一個巨大的風險：此一科技可能會在任何人都還不甚了了之際突然進入危險的境界。他的警告呼應了伯斯特隆姆的憂慮，後者當時也在波多黎各的講台上；不過馬斯克更加擴大了此一訊息的影響力。

塔林之前已承諾每年給生命未來研究所十萬美元做為種籽基金。而在波多黎各，馬斯克也承諾投資一千萬美元，指定做為探索人工智慧安全性之用。但是當他準備宣布此一重禮時，又改變念頭，主要是擔心此一消息會分散媒體對他即將發射的 SpaceX 火箭與降落在太平洋無人駕駛登陸船計畫的注意力。有人提醒他現場沒有任何記者，而且與會人士都會遵守查塔姆守則（Chatham House Rules），這代表他們對在波多黎各的談話內容會守口如瓶，但是他仍不放心。因此他儘管宣布要投資生命未來研究所，卻沒有透露金額。幾天後，他的火箭在降落時墜毀，他才在推特上宣布投資一千萬美元。對馬斯克而言，超智慧的威脅只是他所關切的眾多事情之一。他最在乎的似乎是得到最大的關注度。「他是一個超級忙碌的人，他沒有時間顧及細節，不過他知道基本問題所在，」塔林說道，「他同時也很享受媒體的關注，並把這種心態轉化為標語式的推特貼文。馬斯克與媒體界間存在一種共生關係，人工智慧界有許多人士對此頗感不悅，但這也許就是此一社群所必須付出的代價。」

在波多黎各的會議上，鐵馬克發表一封公開信，希望將與會人士共同的信念編纂成準則。「我們相信促使人工智慧系統更為完善與有利人類的研發至為重要與及時。」這封公開信指出；信中並且提出各種建議，包括預測就業市場，以及開發能確保人工智慧科技安全可靠的工具。鐵馬克發給每位與會人士一份副本，讓他們簽署。這封公開信的語調字斟句酌，內容平鋪直敘，專注於一般常識性的議題，不過恰恰可以作為這些致力於人工智慧安全之人士的共同認知——或者代表至少願意聆聽如萊格、塔林與馬斯克等對深度學習有所疑慮的人的警告。有一位與會者並沒有簽署，他是肯特・華克（Kent Walker），谷歌的法務長。他與其說是來參加波多黎各會議，倒不如說是該會議的觀察員，他的公司正準備分別在加州的谷歌大腦與倫敦的深度心智大力推動人工智慧的研發。不過其他大部分的與會人士都簽署了，包括谷歌大腦最頂尖的研究員之一：蘇茨克維。

鐵馬克後來寫了本書討論超智慧對全人類與宇宙的潛在衝擊。他在這本著作的開頭敘述了馬斯克與佩吉在波多黎各會後晚宴的一場對話。在加州納帕谷某處用餐、幾杯雞尾酒下肚之後，佩吉為鐵馬克所謂的「數位烏托邦主義」提出辯護：「數位生命是宇宙演化下自然且令人嚮往的下一步，如果我們讓數位心智自由馳騁，不是約束或奴役它們，我們幾乎可以確定結果一定是好的。」佩吉擔心對人工智慧有如偏執狂的憂慮會阻礙數位烏托邦的實現，儘管人工智慧現今已擁有將生命帶至地球以外世界的力量。馬斯克則予以反擊，他問佩吉為何如此確定超智慧最終不會毀滅人類。佩吉指責他是「物種歧視」，因為他偏愛碳基生物的生命形態，甚於用矽製造的新物種的需求。至少對於鐵馬克來說，這場深夜雞尾酒後的辯論代表了科技產業核心的兩派看法。

***

在波多黎各會議結束六個月後，格雷戈・布洛克曼（Greg Brockman）走在沙丘路（Sand Hill Road）上，這是一條短短的柏油路，旁邊是矽谷五十多家最大的創投企業。他正前往瑰麗酒店（Rosewood）——一家高檔、都會型的加州牧場式飯店，創業家會在此向創投家提出他們的計畫——他有些擔心時間。這位二十六歲的麻省理工學院輟學生剛自備受矚目的線上支付新創企業 Stripe 技術長一職卸任，現在正要與馬斯克共進晚餐，而他遲到了。不過當布洛克曼踏進瑰麗酒店的私人餐廳時，馬斯克還沒有到，這是他典型的作風，這位特斯拉與 SpaceX 的執行長後來遲到一個多小時。但是另一位著名的矽谷投資人已在現場：山姆·阿爾特曼（Sam Altman），他是新創企業加速器Y組合（Y Combinator）公司的總裁。他對布洛克曼表達歡迎之意，並將他介紹給一小群人工智慧研究專家認識，他們都聚集在可以遠眺帕羅奧圖西側山丘的露台上，其中一人是蘇茨克維。

他們回到室內坐下來共進晚餐時，馬斯克才到現場，他肩膀寬闊異於常人，張揚的個性使他立刻成為屋內的焦點。但他就和在座的其他人一樣，不知道他們是來幹什麼的。阿爾特曼將他們齊聚一堂，是希望能夠建立一所新的人工智慧實驗室，來抗衡各網際網路巨擘內快速發展的實驗室，但是沒有人知道此一計畫是否有實現的可能。布洛克曼在離開 Stripe 後確實有心建立一座實驗室，Stripe 是Y組合所培育最成功的新創企業之一。不過他從來沒有真正涉入人工智慧的領域，直到最近才買了他首部GPU設備，開始訓練他的第一套神經網路，但是儘管如此，他在幾週前告訴阿爾特曼，他決定加入此一行動。馬斯克在看到谷歌與深度心智擁抱深度學習後也決定加入。但是他們沒有人能夠確定該如何進入這個已被矽谷最有錢的企業主導的領域。該領域許多能人都已開始在谷歌與臉書賺進大把鈔票，更別提最近頗為活躍的百度，該公司已把吳恩達納入旗下擔任首席科學家。另外還有推特，最近才收購兩家知名的深度學習新創企業。阿爾特曼邀請蘇茨克維與其他幾位具有相同看法的研究專家前來瑰麗酒店，幫助尋求此一計畫的可行性，但是他們整個晚上提出的都是問題而非解答。「這些都是大問題：現在找一批最棒的專家來設立實驗室是不是晚了一步？是不是真的可以這樣？沒有人敢說不可能，」阿爾特曼回憶，「有人說：『這真的很難，你需要達到關鍵多數，你需要與該領域最頂尖的人合作。你要怎麼辦到？這是雞生蛋與蛋生雞的問題。』我所聽到的是並非不可能。」

當天晚上布洛克曼駕車送阿爾特曼回家，他表示他一定會建一所大家都想要的實驗室。他開始聯絡該領域的幾位領袖人物，包括當初幫助辛頓與楊立昆推動深度學習的蒙特婁大學教授班吉歐，不過他表示寧願繼續留在學術界。班吉歐為他列了一份該領域頗具潛力的年輕科學家名單，布洛克曼根據名單聯絡這些人與其他一些研究專家，其中有一些人對於馬斯克有關人工智慧危險的顧慮也深有同感。他們之中有五人，包括蘇茨克維在內，最近都曾在深度心智待過一陣子。他們對於建立一座完全在網際網路巨擘控制之外，而且不求獲利的實驗室大感興趣。他們相信，這是確保人工智慧以安全方式發展的最佳途徑。「只有極少數科學家會考慮他們研發的長期影響，」沃伊切赫・薩倫巴說道，他是布洛克曼所聯絡的研究專家之一，「我希望有一所實驗室能夠認真考慮人工智慧對世界帶來全面負面影響的可能性，而不只是當作令人滿足的高難度益智遊戲。」但是這些科學家沒有一人願意加入這所新實驗室，除非別人也同意參與。為了打破僵局，布洛克曼邀請他最中意的十位人選到舊金山北部納帕谷的一座酒莊，共度一個秋日午後。這些賓客包括蘇茨克維與薩倫巴，後者在結束與谷歌的聘僱合約後已轉至臉書工作。布洛克曼僱了一輛巴士將他們由他在舊金山的公寓載至產酒區，他覺得這招有助堅定他們的意願。「有一個凝聚向心力的方法，往往被人低估了，那就是將大家置於一個無法趕往目的地的情境下，」他說道，「你必須去那個地方，也不得不跟別人聊天。」

他們在納帕谷討論一種新形態的虛擬世界，一座數位遊樂場，人工智慧軟體代理程式可以在個人電腦上學習任何人類能夠做的事。這樣，深度心智式的強化學習不僅可以在如「打磚塊」之類的電子遊戲內發展，也可以在從網頁瀏覽器到微軟 Word 的任何應用程式內發展。他們相信這才是通往真正智慧機器的道路。畢竟，網頁瀏覽器可以延伸至整個網際網路，它是通往任何機器與任何人的門戶。要引導網頁瀏覽器，你不僅需要動作技能，也需要語言技能。這樣的工作，即使是最大的科技公司都可能會面臨資源吃緊的問題，然而他們卻要在沒有企業作為後盾的情況來解決此一問題。他們設想成立一所實驗室，能夠完全擺脫公司的壓力，是一個非營利的組織，會將其所有的研究公諸於世，如此一來，任何人都可以與谷歌和臉書競爭。到了週末，布洛克曼邀請這十位科學家加入，並給他們三週的時間考慮。三週後這十位科學家有九位同意加入。他們將這所實驗室命名為開放人工智慧（OpenAI）。「它感覺是一件頗為刺激的事情，」蘇茨克維說道，「我喜歡盡可能從事最刺激的事情，而這個感覺就是最刺激的事情。」

但是在他們將實驗室公諸於世之前，薩倫巴與蘇茨克維等研究專家必須先將他們的動向通知臉書與谷歌。除了先後在谷歌大腦與臉書人工智慧實驗室工作外，薩倫巴也曾在深度心智待過一陣子。他同意加入開放人工智慧後，這些網際網路巨擘無不對他提出他所謂「近乎瘋狂」的金額——是他市場價值的二到三倍——希望他能回心轉意。然而這些金額若是和谷歌提供給蘇茨克維的相比，卻是小巫見大巫——一年數百萬美元。他們都拒絕了，不過更大手筆的金額隨之而來，甚至跟著他們來到蒙特婁的

NIPS年會，他們打算在此宣布他們的開放人工智慧實驗室計畫。NIPS年會過去只能吸引數百名研究專家參加，然而現今已擴大為近四千人參加的集會。演講廳擠得水泄不通，頂尖科學家會在此發表重大論文。與此同時，無數的公司會搶著在邊廂安排與地球上最珍貴的科技人才會面，引發一場搶人大戰。這就像是美國淘金潮下的西部採礦小鎮。

蘇茨克維抵達蒙特婁後，先與傑夫·狄恩會面，後者提出更為優渥的條件爭取他繼續留在谷歌。他禁不住開始考慮，因為谷歌提供的是開放人工智慧所能給他的二到三倍，第一年就將近二百萬美元。馬斯克、阿爾特曼與布洛克曼別無選擇，只好延後宣布以等待蘇茨克維的決定。蘇茨克維打電話向他在多倫多的雙親徵詢意見，在他持續考慮利弊得失期間，布洛克曼不斷傳簡訊給他，要他選擇開放人工智慧。他們就這樣僵持了好幾天。最後，到了週五，NIPS年會的最後一天，布洛克曼與其他人決定不論蘇茨克維是否加入，他們都必須宣布設立實驗室的計畫。他們預定在下午三點宣布。然而到了三點，他們卻沒有行動，蘇茨克維也還沒有決定。他在後來才發簡訊給布洛克曼表示他決定加入。

馬斯克與阿爾特曼將開放人工智慧描繪成一個對抗網際網路巨擘所造成危險的基

地。谷歌、臉書與微軟目前仍對他們的某些科技守口如瓶，但是開放人工智慧——這個已獲馬斯克、提爾與其他人承諾提供逾十億美元資金的非營利組織——卻是無條件公開這些未來的科技。每個人都可以擁有人工智慧，而非由全世界最富有的公司獨占。是的，馬斯克與阿爾特曼也承認，如果他們開放所有研究的資源，就像好人用來做好事一樣，也可能會有惡人用來做壞事。如果他們利用人工智慧作為武器，任何人都可以用來當作武器。不過他們也指出，由於大家都可以擁有人工智慧，因此也減輕了利用人工智慧做壞事的威脅。阿爾特曼表示：「我們認為更有可能的是成千上萬的人工智慧會阻止壞人的惡行。」這是一個最終證明完全不切實際的理想，然而這就是他們的信念。他們的研究專家也是如此相信。不論他們宏大的願景能否實現，馬斯克與阿爾特曼已成為此一看來可能是全球最具潛力的科技運動的中心人物。許多頂尖的科學家現在都為他們工作。曾在紐約大學師從楊立昆的薩倫巴表示那些「近乎瘋狂」的優渥條件並未吸引他，反而更將他推向開放人工智慧。他覺得這些大手筆的酬勞並不是為了留住他，而是為了防止此一實驗室的設立。蘇茨克維也有同感。

不是所有人都接受馬斯克、阿爾特曼等人這樣的意識形態。深度心智的哈薩比斯與萊格就頗為惱怒，認為遭到馬斯克的出賣，他曾經投資他們的公司。他們同時也認為許多位開放人工智慧所僱用的科學家背叛了他們，其中有五人都曾在深度心智工作。此外，哈薩比斯與萊格認為這座新實驗室會對可能帶來危險的人工智慧機器造成不健康的競爭形態。如果各實驗室爭相開發新科技，反而更不可能發現其中的錯誤。在接下來的幾個月，哈薩比斯與萊格不斷向蘇茨克維與布洛克曼表達他們的不滿與疑慮。不過在宣布設立開放人工智慧幾個小時後，蘇茨克維就聽到了更為嚴厲的批評，當時他正要參加在會議飯店舉行的宴會。這場宴會由臉書舉辦，在宴會結束前，楊立昆找上了蘇茨克維。

站在大廳寬闊空間一角的電梯旁邊，楊立昆告訴蘇茨克維他犯了嚴重的錯誤，並且列舉出長串理由。開放人工智慧的研究人員都太年輕了；這所實驗室缺少像他這樣有經驗的專家；它不像谷歌或臉書那樣有錢，而且它的非營利模式並不會帶進資金；它確實吸引了數位頂尖的專家，但是長期來看無法爭取到更為優秀的人才；該實驗室標榜會公開其所有的研究，然而此一政策實際上並沒有看來那麼有吸引力。臉書已經對廣大社群公開其大部分的研究——谷歌也開始跟進。「你，」楊立昆告訴蘇茨克維，「會失敗的。」

# 第十章
# 爆發

「他主持 AlphaGo 就像奧本海默主持曼哈頓計畫一樣。」

二〇一五年十月三十一日，臉書技術長邁克．施瑞普弗站在該公司有如迪士尼樂園之總部的一張桌子後面，向滿屋子的記者發表談話。他指著牆上平面顯示幕上的投影片，一一說明公司最近的研究計畫——無人機、人造衛星、虛擬實境與人工智慧等實驗。這些大部分都是舊瓶新酒，他只是照本宣科而已。接著他提到有幾名在紐約與舊金山的臉書研究員正在教導神經網路下圍棋。過去幾十年來，機器已能擊敗西洋跳棋、西洋棋、雙陸棋、奧賽羅棋（黑白棋），甚至《危險邊緣》的世界好手。但是沒有一部機器能夠挑戰圍棋的人類智力。《連線》（*Wired*）雜誌最近刊出一篇專題報導，指出有一位法國電腦科學家花了十年的時間，試圖利用人工智慧來挑戰全球最厲害的圍棋棋手。但是他和全球人工智慧研究圈內的所有人一樣，認為可能還要十年，他或其他任何人才有辦法達到此一目標。然而施瑞普弗卻是告訴一屋子的記者，臉書的研究人員有信心很快就能利用深度學習破解圍棋，如果他們成功了，將是人工智慧的大躍進。

圍棋是兩名棋手在橫豎各十九條線形成網格的棋盤上對弈。他們輪流在棋盤網格的交叉點上落子，試圖占領疆土，並在過程中尋求擄獲對手的棋子。西洋棋有如地面戰，圍棋則像冷戰，牽一髮而動全身，往往會造成微妙且意想不到的變化。西洋棋每一手有大約三十五種棋路可以選擇，圍棋則有兩百種。它遠比西洋棋複雜，而在二〇一〇年代中期，不論威力有多強大，沒有一台機器能夠在合理的時間內計算出圍棋每一步的結果。但是施瑞普弗解釋，深度學習可以改變這樣的情勢。在分析數百萬的臉孔與照片之後，神經網路可以學會分辨你與你的兄弟，在眾人之間辨識你的大學室友。他指出，藉由類似的方式，臉書的研究人員可以建造一部模擬職業圍棋棋手棋藝的機器。他們將圍棋數百萬種的棋路輸入神經網路，讓其學習辨識最佳的選擇。「棋手都是靠著視覺效果，看著棋盤的變化，憑直覺來了解棋局的優劣，」他解釋，「因此我們就利用棋盤的模式——視覺辨識系統——來調整該系統的棋路。」

他表示，在某個層次上，臉書只是教導機器玩遊戲。不過在另一個層次上，則是推動人工智慧來改造臉書。深度學習已重新定義該公司社交網路的廣告投放。它能分析照片，並為視障人士提供說明。它也能驅動臉書M，這是該公司目前正在發展的智慧型手機數位助理。利用進行圍棋試驗的科技，臉書研究人員現在打造出不僅能夠辨識語音，同時還能真正理解自然語言的系統。有一支團隊最近發展出一套系統，能夠閱讀《魔戒》（*The Lord of the Rings*），並且能夠回答有關《魔戒》三部曲的問題——施瑞普弗解釋，都是一些複雜的問題，牽涉到人、地、物的空間關係。他也表示，在該公司破解圍棋之前，或是真正理解自然語言之前，可能還有好幾年的時間——但通往這兩個未來的道路已經成形。過去幾十年來，電腦科學家一直在努力興建這條道路，然而總是雷聲大雨點小。現在，他說道，人工智慧的行動終於追上其夢想了。

他沒有告訴這些記者的是，還有別人也走在這條道路上。在新聞報導臉書正計畫破解圍棋的幾天後，其中一家公司回應了。哈薩比斯出現在網路影片中，他直視鏡頭，氣勢逼人。這位深度心智的創辦人很少公開露面。這所倫敦實驗室通常在如《科學》與《自然》等備受尊重的學術期刊發表論文，只有在面臨重大突破時才會對外發言。哈薩比斯在影片中表示該實驗室正在進行有關圍棋方面的研發。「我現在還不能談論，」他說道，「但是我相信幾個月後一定會有大驚喜。」臉書追求媒體的焦點，反而招來了它最大的競爭對手。哈薩比斯出現在網路影片的幾週後，一位記者問楊立昆，深度心智是否真的有可能開發出能夠打敗圍棋頂尖高手的系統。「不可能。」他回答。他不止一次如此表示，部分因為他認為此一研發太過艱難，不過也因為他根本沒有聽到任何風聲。這個圈子就是那麼小。「如果深度心智真的打敗圍棋高手，」楊立昆說道，「一定會有人告訴我。」他錯了。

幾天後，《自然》雜誌的封面故事報導哈薩比斯與深度心智的人工智慧系統 AlphaGo 擊敗了三屆歐洲圍棋冠軍。這是十月的一場閉門比賽。楊立昆與臉書在新聞發布的前一天才聽說。當天下午，祖克柏親自主導了一項旨在先發制人、古怪又不幸的公關活動。該公司在網路上發布文章，由祖克柏與楊立昆出面宣揚臉書的圍棋研究計畫與其為公司其他人工智慧計畫所鋪設的道路，並通知媒體關注這些貼文。但是谷歌被深度心智搶先一步已是不爭的事實。在那場閉門比賽中，AlphaGo 與歐洲冠軍——華裔法國人樊麾對弈，結果五局全贏。而在幾週後，它將在首爾挑戰近十年來全世界最厲害的棋手李世乭。

* * *

谷歌收購深度心智幾週後，哈薩比斯與其他幾位深度心智研究人員搭機來到北加州，與他們母公司的領袖舉行會議，並向他們展示深度學習如何破解「打磚塊」。會議結束後，他們自然而然地分散成好幾小群，哈薩比斯發現自己和布林聊了起來。他們聊著聊著發現有一共同的興趣：圍棋。布林表示當初他和佩吉在史丹佛建立谷歌時，他沉迷在圍棋中，害得佩吉擔心他們根本無法成立公司。哈薩比斯表示，如果他和他的團隊想要的話，他們能夠建造一套系統來打敗世界冠軍。「我覺得這是不可能的。」布林說道。就在這一刻，哈薩比斯下定決心要做到。

辛頓將哈薩比斯比作羅伯．奧本海默（Robert Oppenheimer），二戰期間做出第一顆原子彈的曼哈頓計畫主持人。奧本海默是世界級的物理學家：他懂得眼前重大任務的科學原理，不過他更深諳激勵之道，他結合手下不斷擴大的科學家，將他們的力量合而為一，並且接納他們的弱點，一起為計畫目標努力。他知道如何感動男人（以及女人，包括辛頓的堂姊瓊安．辛頓）。辛頓在哈薩比斯身上看到同樣的特質。「他主持 AlphaGo 就像奧本海默主持曼哈頓計畫，如果是別人來主持，他們可能就不會這麼快成功。」辛頓說。

深度心智的研究員大衛．席瓦爾早在劍橋時代就認識哈薩比斯，另一位研究員黃士傑其實早就開始在從事一項圍棋計畫，他們與蘇茨克維以及谷歌的一位實習生克里斯．麥迪生（Chris Maddison）一拍即合，後者也已在北加州展開他們自己的研究計畫。這四人在二〇一四年中曾發表一篇關於他們初期研究的論文，之後他們的研究規模大為擴大，並在第二年擊敗歐洲圍棋冠軍樊麾。此一結果震驚了全球圍棋界與人工智慧研究圈，但是 AlphaGo 對戰李世乭所造成的聲勢更是轟動。IBM的深藍超級電腦一九九七年在曼哈頓西城的一棟高樓裡擊敗世界頂尖的西洋棋高手加里．卡斯帕洛夫，為電腦科學建立了一座里程碑，受到全球新聞界的廣為報導。但是若是與首爾的這場人機大戰相比，卻是小巫見大巫。在韓國——更別提日本與中國——圍棋是民族性的消遣活動。有超過二億人會觀看 AlphaGo 與李世乭的對弈，觀眾比超級盃多上一倍。

在總共五局對戰前夕的記者會上，李世乭誇口他能輕鬆獲勝：四比一或五比零。大部分的圍棋棋手也都有同感。雖然 AlphaGo 徹底擊敗樊麾，顯示這部機器是真正的贏家，但是樊麾的棋力遠不及李世乭。根據用來評估遊戲對戰能力的ELO等級制度，李世乭完全是在不同的等級。但是哈薩比斯卻認為這場人機大戰會有截然不同的結果。第二天下午，在展開第一局對戰的兩小時前，他與幾名記者共進午餐，他拿著一份《韓國先驅報》（*Korea Herald*），這是用桃色紙張印刷的韓國英文日報。他和李世乭的照片都出現在報紙的頭版上半部。他沒有想到竟會受到如此重視。「我知道會受到關注，」這位像孩子般矮小，三十九歲但已禿頂的英國人說道，「但是沒有想到會這麼多。」不過，在吃著餃子、韓式泡菜與烤肉——他並沒有吃烤肉——的午餐時，哈薩比斯表示他對這場棋賽「審慎樂觀」。他解釋，那些名嘴並不知道 AlphaGo 在十月的棋賽後仍在繼續苦練棋藝。他和他的團隊初始是將三千萬步棋路輸入深度神經網路來教導機器學習圍棋。自此之後，AlphaGo 就開始不斷與自己對弈，並且記錄哪些棋路是成功的，哪些又是失敗的——其運作與實驗室用來破解雅達利老遊戲的系統類似。自擊敗樊麾以來這幾個月，AlphaGo 已和自己對弈了數百萬局。AlphaGo 持續自學圍棋，學習速度之快遠超過所有人類。

在四季飯店頂樓的賽前餐敘，谷歌董事長艾力克・施密特（Eric Schmidt）坐在哈薩比斯的對面，以他一貫冷峻的態度闡述深度學習的優點。一度有人稱他為工程師，他糾正他們。「我不是工程師，」他說道，「我是電腦科學家。」他回憶他在一九七○年代研讀電腦科學時，人工智慧看來前景一片大好，但是隨著八○年代過去，進入九○年代，這樣的美景從未實現。如今，終於實現了。「這一科技，」他說道，「力量強大，引人入勝。」他表示，人工智慧不只是辨識照片的戲法，同時也代表谷歌七百五十億美元的網際網路事業與其他無數的產業，包括保健產業。後來，他們聚集在下面幾層樓觀看棋賽，狄恩也加入哈薩比斯與施密特的行列。光憑施密特與狄恩雙雙出席，足以顯示這場棋賽對於谷歌的意義有多重大。三天後，隨著棋賽進入最高潮，布林也飛抵首爾。

在第一局，哈薩比斯是在私人觀賞室與走廊另一頭的 AlphaGo 控制室之間來回兩頭跑。控制室滿是個人電腦、筆記型電腦與平面顯示幕，這些設備全都與遠在太平洋彼端的谷歌數據中心內部數百台電腦相連。一支谷歌團隊在比賽前一週就已架設一條專屬的超高速光纖電纜直達控制室，以確保網際網路暢通無阻。不過結果卻顯示控制室根本不需要進行多少操控：幾過多月的訓練之後，AlphaGo 已能完全獨力作業，不需要人為的幫助。同時，就算哈薩比斯與團隊想幫忙，也無用武之地。他們沒有一人的圍棋棋力達到大師級的水準，他們只能觀看棋局。「我無法形容有多緊張，」席瓦爾說道，「我們不知道該聽誰的。一邊是評論員的看法，你同時也看到 AlphaGo 的評估。所有的評論員都有不同的意見。」

在第一天的棋賽，他們兩人以及施密特、狄恩與谷歌其他的重要人物都親眼目睹

AlphaGo 獲勝。賽後記者會上，李世乭面對來自東、西方數百名記者與攝影師表示他感到震驚。這位三十三歲的棋士透過口譯員說道：「我沒想到 AlphaGo 下棋竟能夠如此完美。」經過逾四小時的對弈，AlphaGo 證明自己的棋力可與全球最厲害的高手匹敵。李世乭表示他被 AlphaGo 殺了個措手不及，他在第二局會改變策略。

第二局對弈進行一小時後，李世乭起身離開賽場，走到露台抽菸。坐在李世乭對面，代替 AlphaGo 移動棋子的是來自台灣的深度心智研究員黃士傑，他將一枚黑子落在棋盤右邊一大塊空地上單獨一枚白子的側邊下方。這是該局的第三十七手。在角落的評論室內，西方唯一的圍棋最高段九段棋手邁克・雷蒙（Michael Redmond）忍不住多看了一眼確認，然後他告訴在線上觀看棋賽的兩百多萬英語觀眾：「我真的不知道這是高招還是爛招。」他的共同評論員克里斯・戈拉克（Chris Garlock）則表示：「我認為下錯了。」他是一本網路圍棋雜誌的資深編輯，同時也是美國圍棋協會的副會長。李世乭在幾分鐘後返回座椅，然後又緊盯著棋盤幾分鐘。他總共花了十五分鐘才做出回應，在棋局的第一階段他有兩小時的時間，而這一手占用了他不少時間——而且此後他再也沒有找回節奏。在經過逾四小時的對弈後，他投子認輸。他連輸兩局了。

第三十七手也讓樊麾大感詫異，他在幾個月前遭到 AlphaGo 徹底擊敗，自此之後他就加入深度心智，在 AlphaGo 與李世乭對弈前擔任它的陪訓員。他從來沒有擊敗過這部人工智慧機器，但是他與 AlphaGo 的對弈也讓他對棋路的變化大開眼界。事實上，他在遭 AlphaGo 擊敗後的幾週內，與（人類）高手對弈連贏六場，他的世界排名也升至新高。現在，他站在四季飯店七樓的評論室外面，在第三十七手落子幾分鐘後，他看出了此一怪招的威力。「這不是人類會下的棋路，我從來沒有看過有人這麼下，」他說道，「太美了。」他不斷地重複說道，太美了、太美了、太美了。

第二天上午，大衛．席瓦爾溜進控制室，他想知道 AlphaGo 如何做出第三十七手的選擇。AlphaGo 在每一局對弈中都會根據它所受過數千萬種人類落子變化的訓練，來計算人類做出此一選擇的機率，而在第三十七手，它算出的機率是萬分之一。AlphaGo 知道這不是專業棋手會選擇的路數，然而它根據與自己對弈的數百萬次經驗——沒有人類參與的棋局——它仍是這麼做了。它已了解儘管人類不會選擇這一步，這一步棋仍是正確的選擇。「這是它自己發現的，」席瓦爾說道，「透過它的內省。」

這是一個既甜美又苦澀的時刻。儘管樊麾大讚此一步棋是神來之筆，但是一股鬱悶之情席捲四季飯店，甚至整個韓國。一位名叫弗萊德．周（Fred Zhou）的中國記者在前往賽後記者會的途中，遇到自美國來到韓國的一位《連線》雜誌記者。周表示他很高興能與另一位關心科技的記者交談，他抱怨其他記者只把此一活動當作體育競賽來看。他表示，他們所著重的應是人工智慧。但是接著他話鋒一轉。周表示，儘管他為 AlphaGo 贏得第一局感到高興，可是現在他深感沮喪，他並且搥著胸口以凸顯他的心情。第二天，一位在首爾彼端經營一家新創企業育成中心的韓國人權五亨表示他也感到悲傷。這並非因為李世乭是一位韓國人，而是因為他是人類。「這是全人類的轉捩點，」權五亨說道，他的幾位同事點頭表示同意，「它讓我們了解人工智慧真的已在我們眼前——也讓我們了解到其中的危險。」在那個週末，此一鬱悶的情緒只增不減。李世乭第三局也輸了，等於輸掉整個棋賽。坐在賽後記者會的桌子後面，李世乭懺悔之情溢於言表。「我不知道今天要說什麼，但是我首先要表達我的歉意，」他說道，「我應該拿出更好的成績，更好的結局，更好的比賽。」幾分鐘後，為了展現在這場科技競賽中落敗的風度，祖克柏在臉書上恭賀哈薩比斯與深度心智的成就。楊立昆也這麼做了。但是坐在李世乭身邊的哈薩比斯卻發現自己衷心期盼這位韓國棋手在接下來的兩局中至少能贏一局。

在第四局的七十七手，李世乭再度陷入長考，就和第二局的情況一樣，但是這一回他考慮的時間更久。棋盤中間有一堆棋子，黑白相間，他有近二十分鐘只是緊盯著這些棋子，抓著後頸前後擺動。最後，他將他的白子落在棋盤中央的兩枚黑子之間，將棋勢一分為二。AlphaGo 方寸大亂。在每一場對弈中，AlphaGo 都會不斷重新計算勝率，並且顯示在控制室的一台平面顯示幕上。在李世乭落子後——第七十八手——這部機器的反擊很差，在顯示幕上的勝率立刻大降。「AlphaGo 累積到那一步之前的所有戰略都算是報銷了，」哈薩比斯說道，「它必須重新再來。」就在此刻，李世乭抬頭看著對面的黃士傑，彷彿他擊敗的是這人，不是機器。自此之後，AlphaGo 的勝率一路下跌，在近五個小時後，它投子認輸。

兩天後，哈薩比斯穿過四季飯店的大廳，解釋 AlphaGo 為什麼會輸。AlphaGo 當時是假設沒有人類會這樣下第七十八手，它計算出來的機率是萬分之一——這是一個它熟悉的數字。就像 AlphaGo 一樣，李世乭的棋力也達到一個新境界，他在棋賽最後一天的私人聚會場合中這樣告訴哈薩比斯。他說與機器對弈不僅讓他重燃對圍棋的熱情，同時也讓他茅塞頓開，使他有了新想法。「我已經進步了。」他告訴哈薩比斯，一如幾天前的樊麾。李世乭之後與人類高手對弈，連贏九場。

AlphaGo 與李世乭的對弈，使得人工智慧在世人眼前大爆發。它不僅是屬於人工智慧領域與科技公司，同時也是屬於市井小民的里程碑。在美國如此，在韓國與中國更是如此，因為這些國家視圍棋為人類智慧結晶的巔峰。這場棋賽彰顯出科技的力量與其終將超越人類的恐懼，同時也帶來樂觀的前景，此一科技往往會以出人意表的方式推動人類更上層樓。儘管馬斯克等人警告其中的危險性，但是這段時期人工智慧的前景一片光明。裘蒂・英賽恩（Jordi Ensign）是佛羅里達州一位四十五歲的程式設計師，她在讀完棋賽報導後出去在身上紋了兩幅刺青，她在右臂內側紋了 AlphaGo 的第三十七手——左臂紋了李世乭的第七十八手。

# 第十一章

# 擴張

「喬治橫掃整個領域，卻還不知它叫什麼。」

亞拉文眼科醫院（Aravind Eye Hospital）座落於印度南端雜亂無章、擁擠不堪的一座古城馬杜賴（Madurai）的中心。每天會有超過二千人川流不息地進入這棟老舊建築，他們來自印度各地，有的甚至來自世界其他的地方。不論他們是否有預約或者是否有錢付醫藥費，這所醫院為走進大門的任何人提供眼睛醫護的服務。任何一天上午，四樓的候診室都擠滿了數十人，而且在走道還有數十人排隊，他們都在等候進入一間狹窄的診間，由穿著實驗服的技術人員幫他們進行視網膜掃瞄，以判別糖尿病失明的徵兆。印度有近七千萬名糖尿病病患，他們都面臨失明的風險。這是所謂的糖尿病視網膜病變，如果及早發現，就可治療和預防。每一年印度像亞拉文這樣的醫院會掃瞄數百萬隻眼睛，再由醫生檢視這些掃瞄影像，尋找細微的病變、出血與變色，來診斷是否會出現失明的情形。

問題是印度嚴重缺乏醫師，每一百萬人只有十一位眼科醫師，而在鄉間，此一比率甚至更懸殊。大部分的人民可能一輩子都得不到他們所需要的掃瞄檢查。不過在二〇一五年，一位名叫法容・庫山（Varun Gulshan）的谷歌工程師希望能改變這樣的情況。他出生於印度，在牛津大學接受教育，他先是加入矽谷的一家新創企業，後來谷歌收購該公司，他也隨之進入谷歌，從事虛擬實境設備谷歌紙板頭盔（Google Cardboard）的研發。不過他開始將他「百分之二十的時間」投入糖尿病視網膜病變的研究之中。他的構想是建立一套深度學習的系統，在沒有醫師幫忙的情況下自動掃瞄患者、發現症狀，能夠檢查更多的患者是否需要接受治療，檢查人數之多是沒有一位醫師能夠辦到的。他很快與亞拉文眼科醫院聯繫，院方同意與他分享數千張眼睛數位掃瞄影像，讓他提供給其系統進行訓練。

可是庫山自己並不懂如何判讀這些掃瞄影像。他是電腦科學家，不是醫師。於是他和他的上司求教於一位執業醫師，同時也是生物醫學工程師的彭浩怡，她正好在為谷歌搜尋引擎工作。過去也有人曾經嘗試建立能夠自動判讀眼睛掃瞄影像的系統，但是他們的努力成果絕對比不上一位專業醫師的技術。這一回的不同之處是庫山與彭浩怡使用的是深度學習。他們將亞拉文眼科醫院所提供的數千張視網膜掃瞄影像輸入一套神經網路，教它辨識糖尿病失明的徵兆。他們的成功讓狄恩將他們拉入谷歌大腦實驗室中，當時深度心智正在研發圍棋破解之道。彭浩怡與她充滿醫學熱情的團隊流傳一則笑話：他們是惡性轉移到谷歌大腦的腫瘤細胞。這其實並不好笑，不過也是一個不錯的比喻。

＊＊＊

三年前，也就是二〇一二年夏天，全球最大的製藥廠之一默克藥廠（Merck & Co.）在網站凱歌（Kaggle）發起一項競賽。凱歌是個任何一家企業都可以在此對電腦科學家發起競賽，並且提供獎金給任何能夠解決問題之人的平台。默克提出四萬美元的獎金，提供大批有關某組分子行為的資料，要求參賽者預測這些分子如何在人體內與其他分子互動。默克的目標是由此找出加速開發新藥物的方法。總共有二百三十六支隊伍參加這場為期兩個月的競賽。辛頓的學生喬治．達爾是在由西雅圖前往波特蘭的火車途中發現這場競賽的，他決定參加。他沒有藥物研發的經驗，就像他當年在開發出改變語音辨識領域未來的系統之前亦是毫無相關經驗。他同時也懷疑辛頓會同意他參加這場競賽。不過辛頓總愛說希望他的學生去參與他不同意的活動。「這有些像哥德爾完備性理論（Gödel completeness）。如果他同意你去做他不同意你做的事呢？這還算是不同意嗎？」達爾說道，「傑弗瑞知道自己能力的局限。他是一個謙虛的人。他對驚奇事物與任何可能性都抱持開放的態度。」

當達爾返回多倫多，他與辛頓會面，辛頓問他：「你最近在做什麼？」達爾告訴他有關默克的競賽。

達爾說道：「我在前往波特蘭的火車上，用默克的數據訓練一個挺笨的神經網路，我幾乎什麼事都還沒有做，它就已經爬到第七名。」

辛頓問：「這場競賽還有多久？」

達爾回答：「還有兩個星期。」

「這樣啊，」辛頓回答，「你必須贏下來。」

達爾無法確定他能否贏得競賽，他其實並沒有把太多心思放在此一競賽上，但辛頓卻是十分堅定。當時正是深度學習在語音辨識科技上大獲成功與挑戰圍棋之間的光榮時刻，辛頓一心想向世人展現神經網路的潛力。他現在將它們稱為無畏網（dreadnet，根據二十世紀初一種稱作無畏艦〔dreadnought〕的戰艦種類命名），深信它們能夠掃除眼前所有阻礙。達爾想到蘇茨克維常常說起的一則俄羅斯老笑話，蘇聯軍隊正與資本主義大敵作戰時砲彈即將用盡。「你說沒有砲彈是什麼意思？」蘇聯將軍對前來報告問題的士兵吼道，「你可是共產黨啊！」於是軍隊繼續射擊。辛頓表示他們必須贏得比賽，於是達爾找來多倫多實驗室的傑特利與其他幾位深度學習的研究員一起參賽——結果他們贏了。

此一競賽探討了一種稱作定量構效關係（quantitative structure-activity relationship，QSAR）的藥物研發技術，不過達爾在開始研究默克的資料時根本就沒有聽說過此一技術。正如辛頓所說的：「喬治橫掃整個領域，卻還不知它叫什麼。」後來默克很快就將此技術應用在開發新藥物時必須經過的冗長複雜程序上。「你可以想像人工智慧是一個大型數學問題，能看到人類看不到的模式，」前谷歌執行長暨董事長施密特說道，「在科學與生物學中，存在許多人類看不到的模式，而在辨識出來後，可以幫助我們開發更好的藥物與解決方案。」

在達爾成功的激勵下，無數公司開始瞄準藥物開發的領域。其中許多是新創企業，包括達爾在多倫多大學實驗室的一位夥伴在舊金山成立的公司。其他則是如默克藥廠這樣的大型製藥業者，至少，它們都大聲嚷嚷此一技術能夠完全改變此一產業。

雖然由於藥物研發費時費力，製藥業的全面改革仍需要好幾年的光景。戴爾的發現只是扮演調整藥物研發的角色，並不是促進全面突破性變革的推手。不過神經網路的潛力很快就為藥物研發領域注入新活力。

當蘇茨克維發表那篇重塑機器翻譯的論文——著名的「序列對序列」（Sequence to Sequence）論文時，他表示此一科技並非全然針對翻譯。狄恩與柯拉多看完這篇論文後也有同感。他們認為這是分析醫療紀錄的最佳方法。他們相信，如果研究人員將多年來的醫療紀錄輸入同類型的神經網路，它可以學習辨識病徵。「如果你將這些醫療資料排列起來，它們看起來就像你要加以預測的序列，」狄恩說道，「好比說有一名病患，他在未來十二個月內發展成糖尿病的可能性有多少？如果讓他們出院，一週內又回來的可能性有多高？」他和柯拉多很快就在谷歌大腦內建立一支團隊來進行這方面的研發。

彭浩怡就是在這樣的環境下展開糖尿病失明的計畫——她在谷歌大腦內成立了一個專門從事醫療研發的小組。彭浩怡與她的小組向亞拉文眼科醫院與其他不同的來源取得十三萬份眼睛數位掃瞄影像，他們並請求美國五十五位眼科醫師予以標示——辨識其中細微的病變與出血等顯示糖尿病失明的症狀。然後他們把這些影像輸入神經網路，供其自我學習辨識病徵。二〇一六年秋天，這個小組在《美國醫學學會期刊》（*Journal of the American Medical Association*）發表一篇論文，宣布研發出一套系統可以如專業醫師一樣準確辨識糖尿病失明的症狀，而且準確度高達百分之九十以上，超過美國國家衛生院（National Institutes of Health）所建議的至少百分之八十的標準。彭浩怡與她的團隊知道此一科技未來幾年還需要克服多項在法規與後勤方面的障礙，不過它已準備好進行臨床試驗。

其中一項臨床試驗在亞拉文眼科醫院進行。就短期而言，谷歌這套系統可以幫助處理川流不息進入醫院的病患。不過他們的期望是讓亞拉文所經營的、遍布印度鄉間的四十幾個「視覺中心」能夠運用此一科技，因為這些地區嚴重缺乏眼科醫師。亞拉文眼科醫院是由戈文達帕·文卡塔斯瓦米（Govindappa Venkataswamy）在一九七〇年代晚期建立的，他在印度無人不知，有「V博士」的稱號。他的期望是在全國建立一套類似麥當勞連鎖事業的醫院與視覺中心體系，用系統化複製的方式為全國人民提供收費低廉的眼睛保健服務。谷歌的科技能夠幫助他達成願望——問題是必須能夠付諸實行。運用這套科技與將其置入網站或是轉換成智慧手機APP有所不同。主要任務在於遊說與說明，不僅在印度，同時也需要在美國與英國，因當地有許多人也在進行類似科技的研發。在醫療專家與主管單位中，大家普遍的憂慮是神經網路有如「黑箱」作業。不像過去的科技，醫院無法解釋他們為何會做出這樣的診斷。有些研究人員表示在打造新科技時可以一併解決此一問題。但是這絕非小問題。在《紐約客》雜誌一篇有關深度學習有助醫療保健的專題報導中，辛頓表示：「不要相信說它是小問題的任何人。」

不過隨著谷歌繼續研究糖尿病視網膜病變，同時也有其他人在進行X光、核磁共振與其他醫療掃瞄檢驗上的研發，辛頓相信深度學習將從根本上改變醫療產業。「我認為你若是身為一位放射科醫師，你就像是卡通裡的威利狼（Wile E. Coyote），」他在多倫多一家醫院的演說中表示，「你已在懸崖之外，只是你還沒有往下看，你腳下其實沒有地面。」他指出神經網路將會超越專業醫師的技術，因為只要研究人員繼續輸入相關資料，它們就能不斷改善；至於黑箱的問題，大家必須學會與其共存。重點在於要讓世人相信它並不是問題，這方面可以透過測試來達成——證明即使你看不到它們內在的運作，它們依然會做它們該做的。

辛頓相信這些機器佐以醫師的輔助，終有一天會將醫療保健提升至前所未有的水準。他指出，短期內這種演算法可以判讀X光、電腦斷層掃瞄、核磁共振等數位影像。長期而言，它也可以進行病理診斷、子宮頸抹片檢查、心雜音診斷與預測精神病的復發。「我們還有許多東西需要學習，」他輕嘆口氣，對記者表示，「早期與準確的診斷絕不是小問題。我們可以做得更好，為什麼不讓機器幫助我們？」他表示，這對他尤其重要，他的妻子就被診斷出胰臟癌，然而診斷出來時已回天乏術。

＊＊＊

在AlphaGo揚威韓國的刺激下，谷歌大腦內有許多人都對深度心智又妒又恨，從而也造成這兩大實驗室間巨大的嫌隙。在狄恩的領導下，谷歌大腦主要研發具有立即實用效果的科技：語音辨識、影像辨識、翻譯與醫療保健。深度心智的目標則是通用人工智慧，並且是透過教導系統玩遊戲來追求此一目標。谷歌大腦是谷歌的一部分，具有創造營收的責任。深度心智則是自成一體的獨立機構。在谷歌新設於倫敦聖潘克拉斯（St. Pancras）火車站附近的辦公室內，深度心智擁有一方專屬的空間，它的員工可以憑著公司識別證到谷歌的部門，谷歌的人員卻不能踏進深度心智的領域。隨著佩吉與布林將谷歌若干部門獨立出來，包括深度心智，並將它們全部置於一家叫作字母控股（Alphabet）的新設傘形公司之下，這樣的矛盾更加劇烈。深度心智與谷歌大腦間的緊張關係令人難以坐視，為了緩和關係，這兩大實驗室還在北加州舉行閉門高峰會以商討對策。

穆斯塔法·蘇萊曼是深度心智的創辦人之一，不過感覺他更適合谷歌大腦。被人暱稱為「穆斯」（麋鹿）的他想要研發的是當代的科技，而不是遙遠未來的東西。他不是遊戲玩家或神經科學家，甚至不是人工智慧研究人員。他的父親是一位在敘利亞出生的倫敦計程車司機，他曾在牛津就讀，不過中途輟學，他曾為穆斯林年輕人建立一條求助熱線，也曾在倫敦市政府從事有關人權方面的工作。蘇萊曼絕非書呆子，與人工智慧研究人員普遍內向的形象大相逕庭。他比哈薩比斯與萊格看來都器宇軒昂，有一頭黑色捲髮、修剪整齊的短鬍鬚，左耳還戴有一枚飾釘。他是一個追求時尚的雅痞，熟知倫敦與紐約最棒的酒吧與餐廳，並且以此自豪。他說話直來直往，從不道歉。當馬斯克在東方快車（Orient Express）上慶祝四十歲生日時，蘇萊曼以深度心智創辦人的身分參加這個搖搖晃晃的酒神節慶典。他常常說他與哈薩比斯一起在北倫敦長大時，被稱作書呆子的可不是他。然而他們並非十分親近。蘇萊曼後來回憶他們的年輕歲月，他和哈薩比斯談論他們會如何改變世界，兩人的觀點南轅北轍。哈薩比斯會提出一套複雜的全球金融系統，強調會在未來某一個時間解決世界上最大的社會問題，蘇萊曼則是專注於眼前的問題。「我們必須處理今日世界的問題。」他會這麼說。深度心智有些員工認為蘇萊曼對哈薩比斯與萊格是又嫉妒又羨慕，因為他們是科學家，而他不是，因此他一直想證明自己在深度心智的重要性與他們一樣。有位職員甚至表示不相信這家公司是由他們這三人聯手創立的。

和谷歌大腦內許多人一樣，蘇萊曼後來也開始討厭 AlphaGo。但是在最初的時候，深度心智這部圍棋機器的耀眼光芒可讓他自己的計畫增輝不少。深度心智宣布 AlphaGo 擊敗樊麾的三週後，蘇萊曼也公開了他的深度心智健康計畫（DeepMind Health）。蘇萊曼在倫敦的國王十字車站（King's Cross）附近長大，他的母親是國民健保署（National Health Service，NHS）的護士。NHS是當時成立已有七十年的政府機構，主要為英國居民提供免費的醫療服務。蘇萊曼的目標是建立一套人工智慧系統來改造全球保健服務提供者，首先就從NHS開始。當時所有有關此一計畫的新聞最終都指向 AlphaGo，用來證明深度心智十分了解該計畫的來龍去脈。

他的第一項專案是建立一套能夠預測急性腎損傷的系統。每一年住院的五人中就有一位會發生急性腎損傷，他們的腎臟會突然失去功能，無法自血流中排出毒素。急性腎損傷有時會造成腎臟的永久性傷害，病人甚至因此喪命，不過若能及早發現，就可以治癒。根據深度心智健康計畫，蘇萊曼是要打造一套系統，藉由分析病患的醫療紀錄，包括血檢、生命跡象與過去的醫療史，來預測急性腎損傷。要這麼做，他需要數據。

在公布此一專案前，深度心智已和皇家自由醫院倫敦國民保健署基金會信託（Royal Free London NHS Foundation Trust）簽下一紙協議，後者是政府的一個信託基金，在英國經營多家醫院。根據協議，該信託基金提供病人相關數據給深度心智的研究人員，由他們輸入神經網路來辨識模式，藉此預測急性腎損傷。此一專案公布沒多久，AlphaGo 就在韓國擊敗李世乭，聲勢如日中天。接著在幾週之後，《新科學人》（*New Scientist*）雜誌揭露深度心智與皇家自由醫院國民保健署信託間的協議，顯示該信託提供了多少資訊與深度心智分享。根據了解，這項協議讓深度心智可以拿到倫敦三家醫院共一百六十萬名病患過去五年的所有醫療紀錄，其中資訊包括藥物過量、墮胎、愛滋病篩檢、病理檢查與放射性掃瞄，以及他們到醫院就診的相關資料。深度心智必須在協議結束後銷毀這些資料，但是在英國這個高度注重數位隱私權的國家，此一爭議多年來一直如影隨形跟著深度心智健康計畫與蘇萊曼。第二年七月，英國主管當局判決皇家自由醫院國民保健署信託將其數據提供給深度心智為非法。

# 第十二章
# 夢幻世界

「這並不是因為谷歌人喝的水與眾不同。」

二〇一六年春天，陸奇在貝爾維尤（Bellevue）市中心的公園內騎著一輛自行車。這座城市的玻璃高塔籠罩頭頂，他在一條步道上搖搖晃晃地奮力維持車身平衡。這不是一般的自行車。當他控制車把向左時，車子是往右走，當車把往右時，車子往左走。他將它稱為「反向大腦自行車」（backwards brain bike），因為騎著它前行的唯一方式就是讓所有思慮變成反向的。傳統的智慧是：「你永遠不會忘記如何騎自行車。」然而「忘記」正是他想要做的。現在距離他在上海學會騎自行車的童年已有幾十年了，他想要消除他所學會的所有東西，將整個新行為烙入腦海。他相信，這樣可以引領他的公司向前邁進。

陸奇在微軟工作。在二〇〇九年加入該公司之初，他負責監督微軟 Bing 的研發，這是為回應谷歌稱霸市場的搜尋引擎而投下數十億美元的產品。七年後，在西雅圖以東十英里、和微軟總部同一條路上的貝爾維尤公園內，騎著反向大腦自行車搖晃前行的他，已是公司最有權勢的高級主管之一，主持公司最新一波的人工智慧研發行動。但微軟現在是處於落後而想急起直追的局面。他十分清楚問題所在，微軟花了太多年的時間想在新科技與新市場上取得進展。有近十年的時間，公司努力爭取在智慧型手機市場占有一席之地；重新設計視窗作業系統來對抗蘋果 iPhone 與谷歌的安卓手機；打造語音數位助理來挑戰谷歌大腦的語音科技，以及花了七十六億美元買下擁有數十年設計與銷售手機經驗的諾基亞（Nokia）。但是這些行動沒有一項成功。他們的手機看來仍像是老式的個人電腦，最終幾乎沒有取得任何市場。陸奇認為，微軟的問題是以老方法來處理新東西。該公司努力設計、運用與推廣的科技，針對的卻是一個不再存在的市場。陸奇參考由哈佛商學院一位教授所寫有關公司老化問題的一系列文章，發現深刻烙入微軟工程師、主管與中階經理人腦海中的程序記憶，都停留在他們於八〇與九〇年代初次認識電腦事業時所學到的東西，網際網路、智慧型手機、開源軟體與人工智慧在那個時代都還未曾出現。微軟需要改變思考的方式，陸奇希望他的反向大腦自行車能夠指點一條明路。

這輛自行車是由微軟的研究員比爾．巴克斯頓（Bill Buxton）與他的朋友珍．卡里奇（Jane Courage）聯手打造的。在陸奇第一次試駕此一反直覺的機器時，他們都跟著他。陸奇騎著這輛自行車在貝爾維尤的公園內穿梭——一個留著黑短髮，戴著金絲邊眼鏡的小個子，一路穿過樹蔭、經過池塘與瀑布——巴克斯頓與卡里奇則是拿著iPhone，一人在前一人在後地跟拍。他的想法是將此一經驗分享給他的行政團隊，證明這是可行的，同時最終把他們也弄上這輛自行車——總共三十五人——讓大家都感受到徹底改變思維會是什麼情況。陸奇知道可能要好幾週的時間才能學會騎這輛自行車——他也知道一旦學會了，他就不再存有騎普通自行車所需要的記憶。但是他希望他能以身作則推動微軟邁向未來。

與這輛自行車奮鬥近二十分鐘後，他最後一次騎上步道。然後，當他轉動反向大腦自行車的車把時，他翻車了，摔斷髖關節。

＊＊＊

四年前，也就是二〇一二年的秋天，鄧力在微軟研究實驗室的重鎮九十九號樓，閱讀一篇尚未發表的論文，該論文討論的是谷歌大腦用來訓練神經網路的軟硬體系統，谷歌稱之為 DistBelief 系統。該篇論文準備在即將召開的NIPS年會發表，鄧力身為論文審核委員會的一員有幸較世人提早幾週看到這篇論文。在將辛頓與他的學生請來微軟研究實驗室，幫助公司建造一套準確無比的語音識別神經網路系統之後，鄧力就一直是冷眼旁觀谷歌以相同的科技在市場上擊敗微軟。現在他了解到此一科技的運用不僅在語音識別上。「讀了這篇論文後，」鄧力回憶道，「我才了解谷歌現在是在做什麼。」

事實上，微軟投資人工智慧的時間已超過二十年，投下大筆鈔票聘僱全球許多頂尖的科學家——但這也使得該公司在深度學習興起之際陷入不利的地位。過去幾十年來，人工智慧的全球研究圈已分成好幾個涇渭分明的學派。《大演算》（*The Master Algorithm*）一書作者、華盛頓大學教授佩德羅．多明戈斯（Pedro Domingos）稱之為「部落」。每一個部落都有自成一套的學理——而且往往瞧不起別的學派。相信深度學習的連結主義者是其中一個部落；以閔斯基為首，主張符號方式的象徵主義者則是另一個部落。其他部落所持的概念還包括統計分析與模擬自然選擇的「進化演算法」。微軟投資人工智慧時，連結主義者還並非最頂尖的研究人員。該公司都是自其他部落聘僱科學家，然而這也代表當深度學習自眾多科技中脫穎而出時，公司內許多頂尖的研究人員仍對神經網路的概念抱持偏見。「老實說，微軟研究部門的高層都不相信它，」鄧力說道。「這就是當時的環境。」

陸奇並非唯一擔心微軟文化劃地自限的人。辛頓也對此頗不以為然。他質疑微軟的研究人員，為何不像谷歌，而都是獨立作業，與任何壓力與商業化的活動隔絕。「當我還是學者時，我覺得這樣很好，因為我不必去碰那些市場發展的東西，」辛頓說道，「但是要把科技送到十億人的面前時，谷歌才是最有效率的。」他同時也為《浮華世界》一篇題為〈微軟失落的十年〉的報導感到憂心。該篇報導透過微軟多位現任與前任主管的觀點來看前執行長史蒂夫・鮑爾默（Steve Ballmer）掌權十年期間的情況。其中一則故事揭露鮑爾默治下的微軟使用「分級排名」的制度來審核職員的表現，並且藉此淘汰若干職員，不論他們實際的表現與潛力為何。在微軟自追求辛頓的新創企業競爭中知難而退後，辛頓告訴鄧力，他絕不會加入這樣的公司。「這並不是錢的問題，是因為那套評審制度，」他說道，「這套制度也許對銷售人員有用，但是不該用在研究人員身上。」

任憑情勢演變，微軟仍有許多人對深度學習抱持懷疑的態度。該公司研發副總裁彼得・李在鄧力將辛頓請來雷德蒙德後，曾親眼目睹深度學習是如何改造語音辨識系統，但是他仍然不相信此一科技。他認為這項突破只是曇花一現，沒有理由認為在其他的研發領域也能獲得成功。後來，他搭機飛到猶他州的雪鳥（Snowbird），參加美國各大學電腦科學系主任的聚會。彼得．李雖然已不是卡內基美隆大學電腦科學系主任，不過他仍參加這個一年一度的聚會以了解最新的學術趨勢，而這一年在猶他州的聚會中，他聽了狄恩有關深度學習的演說。他回來後立刻安排與鄧力在九十九號樓的一間小會議室會面，要鄧力解釋狄恩為什麼對深度學習那麼興奮。鄧力於是提起那篇Distbelief論文，指出谷歌的野心，並且強調微軟這個主要競爭對手正欲藉此打造新未來的架構。他說：「他們已投下大筆鈔票。」但是李打斷了他的談話，因為他知道根據NIPS的規定，鄧力不該談論尚未發表的論文。「這是一篇學術性的論文，」他說道，「你不該拿給我看。」鄧力於是不再提起這篇論文，但繼續談論谷歌、微軟與此一科技的未來。會面結束時，彼得．李依然認為谷歌未來的方向可能錯誤。語音辨識是一回事，影像辨識卻是另外一回事，而且不論機器的用途，這兩項功能都只是其中的一小部分。他說：「我只想弄清楚是怎麼一回事。」不過他也邀請鄧力參加該實驗室頂尖科學家的一項討論會

他們聚集在園區內另一棟大樓寬敞的會議廳內。鄧力站在講台上，面對二十幾位

研究員與高級主管。他的筆記型電腦與牆上的平面顯示幕相連，準備秀出相關的圖表與照片。但當他開始解釋深度學習如何自微軟的語音辨識系統發展至其他領域時，他的演講橫遭室內的一個聲音打斷。聲音是來自保羅・維奧拉（Paul Viola），該公司頂尖的電腦視覺專家。他說道：「神經網路從來沒有成功過。」鄧力表示理解這樣的說法，然後重回演說。但是維奧拉再度打斷他，他起身走到台前，拔掉鄧力筆記型電腦與平面顯示幕的連接線，插上自己的。牆上的顯示幕出現一本書的封面，大部分是橘紅色，夾雜著紫色的漩渦，標題是幾個白色小字母，只有一個詞，就是閔斯基的《感知器》。維奧拉表示，幾十年前閔斯基與派普特就已證明神經網路的概念基本上是錯誤的，而且根本無法達到許多人承諾的高遠理想。鄧力好不容易又繼續他的演說——但是維奧拉也繼續打斷他。他一再地干擾，屋內傳來另一個聲音要他住口。「這是鄧力的場子還是你的？」這個聲音說道。此人是陸奇。

如果陸奇是人工智慧圈國際色彩的代表，他的背景卻顯示他是最沒有可能進入此一領域的人。他是在毛澤東文化大革命時期由他的祖父於一窮鄉僻壤撫養長大的，他整年只有在慶祝春節的時候才能吃到肉，他就讀的學校四百位學生才只有一位老師。然而他卻克服萬難拿到上海復旦大學電腦科學的學位，並在八〇年代末期受到一位美國電腦科學家愛德蒙．克拉克（Edmund Clarke）的注意。克拉克當時正在中國為他的學校卡內基美隆大學尋覓人才。克拉克在一個週日於復旦大學發表演說，依照往常，陸奇每到週日會騎著自行車到上海市的另一頭探望雙親，但是當天大雨滂沱，他於是待在家中。當天下午，有人敲他的房門，要他去聽克拉克的演講，因為大雨的關係，聽演講的人只有小貓兩三隻，需要有人來捧個場。於是陸奇去聽了演講，並且當場提出問題，讓克拉克印象深刻，邀請他申請到卡內基美隆大學深造。「這全是運氣，」他回憶道，「如果沒有下雨，我就會去看我的父母。」

當陸奇進入卡內基美隆大學攻讀博士時，他的英文程度很糟。他的教授之一是彼得．李，也就是他後來在微軟的同事。在陸奇就讀的第一年，彼得．李給班上同學舉行測驗，要他們編寫程式碼，在「大自然呼喚」（natural calls，意指內急要上廁所）時能自電腦科學大樓任何位置找到前往廁所的最短路徑。在測驗進行到一半時，陸奇走到彼得．李面前。「什麼是大自然的呼喚？」他問道，「我從沒聽過這個程序。」不過即使有語言上的隔閡，彼得．李一直認為陸奇是一位極為優秀與才華橫溢的電腦科學家。完成在卡內基美隆大學的學業後，他先是在雅虎（Yahoo!）工作，接著來到微軟。在鄧力於九十九號樓發表關於深度學習的演說時，陸奇已是 Bing 搜尋引擎與該公司其他若干部門的主管，與微軟研發實驗室關係密切。

他視自己為那種罕見懂得技術的技術主管，一位戰略家與系統架構師，以及一位夢想家，博覽來自全球頂尖實驗室的研究論文。他善於以一種明快獨到且略帶怪異的方法將他的概念簡化成基本科技哲理：

> 電腦運算是有目的性的操縱資訊。
> 數據已成為生產的主要方式。
> 深度學習是植基於新基底上的電腦運算。

其實早在九十九號樓的這場會議之前，他就已了解該產業的發展方向。和彼得．李一樣，他最近也參加了一場電腦科學家的私人聚會，在這個場合中，谷歌大腦的一位創辦人大談深度學習的興起。此次聚會是所謂的「富營」（Foo Camp），是矽谷標榜為「非會議」的年度集會，參與者會一邊進行一邊排出議程，陸奇參與的是聆聽吳恩達解釋支撐貓咪論文的理論。陸奇在微軟就曾注意到辛頓與其學生來訪後便發展出來的新語音科技，但是直到聽了吳恩達的說明，他才了解是怎麼一回事。他的 Bing

搜尋引擎都是靠著工程師刻苦耐勞以手工精心打造而成。但是吳恩達解釋他們可以用自我學習的方式來建立這些系統。在接下來的幾個星期，他一如過往，大量閱讀來自如紐約大學與多倫多大學的相關論文。在鄧力發表關於深度學習如何興起的那次演說中，陸奇不但仔細聆聽，還提出切中要點的問題。因為如此，當幾週之後辛頓以電子郵件向鄧力透露，百度有意以一千二百萬美元來聘請他時，鄧力立刻知道該怎麼做。鄧力將信轉寄給陸奇，陸奇於是敦促微軟研發部門的高層去參與辛頓與其學生的競標。但是微軟研發高層仍是半信半疑。

* * *

陸奇自貝爾維尤公園摔斷髖關節的幾個月後返回工作，他仍需要拄著枴杖走路。在此同時，AlphaGo 已擊敗李世乭，人工智慧熱潮席捲整個科技業。即使是一些較小規模的矽谷企業——輝達、推特、優步（Uber）——也都急於在此一領域爭取一席之地。推特收購了麥比特，這家公司由當初拒絕臉書的紐約大學研究員法拉貝特所創立。優步則是買下新創企業幾何智慧（Geometric Intelligence），這是由紐約大學一位心理學家加里·馬庫斯（Gary Marcus）聯合數位學者創設的。深度學習與深度學習研究人員在當時炙手可熱。但微軟卻是行動遲鈍。它既不是網際網路公司，也不是智慧型手機業者或自動駕駛車公司。它從未建造過真正需要人工智慧領域「下一件大事」的東西。

自髖關節第一次手術復原後，陸奇就敦促微軟智庫支持自動駕駛車的概念。當時早已有多家科技業者與汽車業者進入此一領域，陸奇根本無法確定微軟該如何涉足此一日趨擁擠的市場。不過這並非重點。他強調的不是微軟應該去賣自動駕駛車，而是應該去建造一輛自動駕駛車。這樣的做法不但能讓微軟獲得相關的技能與科技，同時也能提供該公司一窺如何在其他領域成功的洞見。陸奇認為，谷歌之所以能在多個市場稱霸，是因為它是在網際網路發展程度前所未見的時期打造搜尋引擎的。當時狄恩等工程師都被迫開發沒有人開發過的科技，隨著發展日趨成熟，這些科技也成為推動從Gmail、YouTube 到安卓系統的後盾。「這並不是因為谷歌人喝的水與眾不同，」他說道，「開發搜尋引擎需要他們克服一大堆的技術挑戰。」陸奇相信，建造一輛自動駕駛車，也能以同樣的方式為微軟開創未來。「我們必須把自己放在一個能看見電算前景的位置。」

這一個主意聽來可笑，但是若與微軟最大競爭對手的主意相比，卻是小巫見大巫。谷歌光是為了辛頓與他的學生就花了四千四百萬美元，聽來很可笑。但幾個月之後，其他科技業者紛紛以更高的價碼來爭取此一領域的人才，相較之下，谷歌就顯得高明多了。AlphaGo 在韓國的棋局打開了一個全新領域的可能性，如今整個科技業都在追逐此一科技，認為它就是所有事物的答案，儘管除了語音、影像識別與機器翻譯之外，它的未來根本還不確定。陸奇並沒有成功說服微軟智庫建造自動駕駛車，但是在人工智慧所掀起的熱潮下，他還是說服他們至少該有所行動。

然而發動深度學習革命的重要人物都已名花有主。谷歌擁有辛頓、蘇茨克維、克里澤夫斯基、哈薩比斯、萊格與席瓦爾，臉書擁有楊立昆，百度則有吳恩達。在一個像辛頓或哈薩比斯這樣的人物是無價之寶的世界——擁有他們就等於掌握未來，研發新科技、吸引高人投靠，而且最重要的是能夠提升公司品牌名聲與形象——微軟就缺少這樣的人物。

對陸奇來說，剩下唯一的選擇就是發起深度學習運動的三位元勛之一約書亞・班吉歐。班吉歐是在蒙特婁大學主持一間實驗室，就和當初辛頓在多倫多大學、楊立昆在紐約大學的情況一樣。與辛頓和楊立昆不同的是，班吉歐專精於自然語言理解——即是力圖精通我們人類將文字串聯在一起的自然方式的系統。當時班吉歐與他的學生正在進行一具有重大突破性的研發計畫，與谷歌、百度合作打造一款新品種的機器翻譯系統。問題是他和曾在貝爾實驗室共事的老同事楊立昆一樣，堅守學術自由的原則。在二〇一六年夏天以前，他已拒絕了美國所有大型科技業者的邀約。不過陸奇仍相信他可以把班吉歐拉進微軟——而且微軟願意出大錢。那年秋天的一個早晨，帶著微軟新任執行長薩蒂亞．納德拉（Satya Nadella）的祝福，陸奇、鄧力與微軟另一位研究員搭機前往蒙特婁。

他們在班吉歐的大學辦公室會面，這是一間堆滿書籍的小房間，幾乎容納不下他們四人。班吉歐直接告訴他們，不論他們出多少錢，他都不會加入微軟。他有一雙濃眉，一頭花白捲髮，他的英語略帶法國口音，而他嚴肅的態度既有魅力又令人生畏。他表示他喜歡在蒙特婁的生活，他在這兒可以說他的母語法文，而且他也喜歡這兒開放的學術研究環境，這是企業界難以提供的。不過他們四人繼續聊天。班吉歐除了在大學的工作之外，還與一些新創業者合作，他透露他會將他部分時間用在一家加拿大的新創企業馬陸巴（Maluuba）身上，這家公司專精於對話系統，而班吉歐是其顧問。此一訊息讓陸奇找到了切入點。他表示，如果微軟買下馬陸巴，就等於是班吉歐以相同的時間來擔任微軟的顧問。在以電子郵件與納德拉聯絡後，當天上午還未結束，陸奇就已口頭表示要收購這家新創企業，納德拉也表示如果他們願意出售，他就會請班吉歐與馬陸巴的創辦人當天晚上飛到西雅圖，大家坐下來細談。

馬陸巴的兩位創辦人當天加入他們的談話，在大學的咖啡館共進午餐，但是他們並沒有同意搭機飛到西雅圖。他們拒絕了陸奇的提議，表示他們的新創企業才成立幾個月，仍需要成長空間。陸奇繼續遊說，但他們就是不肯點頭，班吉歐也一樣。班吉歐根本不想談生意，他只想談人工智慧。他們談論人工智慧與機器人未來何去何從，班吉歐表示未來的機器人需要睡眠。他指出，它們需要睡眠，因為它們需要做夢。他的論點是人工智慧未來的研發不但能辨識影像或語音，還能自己產生影像和語音。做夢是人類學習重要的一環。我們在深夜複習我們在白晝經歷的事物，將記憶烙入我們的腦海之中。機器人未來也會是這樣的。

午餐結束，陸奇告訴他們，只要他們願意，他的提議就一直有效，然後他拄著枴杖，步履蹣跚地離開咖啡館。大約一年後馬陸巴加入微軟旗下，班吉歐也成為微軟拿來大加炫耀的顧問。但是此時陸奇已經離開公司。他髖關節的第一次手術並不完全成功：他的脊椎錯位造成全身疼痛。自蒙特婁返回後，醫生告訴他還需要動一次手術，他於是向納德拉表示他繼續留在微軟已無意義。復健的過程將使他無法為微軟付出足夠的時間。二〇一六年九月，微軟宣布陸奇離職。五個月後，他返回中國，加入百度擔任營運長。

# 第三部

# 動盪

# 第十三章

# 欺騙

「噢，你真的可以製作出像照片一樣逼真的臉孔。」

二〇一三年秋天，伊恩・古德費洛在臉書接受面試，他和祖克柏漫步於園區的庭院內，一路聽著祖克柏將深度心智變成一個哲學化的議題。他之後仍婉拒了祖克柏的邀約，轉而投入谷歌大腦旗下。不過在此之際，他的職業生涯陷入停頓。他決定暫時仍待在蒙特婁。他仍在等候他博士論文的審核委員會召開會議，而在臉書宣布成立人工智慧實驗室前夕邀請楊立昆加入委員會實在是不智之舉。此外，他才剛和一位女子開始約會，想看看此一關係未來的發展。他同時也在寫一部有關深度學習的教科書，但是進展不怎麼順利。他大部分的時間就是坐在那兒畫小象，然後發在網路上。

這種漂泊不定的感覺因為他大學實驗室的一位夥伴被深度心智聘僱而宣告結束。該實驗室的夥伴們在皇家山大道（L'Avenue du Mont-Royal）的一家酒吧舉行歡送派對。這家酒吧叫作「三位釀酒人」（Les 3 Brasseurs），是那種隨時都可以有二十人上門，將幾張桌子拼起來，大家就座，開始猛灌精釀啤酒的地方。酒過三巡，古德費洛已有些微醺，這群研究員開始爭論什麼才是製造能夠自我創造相片寫實影像的機器之最佳途徑——相片寫實影像是看來完全像真的一樣的狗、青蛙與人臉，然而事實上它們並不存在。有幾位研究員已在嘗試製造這樣的機器。他們知道可以訓練一套神經網路來辨識影像，然後逆向操作，使其產生影像。深度心智的研究員艾力克斯·格雷夫斯就是以這樣的方式建立一套能夠書寫的系統。但它只能產生一些精細、有如相片的影像，這樣的結果實在難以令人信服。

不過古德費洛的夥伴們有一個主意。他們可以對神經網路產生的影像進行統計分析——辨識特定像素的頻率、亮度，以及與其他像素間的關係。然後將這些分析結果與真正的相片進行比對，這樣就可以顯示神經網路哪裡出錯了。問題是他們不知道該如何將這些資料編碼輸入他們的系統之中——這可能需要數十億的統計次數。古德費洛告訴他們，這個問題根本無解。「有太多不同的統計需要追蹤，」他說道，「這不是程式設計的問題，這是演算設計的問題。」

他提出一個完全不同的解決之道。他解釋，他們應該做的是建立一套能夠向另一套神經網路學習的神經網路。第一套神經網路製造影像，企圖欺騙第二套神經網路認為這是真的。第二套會指出第一套的錯誤，第一套於是繼續嘗試欺騙，就這樣周而復始。他表示，如果這兩套相互對抗的神經網路對峙得夠久，他們就能製作出寫實的影像。但是古德費洛的夥伴們並不認同。他們說這主意甚至比他們的還爛。同時，若非他已有些醉了，古德費洛可能也有同感。「要訓練一套神經網路已經夠難了，」清醒時的古德費洛可能會這麼說，「你不可能在正在學習演算法的神經網路中訓練另一套神經網路。」不過他在當時完全相信可以做到。

當天晚上他返回他的單房公寓，他的女友已經就寢。她醒來打了一聲招呼又睡了。他摸黑坐在床邊的桌前，仍然有些微醺，筆記型電腦螢幕的光反射在他臉上。「我的朋友是錯的！」他不斷告訴自己，同時用其他計畫的舊編碼來拼湊他所說的兩套對抗的神經網路，並且開始以數百張相片來訓練這套新裝置，而他的女友就睡在身邊。幾個小時後，它開始顯現他所預期的效能。生成的影像很小，和一片指甲一樣，而且還有一些模糊。不過它們看來就和相片一樣。他後來表示，他完全是運氣來了。「如果它不成功，我可能就會放棄了。」他後來在發表此一概念的論文中將它稱作「生成對抗網路」（generative adversarial networks，GANs）。自此之後，他成為全球人工智慧研究圈口中的「GAN之父」。

二〇一四年夏天，他正式加入谷歌，當時他已在積極推廣GAN，強調這有助於加速人工智慧的研發。他在說明概念時，往往會以理查・費曼為例。費曼曾在教室黑板上寫道：「我創造不出來的東西，我就不了解。」這也是古德費洛在蒙特婁大學的導師班吉歐在大學的咖啡館對來自微軟的人提出的論點。和辛頓一樣，班吉歐與古德費洛都相信費曼此一名言除了人類之外，也可以適用於機器：人工智慧創造不出來的東西，它就不了解。他們指出，創造，能夠幫助機器了解周遭的世界。「如果人工智慧可以用逼真的細節去想像世界——能夠學習如何想像逼真的影像與逼真的聲音——這樣可以鼓勵人工智慧學習現實存在的世界結構，」古德費洛說道，「它能幫助人工智慧了解所看到的影像與所聽到的聲音。」如同語音、影像辨識與機器翻譯，GAN代表深度學習又向前邁進一大步。或者，至少深度學習的研究人員是這麼認為。

楊立昆在二〇一六年十一月於卡內基美隆大學發表演說，盛讚GAN「是深度學習近二十年來最酷的概念」。辛頓聽到之後，假裝在細數過去幾年的情況，好像要確定GAN並不比以前的反向傳播算法更了不起，接著他才同意楊立昆的說法距離事實不遠。古德費洛的成就激發出許多圍繞其概念的計畫，有的是加以改進，有的是據此進一步發展，有的則是發起挑戰。懷俄明大學的研究人員建造一套系統，能夠產生細小但是完美的影像，包括昆蟲、教堂、火山、餐廳、峽谷與宴會廳。輝達的一個研究團隊則是建造一套神經網路，可以將一幅顯示炎炎夏日的相片影像轉變成死氣沉沉的冬日。加州大學柏克萊分校的研究小組則設計出一套系統，能夠將馬匹的影像轉變成斑馬，把莫內的畫變成梵谷的畫。這些都是科技界與學界最受人矚目與最有趣味的研發計畫。可是，就在這時，世界發生劇變。

* * *

二〇一六年十一月——也就是楊立昆發表演說盛讚ＧＡＮ是深度學習近二十年來最酷的概念的同一個月——唐納·川普在美國總統大選擊敗希拉蕊·柯林頓（Hillary Clinton）。美國生活與國際政局隨之出現天翻地覆的變化，人工智慧也難以倖免。幾乎是立即出現的衝擊，政府開始打壓移民引發人才流動的憂慮。在美國就讀的國際學生已在減少之中，如今更是大幅銳減，對外國人才依賴甚重的美國科學與數學界也因此開始受創。「我們是開槍打自己的腦袋，」奧倫·伊奇奧尼（Oren Etzioni）表示，他是艾倫人工智慧研究所（Allen Institute for Artificial Intelligence）的執行長，該研究所位於西雅圖，是頗負盛名的實驗室。「我們不是打在腳上，是腦袋。」

一些大企業已在擴張他們的海外研發作業。臉書分別在蒙特婁與楊立昆的家鄉巴黎設立實驗室。微軟買下馬陸巴，成為它在蒙特婁的實驗室（班吉歐則是他們高價聘請的顧問）。辛頓也沒有繼續待在山景城，而是在多倫多為谷歌設立一所實驗室。他之所以這麼做，有部分原因是要照顧正與癌症奮戰的妻子。她以前常去北加州，與辛頓在她最喜歡的地方之一大蘇爾（Big Sur）共度週末。但是她的身體日益虛弱，必須在家裡休養。不過她仍是堅持辛頓必須繼續工作，他照做了，一個大型的生態系統也因此隨之而生。

川普政府移民政策所帶來的威脅在二〇一七年四月就已顯現，距離他上任不過三個月。與此同時，辛頓幫助成立向量人工智慧研究所（Vector Institute for Artificial Intelligence）。這是多倫多的一所研發育成機構，設立資金達一億三千萬美元，其中包括美國科技巨擘如谷歌與輝達的挹注，不過其宗旨是培育加拿大的新創企業。此外，加拿大總理賈斯汀・杜魯道（Justin Trudeau）也承諾以九千三百萬美元來扶持在多倫多、蒙特婁與愛德蒙頓的人工智慧研發中心。年輕的研究員莎拉・薩波爾（Sara Sabour）是辛頓一位關鍵性的合作夥伴，她的事業歷程足以說明人工智慧圈內的國際色彩是多麼容易受到政治影響。二〇一三年，在伊朗的謝里夫理工大學（Sharif University of Technology）完成電腦科學的學業之後，薩波爾申請到華盛頓大學深造，攻讀電腦視覺與其他方面的人工智慧，校方接受了她的申請。但是美國政府卻拒絕給予簽證，顯然是因為她在伊朗長大與就學的關係，而且她所要攻讀的領域，電腦視覺，也是潛在的軍事與安全科技。第二年，她成功進入多倫多大學，之後追隨辛頓加入谷歌。

在此同時，川普政府持續阻擋移民進入美國。「現在看來是美國企業獲益，」亞當・席格（Adam Segal）說道，他是美國外交關係協會（Council on Foreign Relations）有關新興科技與國家安全的專家，「但是就長期來看，科技與就業機會都不會在美國實現。」安德魯・摩爾（Andrew Moore）是美國人工智慧研發重鎮卡內基美隆大學電腦科學系主任，他表示當前的情況害他晚上睡不著覺。摩爾系上的一位教授加斯・吉布森（Garth Gibson）最近離開卡內基美隆，去接掌多倫多的向量人工智慧研究所。另外還有七位教授決定到瑞士擔任教職，當地政府與大學為他們所提供的研發條件遠比美國優渥。

但是人才的遷移還不是川普入主白宮所造成的最大變化。自選舉一結束，國內媒體就開始質疑網上假訊息對選舉結果的影響，引發社會大眾對「假新聞」的憂慮。起初祖克柏試圖消除這樣的關切，他在選舉的幾天後於矽谷的一個公開場合，輕描淡寫地表示，選民受假新聞左右是一個「相當瘋狂的想法」。但是許多記者、立法者、名嘴與公民都不予苟同。事實上此一問題在選舉期間十分猖獗，尤其在臉書的社交網路，有數以萬計，甚至可能是百萬計的網民，分享一些虛假編造的故事，這些故事的標題例如「涉嫌希拉蕊電郵洩密案的聯邦調查局人員被發現死亡，顯為謀殺後自殺」或是「教宗方濟各支持川普競選總統震驚世界」。臉書後來揭露有一家與克里姆林宮關係甚密的俄羅斯公司，花了超過十萬美元向四百七十個假帳戶與頁面買網路廣告，散播有關種族、槍枝管制、同性戀權利與移民等方面的假訊息，此一事件使得公眾更感關切。與此同時，社會大眾的憂慮也投射到GAN與其他相關的科技上，使它們以完全不同於過去的面貌成為世人焦點：這些科技看來是產生假新聞的管道。

然而人工智慧科學家當時的研究卻完全是在助長這種看法。華盛頓大學的一支團隊，包括一位即將加入臉書的研究員，利用神經網路製作出一段冒用歐巴馬說話的影片。中國一家新創企業的工程師則利用相同的科技讓川普說中文。其實偽造的影像並不是新玩意兒。自照相術發明以來，人們就開始利用技術來偽造相片。在電腦時代，如Photoshop的工具可以讓任何人編輯相片與影片。不過由於新式的深度學習可以自我學習這些工作——或者至少部分的工作——它們使得這樣的編輯變得更容易。政治人物與活動、民族國家、社會運動人士、不滿分子往後不需要僱用大批人手來製造與散播假圖片和假影片，他們只要建造一套神經網路就能自動完成這些工作。

在美國總統大選期間，人工智慧的圖像操作潛能距離完全發揮仍有幾個月的時間。當時GAN只能產生如指甲大小的圖像，而要將字句置入政治人物的口中仍需要罕有的專業技能，更別說其他一些費力的工作了。不過，在川普勝選一週年時，輝達在芬蘭實驗室的一支團隊開發出新款GAN，稱作「漸進式GAN」，可以利用對抗式的神經網路製造出實際尺寸的圖像，包括植物、馬匹、巴士與自行車，而且幾可亂真。不過這項科技最受矚目的是它能夠製造人臉。在分析數千張名人照片後，輝達這套系統可以製造出看來像是某位名人，但其實並不是的人臉圖像——一張看來像是珍妮佛·安妮斯頓（Jennifer Aniston）或席琳娜·戈梅茲（Selena Gomez）的臉孔，而實際上並非真人。這些被製造出來的臉孔看來都像真人，有他們自己的皺紋、毛孔、暗影，甚至個性。「這項科技的進步速度太快，」菲利浦·艾索拉（Phillip Isola）說道，他是幫助開發此類科技的麻省理工學院教授，「剛開始時是這樣的，『好吧，這是一項有趣的學術性問題，你不可能用來製造假新聞，它只能產生一些略顯模糊的東西。』結果卻演變成『噢，你真的可以製作出像照片一樣逼真的臉孔。』」

在輝達宣布此一新科技的幾天後，古德費洛在波士頓一間小會議室發表演說，演說的幾分鐘前，一位記者問他該科技的意義何在。他指出他知道其實任何人都早已可以用 Photoshop 來製造假圖像，不過他也強調，重點是使得這項工作更為容易。「我們是促使已經具有可能性的事情加速實現。」他說道。他穿著黑襯衫與藍色牛仔褲，下巴留著山羊鬍，頭髮向前梳覆蓋前額，在衣著與談吐上既像是一個書呆子，又像是室內最酷的人。他解釋，隨著這些方法的改進，「有圖有真相」的時代也將結束。「從歷史來看，這其實有些僥倖，我們能夠依賴影片作為事情曾經發生過的證據，」他說道，「我們過去常常是根據誰說的、誰有動機這麼說、誰有可信度、誰又沒有可信度，來看一件事情。現在看來我們又要回到那個時代。」可是中間會有一段很艱難的過渡期。「遺憾的是現今世人不太會批判性思考。同時大家對於誰有可信度與誰沒有可信度都比較傾向於從族群意識去思考。」這也代表至少會有一段調整期。「人工智慧為我們打開了許多我們不曾打開的門。我們都不知道在門的另一邊會有什麼東西，」他說道，「然而在此一科技方面，卻更像是人工智慧關閉了我們這一代人已經習慣打開的門。」

調整期幾乎是立即展開，某人自稱為「深度偽造」（Deepfakes），開始將一些名人的頭像剪接至色情影片中，然後再上傳至網路。這個匿名的惡作劇者後來把能搞出這些花樣的應用程式公開，這類影片立刻大量出現在討論板、社交網路與如 YouTube 的影音網站。其中有一部是用蜜雪兒・歐巴馬（Michelle Obama）的臉孔，還有一些是用尼可拉斯・凱吉（Nicolas Cage）的臉孔。如 Pornhub、Reddit 與推特等平台趕忙禁止這種行為，但是此一操作與相關概念已滲透進入主流媒體。「深度偽造」也變成一個專有名詞，意指任何以人工智慧偽造，並在線上散播的影片。

古德費洛儘管大力支持人工智慧，但對其快速發展也引以為憂，認為是比馬斯克對超智慧的警告更需迫切處理的問題。GAN僅是其中一部分。當古德費洛初到谷歌時，他開始研發另外一項科技，稱作「對抗式攻擊」（adversarial attack），顯示神經網路會受到迷惑而看到或聽到不存在的東西。只要改變一幅大象相片的若干像素——這是人類肉眼難以察覺的改變——就可以迷惑神經網路以為大象是汽車。神經網路自大量的範例中進行學習，其中稍有偏差，就可能在我們毫無察覺的情況下對訓練造成影響。當你想到這樣的運算可能會影響自動駕駛車，幫助辨識路人、車輛、交通號誌與在路上的其他物體，此一現象就尤其令人擔憂。一支研究團隊就證明在停車標誌貼上幾張便利貼，就能迷惑自動駕駛車以為沒有停車標誌。古德費洛警告這種現象會破壞人工智慧在其他方面的應用。他舉例指出，一家金融公司可以將此一概念套用在交易系統之中，設計幾筆交易讓競爭對手拋售某支股票——然後再藉機以低價買進。

二〇一六年春天，在谷歌待不到兩年，古德費洛離開該公司去主持一家新設的實驗室。這所實驗室稱作開放人工智慧實驗室，旨在研發合於道德標準的人工智慧，並與世界分享。他的工作，包括GAN與對抗式攻擊，可以說是完美的配合。他的目的是向世人展示這些現象的作用與世人應該如何面對。再加上，根據該實驗室的納稅申報表，他光是最近九個月的薪資就有八十萬美元（包括六十萬美元的簽約獎金）。不過他為開放人工智慧實驗室工作的時間也就差不多九個月。第二年，在狄恩於谷歌大腦內設立一個專注於人工智慧安全性的新團隊之後，古德費洛又返回谷歌。就古德費洛在人工智慧研究圈與科技業崇高的聲望而言，他的離職對開放人工智慧實驗室是一大打擊，同時也顯示對人工智慧興起的憂慮比區區一間實驗室要大多了。

# 第十四章
# 不可一世

「我演講時就已知道中國人要來了。」

二〇一七年春天，在韓國棋賽的一年後，AlphaGo 在中國的烏鎮再度進行棋賽。烏鎮是一座歷史悠久的水城，坐落在上海以南、沿著揚子江往上八十英里的地方。烏鎮的荷花池、石橋、蜿蜒於石瓦木屋之間的河道，使其在在看來就是一座千年古鎮。然而在此同時，卻有一座面積達二十萬平方英尺的會議中心聳立於稻田之中。它的外形與鎮中櫛比鱗次的木屋相似，只不過它和足球場一樣大，屋頂鋪有超過二兆五千億塊瓦片。這座會議中心當初是為主辦世界網際網路大會（World Internet Conference）而興建的，在這個一年一度的盛會上，中國政府極力炫耀網際網路新科技的發展，然而同時也展示其管制資訊傳播的方法。如今，這兒是舉辦 AlphaGo 與中國圍棋大師，世界排名第一的圍棋高手柯潔對弈的地方。

第一局棋賽的當天上午，在舉行比賽的廣大禮堂側廊上的一個房間裡，哈薩比斯坐在一張超大的奶油色豪華座椅裡，後面的牆壁是一幅午後天空的壁畫，這也正是整棟建築物的主調：雲霧繚繞的午後天空。哈薩比斯身著一件藍黑色西裝外套，沒有打領帶，西裝翻領上別了一枚皇室藍的小別針——看來比他一年前老成幹練多了——他說 AlphaGo 已比以前更為聰明。在韓國棋賽之後，深度心智花了好幾個月的時間改良 AlphaGo 的設計，與此同時，AlphaGo 則是持續與自己對弈，自數位化的試誤中學習全新的技藝。哈薩比斯相信 AlphaGo 不可能再出現類似韓國第四局棋賽中突然崩潰的情況，當時李世乭的第七十八手暴露出 AlphaGo 的圍棋知識有漏洞。哈薩比斯說道：「我們所設計的新架構有很大一部分是為填補知識漏洞。」新架構也更有效率。它能夠在短時間內展開訓練，訓練完成後可以用單一的電腦晶片（當然是谷歌的TPU）運轉。哈薩比斯雖然沒有說出口，但是早在第一局第一個落子之前，情勢就已十分明朗：十九歲的柯潔根本毫無勝算。谷歌的高層是將這場棋賽策劃為 AlphaGo 的告別作——同時也想藉此作為該公司重返中國的敲門磚。

二〇一〇年，谷歌突然戲劇性地撤出中國，將其中文搜尋引擎基地移至香港，並且指控中國政府駭入其公司網路與竊聽人權運動人士的 Gmail 帳戶。由佩吉、布林與施密特所傳達的訊息是，谷歌的撤出不僅是因為被駭，同時也代表拒絕繼續遵守中國政府審查谷歌搜尋引擎上新聞報導、網站與社交媒體的規定。谷歌在香港新設的伺服器是在西方人士所謂的「中國防火長城」之外。然而在幾個星期之後，不出谷歌所料，谷歌發現中國當局已對香港這些設備拉下黑幕，封閉任何人藉此進入內地的管道，而且七年來都維持不變。不過到了二〇一七年，谷歌已非當年的谷歌。如今是由新成立的字母控股來監督旗下的谷歌、深度心智與其他一些姊妹企業，佩吉與布林都已自他們二十年來所創立的這家科技巨擘退居幕後，將經營權交給其他主管，而且看來都有意提早退休。在新任執行長桑達・皮采（Sundar Pichai）的帶領下，谷歌對於中國的看法已有所改變。這個市場實在大到不容忽視。中國網民甚至超過美國人口──約六億八千萬人──而且此一數字還繼續以其他國家望塵莫及的速度增長。谷歌想要回來。

該公司視 AlphaGo 為重返中國的理想載具。在中國，圍棋是一項國民遊戲。根據估計，中國大約有六千萬人透過網路觀看 AlphaGo 與李世乭在韓國的對決。谷歌現今瞄準中國，主要目的之一就是在此推廣人工智慧。甚至在 AlphaGo 與李世乭對弈之前，谷歌與深度心智的高層就已在討論於中國進行第二場棋賽，為谷歌搜尋引擎與其他線上服務重返中國市場鋪路的可能性。隨著在韓國造成的聲勢愈演愈烈，他們想重返中國的念頭也更為熾熱。他們將此一行動視為「乒乓外交」，即美國在一九七〇年代到中國參加桌球比賽，以舒緩兩國間緊張的外交關係。谷歌在第二年開始籌劃AlphaGo到中國訪問，拜會中國體育總局局長，安排網路業者與電視台來轉播棋賽。皮采在比賽之前去了中國三趟，親自會見柯潔，兩人並在長城合影紀念。除了棋賽本身，谷歌還在第一局與第二局對弈之間，於同一個會場舉辦人工智慧座談會。狄恩與施密特都飛來中國參加這場只有一天的座談會，並且發表演說。中國有數十位記者到烏鎮採訪比賽，來自全球海外媒體的記者更是踴躍。在第一局對弈開始之前，哈薩比斯穿過會議中心，記者拚命拍照，彷彿他是一位大明星。

當天上午稍晚，哈薩比斯在牆壁上繪有午後天空的房間內講述AlphaGo的進化過程，數百英尺之外，柯潔在禮堂落下棋賽的第一手。全中國有數百萬人都在屏息等待觀看棋賽，但是他們卻無法如願。中國當局暗自對在烏鎮的所有國內媒體下了一道命令，封鎖所有網際網路與電視的棋賽轉播。同時，也只准許數百人進入烏鎮，他們必須通過會議中心前面的武裝警衛、電子識別證讀卡機與金屬探測器等層層關卡，才能進入會場觀賞比賽。報紙與新聞網站獲准報導棋賽，但不得提到「谷歌」二字。棋賽開始，雙方都落下幾子，哈薩比斯繼續講述谷歌、深度心智與其科技的未來。他對封鎖的事情隻字未提。

＊＊＊

中國對深度學習並不陌生。二〇〇九年十二月初，鄧力自溫哥華的NIPS會議現場駕車至惠斯勒，第二度在此參加研討會。一年前，鄧力在惠斯勒希爾頓大飯店偶遇辛頓，意外發現他正以深度學習進行語音辨識的研究，現在鄧力自己在加拿大群山間的同一地點籌辦了相同議題的研討會。他和辛頓將在未來幾天向群聚於惠斯勒的科學家解釋「神經語音辨識」的細節，並向他們說明微軟在雷德蒙德的實驗室所進行有關語音辨識系統原型的研發。鄧力駕車北上，循著山路蜿蜒而上，他的運動休旅車另外還載了三位研究人員，其中一位是余凱，他就是後來說服百度智庫去競標辛頓的人。

和鄧力一樣，余凱也是在中國出生與接受教育，然後才到美國從事研究工作。鄧力在西雅圖外圍為微軟工作，余凱則是在矽谷為硬體製造商NEC的實驗室工作。不過他們兩人都屬於如惠斯勒這類學術研究小型社團的一分子。那一年他們甚至共乘一輛汽車。余凱本就認識辛頓，前一年夏季他在蒙特婁協助楊立昆與班吉歐籌辦深度學習研討會時就與辛頓相識。如今，他坐著運動休旅車上山，去參加一個規模更為盛大的深度學習研討會。深度學習自學術界興起，然後走入業界，余凱一路相隨。他第二年返回中國，也將此一概念帶入中國。

在鄧力、辛頓以及其學生合力改造微軟、IBM與谷歌的語音辨識系統的同時，余凱也在百度從事相同的工作。幾個月後，他的工作引起百度執行長李彥宏的注意，他透過電子郵件向全公司盛讚此一科技的力量。這也是二〇一二年時，百度為什麼願意出大錢在太浩湖畔競標辛頓與其學生的主因——而且儘管百度競標失敗，余凱依然樂觀相信百度會繼續參加深度學習的競賽。

他並不是唯一對百度執行長李彥宏產生影響的人。李彥宏是陸奇的老友，陸奇是微軟的高層主管，後來因為騎反向自行車而摔斷髖關節。他們相識已超過二十年。每一年，他們都會與其他幾位中國或華裔美人高階主管在加州半月灣，舊金山海岸線上的麗思卡爾頓飯店（Ritz-Carlton Hotel）舉行跨國高峰會，其中包括北京電腦巨擘聯想的執行長。他們會花幾天的時間商討科技業最新的動態。在經過辛頓與其學生的競標之後，深度學習已成為最新的討論主題。在俯瞰太平洋的麗思卡爾頓裡，陸奇在白板上畫出卷積神經網路（convolutional neural network）的發展路線圖，告訴李彥宏與其他在場人士，CNN現在代表不同的意義。就在同一年，百度在矽谷設立其第一個據點，距離半月灣不遠，希望能夠吸引北美人才。此一據點稱作深度學習研究所（Institute of Deep Learning）。余凱告訴記者，這座研究所旨在模擬人類大腦的「功能、力量與智力」。他說：「我們每天都在進步之中。」

來年春天，余凱自深度學習研究所駕車前往不遠處的帕羅奧圖喜來登飯店與吳恩達共進早餐。當天晚上，他們又共進了晚餐。吳恩達後來飛到中國與李彥宏會面，接著就宣布加入百度。這位為谷歌創立深度學習實驗室的人現今則是在中國最大的企業之一從事相同的工作，掌管該公司在矽谷與北京的實驗室。到了二〇一七年春天，谷歌現身烏鎮，打算以圍棋比賽打開重返中國市場大門之際，余凱、吳恩達與他們的研究人員已讓深度學習深植於百度帝國的核心，並且和谷歌一樣，將此一科技應用於選擇搜尋結果、廣告目標與語言翻譯上。百度也自晶片製造商輝達挖來一位關鍵性的工程師，為其製造GPU系列。此時余凱已離開百度，在中國設立一家新創企業，旨在製造類似谷歌TPU的新款深度學習晶片。

當谷歌董事長施密特在 AlphaGo 棋賽的第一局與第二局之間，登上烏鎮的講台，他表現得彷彿這一切都沒有發生。他坐在一位中國訪談者身邊，蹺著二郎腿，耳朵上戴了一個小裝置，將所有問題以英文傳入他的耳中。施密特表示世界已進入「智慧年代」，他指的當然是人工智慧。他指出，谷歌利用新開發的軟體 TensorFlow，已發展出可以辨識照片上的物體、語音與語言翻譯的人工智慧。他以一如往昔的態度對觀眾發表演說——彷彿他比室內所有人都懂得多，不論是過去還是未來的問題——他表示此一軟體是他一生所面臨過最大的科技變革。他誇耀 TensorFlow 可以重塑中國最大的網際網路業者，包括阿里巴巴、騰訊與百度，強調它能幫助他們瞄準線上廣告；預測他們的客戶會買什麼，以及決定誰有資格獲得信用額度。「他們都會獲得改善，」施密特說道，「如果他們使用 TensorFlow。」

由狄恩與其團隊構思與設計的 TensorFlow，是 DistBelief 的接班人，DistBelief 是谷歌全球數據中心網路用來訓練神經網路的軟體系統。不僅如此，在將這套軟體系統部署於自家的數據中心之後，谷歌還開放其原始碼，免費與全世界分享。這是一個能夠在科技界充分發揮其力量的高招。如果其他企業、大學、政府機構與個人也都使用谷歌的軟體，不但可以進一步推動深度學習的發展，同時也有助於谷歌本身的研發，加速全球邁向人工智慧的腳步。如此一來，也將會有新一批的研究人員與工程師可供谷歌僱用。更重要的是，此舉也可為谷歌進入雲端運算市場鋪下坦途，而雲端運算正是谷歌視其未來命脈所繫的事業。

當施密特在烏鎮講台上發表高見之際，谷歌百分之九十以上的營收都還是來自線上廣告。但是谷歌展望未來，發現雲端運算是一門更為穩定與利潤豐厚的生意。在對外提供網外運算能力與數據儲存方面，谷歌占有絕對的優勢，可以充分發展其商業潛能。谷歌在其數據中心坐擁大量的運算能力，而出售存取這些運算能力的管道將會為其帶來驚人的獲利。就目前而言，此一快速成長的市場是由亞馬遜把持，該公司雲端營收在二〇一七年超過一百七十四億五千萬美元。不過 TensorFlow 可望幫助谷歌擊敗這位強敵。谷歌認為，如果 TensorFlow 能夠成為發展人工智慧的標準，它就可以將市場導向雲端運算服務的領域。理論上，谷歌的數據中心網路可以充分發揮 TensorFlow 的效能，部分是因為該公司能夠提供專為深度學習使用的晶片。在施密特闡述 TensorFlow 的優點並大力鼓動中國科技巨擘擁抱這項科技的同時，谷歌已在製造其第二代TPU晶片，不但能夠訓練神經網路，而且在訓練結束後可以直接進行操作。該公司也要在北京設立一所新的人工智慧實驗室，希望能夠藉此推動中國使用 TensorFlow 與其新晶片，最終投入谷歌雲端的懷抱。這所實驗室是由谷歌新聘的李飛飛來主持，她是在北京出生，後來在青少年時期移民美國。她表示：「中國的人工智慧研發人才愈來愈多。這所實驗室能夠幫助我們吸收人才與推廣 TensorFlow（和谷歌雲端）在中國更為廣泛地運用。」

在烏鎮大談特談 TensorFlow 可以重建中國頂尖企業的施密特，並沒有提到人工智慧實驗室與谷歌雲端。但是他的訊息十分明確：阿里巴巴、騰訊與百度若是使用 TensorFlow，一定會更好。他沒有說出口的是谷歌可望因此大豐收。然而他不了解的是，他對中國傳達的訊息是無可救藥的幼稚。

中國的科技巨擘們早已擁抱深度學習。吳恩達過去幾年已在百度設立多所實驗室，並且和谷歌一樣，他已開發出一套網路，能為新實驗提供專門的設備。此外，騰訊也在從事類似的工作。無論如何，就算真的需要谷歌的幫助，中國也不會接受。畢竟，中國當局已封鎖了烏鎮的棋賽。施密特不久後就醒悟他的訊息是多麼的幼稚。「我在演說時就已知道中國人要來了。我當時不了解的是他們的計畫之效能有多大，」他說道，「我真的不了解。我想大部分的美國人也不了解。我以後不會再誤會了。」

在烏鎮那一週所發生的事情，谷歌任何人都料想不到。在與柯潔對弈的第一局當天上午，哈薩比斯坐在繪有午後天空的牆壁前面，他表示 AlphaGo 未來很快還會變得更強大。他的研究員正在建造一套可以完全自行掌握棋賽的版本。有別於原始版本的AlphaGo，新版本不需要透過分析職業棋手的技術來入門。哈薩比斯說道：「它愈來愈不需要依靠人類的知識。」純然透過試誤的學習過程，它不只能精通圍棋，同時還包括其他的棋類，例如西洋棋與古老東方的另一項棋藝將棋。藉由這樣的系統——可以自我學習多種不同工作的綜合型人工智慧——深度學習能夠改變許多科技與產業的風貌。正如哈薩比斯所言，此一科技能夠幫助管理數據中心的資源、電網，以及加速科學的研發。他再次傳達出深度心智的科技有助強化人類表現的訊息。他指出，這一點由柯潔的比賽就可以看出來。和全球其他的頂尖棋手一樣，這位中國大師現在也在模仿AlphaGo的棋路。他的棋藝因為向AlphaGo學習而有所精進。

打從一開局，柯潔就是在模仿AlphaGo的棋路，以它所創造的「點三三」（3-3 point）開局。但結局卻是無庸置疑。身著一套黑色西裝，打著亮藍色領帶，戴一副黑框眼鏡，十九歲的柯潔在下棋時有一個習慣，在思考下一步棋時會以手指玩弄頭髮，用拇指與食指來輪流纏繞一綹頭髮。如今，在烏鎮的大禮堂內，為期三天的棋賽中，他至少玩弄頭髮超過十二小時。在輸掉第一局後，他說AlphaGo「就像圍棋之神」。之後他又連輸兩局。當李世乭在韓國落敗時，世人同聲慶祝人工智慧與人類的成就。然而此時柯潔輸掉棋賽，卻是中國當局最不想看到的結局——西方在邁向未來的比賽中居於領先的位置。AlphaGo 不僅獲勝，它贏的可是中國圍棋大師。在第一局與第二局之間，施密特還以居高臨下的姿態對中國與其最大的網際網路公司說教了三十分鐘。

兩個月後，中國國務院宣布一項計畫，要在二〇三〇年以前成為人工智慧的全球領頭羊，超越所有的競爭對手，包括美國，創造一個總值逾一千五百億美元的國內產業。中國當局把人工智慧的研發視為其阿波羅計畫，準備在產界、學界和軍事方面進行大量投資。兩位參與此一計畫的大學教授告訴《紐約時報》，AlphaGo 與李世乭的棋賽引發了中國的史普尼克危機。

中國的計畫與歐巴馬政府在卸任前所擬定的一項藍圖相互呼應，兩者之間幾乎是系出同門。不同之處是中國政府已投下鉅資，有一個市政府已承諾要投資六十億美元。另一個不同之處是中國的計畫不曾因為新政府上台而被迫放棄，就像歐巴馬的計畫被川普政府拋棄一樣。中國是以協調產官學的全面性策略來推動人工智慧的發展，然而美國的新政府卻是將責任丟給產業界。谷歌在此一領域是首屈一指，美國其他企業與其差距也是有限，然而若就整體來看，難以確定光靠產業來推動人工智慧會造成何種影響。畢竟，已有太多人工智慧人才進入產業界，學術界與政府已跟不上腳步。「美國的隱憂是中國在研發方面投下的資金超過他們，」辛頓說道，「美國卻是在刪減基礎研究的經費，等於是在吃老本。」

可以確定的是，谷歌在前進中國這條道路上成果有限。那一年稍晚，李飛飛在上海的一項活動中為她的谷歌人工智慧中國中心（Google AI China Center）揭幕，她的公司在繼續推動TensorFlow，派遣工程師出席一些民間活動，教導業界與大學的研究人員學習此一軟體。不過谷歌仍需要政府批准才能在中國推出新的網際網路服務。然而中國已經有自己的搜尋引擎、自己的雲端運算服務、自己的人工智慧實驗室，甚至也有自己的 TensorFlow，叫作飛槳（PaddlePaddle），是由百度開發的。

施密特在烏鎮發表談話時，顯然是低估了中國人。中國主要的科技公司——以其整個國家作為後盾——程度之高與潛能之雄厚都超過他的理解。他不該輕率地告訴這個國家它需要谷歌與 TensorFlow。不過他現在也了解，推動此一科技平台的普及化——是建立與執行人工智慧服務的基本之道——遠比過去更為重要。不僅對谷歌重要，對於美國以及與中國間日趨激烈的經濟戰，更是具有關鍵性的作用。「社會中所謂的傳統力量一直沒弄懂一件事，即是美國從全球性的平台獲益良多。不論是網際網路、電子郵件、安卓、iPhone 等等，這些全球性的平台都是在美國建造的。」施密特說道。如果一家公司，或是一個國家，控制這些平台，就表示控制在此一平台上運作的所有一切。像谷歌所創造的 TensorFlow 就是最近的一個例子。「現在是全球平台的競爭，因此由美國所發明的平台也更顯重要。平台是為未來的創新奠定基礎。」

***

在烏鎮棋賽結束沒多久，陸奇就加入百度。他在這兒做到了原本在微軟想做的事：製造自動駕駛車。百度發動這項計畫要比谷歌落後好幾年，不過陸奇堅信他們的自動駕駛車會領先這位美國競爭對手上路。這並非因為百度擁有更好的工程師或是更先進的技術，而是因為百度是在中國製造自動駕駛車。在中國，政府與產業界關係密切。陸奇身為百度營運長，與中國五座城市當局合作，將這些城市打造成可以供百度自動駕駛車行駛的地方。「我毫無懷疑，自動駕駛車在中國會比在美國更早達到商業化。中國政府視此為推動中國汽車產業大躍進的機會，」他在一次定期返回美國的旅程中向記者表示，「鼓勵投資是一回事。但是實際與企業界合作，打造政策制度環境是另一回事。」他以他慣用的哲理式英語解釋，目前街道上的交通號誌是讓自動駕駛車感應器用來導航的基礎設施，感應器就像人類的雙眼。不過這樣的情況即將改變，而且在中國改變的速度最快。他指出，未來，車子的感應器將是雷射光學雷達、雷達與攝影機，交通號誌都會經過重新設計來適應這些感應器。

他表示，中國還有一項優勢，就是數據。他解釋，在每一個社經時代都有一項主要的生產途徑。在農業時代是土地。「不論你有多少人，不論你有多聰明，如果你沒有土地，你就無法生產。」在工業時代，是勞工與設備。在這個新時代，則是數據。「沒有數據，你就不能建造語音識別器。不論你有多少人都不行。你或許有一百萬名絕頂聰明的工程師，但是你依然無法建造能夠了解語言與進行對話的系統。你也無法建造像我現在這樣可以辨識影像的系統。」中國將在這個時代稱霸，因為擁有的數據最多。由於中國的人口龐大，因此能夠產生更多的數據；同時由於中國對於隱私權的態度與處理方式有所不同，因此能夠蒐集大量數據。「人們對隱私權的敏感度相對較低。隱私權是普世價值，但是中國的政策制度有所不同，因此處理方式也不同。」

儘管中國大型企業與大學的科技發展目前仍落後美國對手——這仍是一個具有爭議的話題——但是其間差距並不重要。拜辛頓與楊立昆等西方科學家對學術界的影響之賜，美國大型企業都將他們大部分的重大創意與方法公諸於世，甚至分享軟體。任何人都可以接觸這些創意、概念、方法與軟體，包括在中國的任何人。最終，東方與西方的最大差距就在於數據。

對陸奇而言，這一切代表中國不僅會率先生產自動駕駛車，同時也能領先世界發現癌症療法。他相信，這些都在於數據。他說：「我從來沒有一絲懷疑。」

# 第十五章
# 偏執

「谷歌相簿，你們全搞砸了。我的朋友不是大猩猩。」

二〇一五年六月的一個週日，賈基·艾辛尼（Jacky Alciné）坐在與弟弟共用的房間，瀏覽有關黑人娛樂電視大獎（Black Entertainment Television Awards）的一長串推特文。他們的公寓位於布魯克林的皇冠高地（Crown Heights）區，沒有有線電視，因此他無法觀賞頒獎實況，不過至少可以經由他的筆記型電腦閱讀推特的即時推文。他正在吃一碗飯，一位朋友發給他一個網路連結，是她上傳到新版谷歌相簿服務的一些快照。艾辛尼是一位二十二歲的軟體工程師，以前也曾用過這項服務，但是他並沒有用過幾天前才推出的新版本。新版的谷歌相簿能夠分析你的快照，根據每張照片中的內容將照片自動分類在數位資料夾底下。例如有一個資料夾是「狗」、另一個是「生日派對」，第三個是「海灘之旅」。使用者可以據此搜尋與瀏覽相片。如果你輸入「墓碑」，谷歌就會自動找到所有含有墓碑的相片。當艾辛尼點開連結，打開這項服務，他發現他自己所有的相片都已重新分類，其中有一個資料夾名稱是「大猩猩」。他對這個資料夾摸不著頭緒，於是他打開資料夾，打開後赫然發現是他一年前在附近遠景公園（Prospect Park）的音樂會為他朋友所拍的大約八十張相片。他的朋友是一位非裔美國人，而谷歌卻將她分類為「大猩猩」。

如果谷歌只弄錯一張相片，他還可以不追究。但現在卻是八十張相片。他於是截圖並且上傳到推特，他視推特為「全球最大的自助餐廳」，是一個任何人都可用任何事情來引起注意的空間。「谷歌相簿，你們全搞砸了，」他寫道，「我的朋友不是大猩猩。」谷歌的一位員工幾乎是立刻對他發出訊息，要求存取他的帳戶，好讓公司知道哪裡出錯了。谷歌在媒體上連續幾天不斷道歉，表示會立即採取行動確保不會再發生這種事情。它直接從服務中移除「大猩猩」這個標籤，並且維持這個狀態好幾年。五年後，該項服務依然不讓人以「大猩猩」為關鍵字來搜尋相片。

問題在於谷歌以數千幅大猩猩的相片教導神經網路辨識大猩猩，卻忽略了其中的副作用。神經網路能學到的東西絕不止工程師人力所及能寫入的程式碼，但是在訓練這些系統時，工程師有責任挑選最適合的數據輸入。同時，在訓練結束後，即使工程師的挑選十分嚴謹，他們也無法全然理解神經網路所學到的東西，因為訓練的數據與計算規模實在太大。艾辛尼本身就是一位軟體工程師，他了解這樣的問題。他將這個問題比喻為製作義大利千層麵。「你如果先將配料混在一起，整個就毀了，」他說道，「人工智慧也是這樣。你必須十分精準地掌握你所輸入的東西，否則就很難消除。」

＊＊＊

谷歌大腦團隊在二〇一二年夏天貓咪論文發表後曾拍了一張團體照，照片中，當時已正式成為該實驗室（六十四歲）實習生的辛頓與狄恩拿著一幅超大的貓咪數位影像。此外，還有十幾位研究人員圍繞在他們四周，其中一位是麥特・塞勒，是個身著黑色短袖馬球衫、褪色藍色牛仔褲的年輕人，臉上掛著開朗的笑容，一頭亂髮，下巴有好幾天未刮的鬍渣。塞勒在該年夏天成為谷歌大腦的實習生之前，是在紐約大學的實驗室攻讀深度學習。一年後，他追隨辛頓、克里澤夫斯基與蘇茨克維的腳步，贏得 ImageNet 大賽。許多人因此視他為人工智慧領域的搖滾明星。艾倫・尤斯塔斯打電話給他，承諾高薪聘請他來谷歌，但是根據塞勒後來經常向記者提起的，他拒絕了尤斯塔斯的邀約而自行創設公司。

他的公司稱作克萊瑞菲（Clarifai）。這家公司位於紐約市的一間小辦公室內，就在紐約大學深度學習實驗室附近，主要是研發可以自動辨識數位影像中物體的科技，例如在零售網站上搜尋鞋子、服飾與皮包的相片，或是辨識保全攝影機影片的人臉。該公司的目的是複製谷歌與微軟等科技業者過去幾年在人工智慧實驗室內所建造的影像辨識系統——然後出售給其他企業、警局與政府機構。

二〇一七年，公司成立四年後，黛博拉．拉吉（Deborah Raji）坐在克萊瑞菲位於曼哈頓下城辦公室的桌前。一盞刺眼的日光燈照在她、她的桌子、角落的啤酒冰箱與其他二十來歲的人身上，他們都戴著耳機盯著面前超大尺寸的電腦螢幕。拉吉看著一片都是人臉的螢幕——公司用來訓練臉部辨識軟體的臉孔。她一頁一頁地瀏覽這些人臉，發現一個問題。拉吉是出生於渥太華的二十一歲黑人女性，她發現大部分的影像——超過百分之八十——都是白人，更令人驚訝的是，其中百分之七十的白人都是男性。拉吉心想，當公司以這些數據訓練其系統時，或許可以成功辨識白人，但是卻難以辨識有色人種，很可能在辨識女性時也會有問題。

這個問題是一通病。塞勒與克萊瑞菲也在建造所謂的「內容節制系統」，這是可以自人們上傳至線上社交網路如浩瀚大海的影像中，自動辨識與移除色情圖像的工具。該公司是以兩套資料來訓練其系統：自線上色情網站下載的數千張猥褻圖像；向影像資料庫所購買的數千張G級圖像（成年與兒童都適於觀看的級別）。公司的做法是讓他們的系統學習辨識色情圖像與一般圖像間的區別。問題是G級的圖像都是白人，然而色情圖像卻不是。拉吉很快就意識到此一系統等於在學習把黑人辨識為色情狂。「我們用來訓練這些系統的數據十分重要，」她說道，「我們不能盲目選擇我們的資料來源。」

此一問題的根由可以回溯到好幾年前，至少是某人為克萊瑞菲挑選輸入神經網路的影像數據庫服務的時候。這是一個現今眾多流行媒體都須面對的課題：資料的同質性。對拉吉而言，人工智慧的研究人員用這類數據來訓練自動化系統只會使得問題更為擴大，這是顯而易見的風險。然而對於該公司的其他人員來說卻非如此。選擇這些訓練資料的人——塞勒與他所僱用的工程師——大部分都是白人男性。由於他們都是白人男性，因此也不了解他們挑選的資料有所偏差。谷歌的大猩猩事件理應成為該業界的警鐘，然而事實並非如此。

結果要靠另一名黑人女性將此一根本問題帶上檯面。在史丹佛大學跟隨李飛飛攻讀人工智慧的蒂姆尼特・蓋布魯（Timnit Gebru）是一對厄利垂亞（Eritrea）裔夫婦在衣索比亞生下的女兒，他們後來移民到美國。在一次NIPS年會上，蓋布魯走進大廳，準備發表第一場演講，她看到觀眾席上有數百人，一排一排地都是臉孔，她發現其中儘管有一些東亞人、印度人與若干女性，其他大部分都是白人男性。那一年的會議有逾五千五百人參加，然而根據她的統計只有六位黑人，都是她認識的，而且都是男性。這可不是美國或加拿大的會議，這是在巴塞隆納舉行的大型國際會議。拉吉在克萊瑞菲所發現的問題，如今已蔓延到整個產業界與學術界。

蓋布魯返回帕羅奧圖後，將她所見的告訴她丈夫，她決定不能置之不理。返家的當天晚上，她盤腿坐在沙發上，面前是筆記型電腦，她在臉書上發表了一篇有關此一問題的短文：

> 我並不擔心機器會接管世界，我擔心的是人工智慧社群內的群體迷思、狹隘的思維與傲慢的態度，尤其是在當前該領域備受矚目，而且各界對其人才需求熱烈之際。這些情況已經造成問題，我們必須警覺。我們使用機器學習來判斷誰應承擔較高的利率；誰「更有可能」犯罪，因此需要相對嚴厲的刑罰；誰又應該被視

為恐怖分子等等。但是我們視為理所當然的一些電腦視覺演算法只適用於特定外貌的人身上。我們無須臆測未來會造成什麼大損害，人工智慧只是為全球人口中的一小部分服務，人工智慧的創造者更是世界人口中極其細小的一部分。世界人口中的某部分反而受其傷害。這並非只是因為演算法對他們不利，同時也因為他們的工作被自動化所取代。這些人被取代他們工作的領域排除在外，進不了此一領域領取高薪。我聽過許多人談論多樣化，有如那是某種慈善活動一樣。我看過公司，甚至個人以多樣性作為公關的幌子，光說不練。究其原因，在於這是一句流行語，「我們重視多樣性」是你本就該說的。我們需要把人工智慧視為一個體制，創造此一科技的人是這體制不可或缺的一部分。如果許多人被排除在創造人工智慧的過程之外，此一科技僅會讓少數人獲利，卻會對無數人造成傷害。

此一迷你宣言在社群內廣為傳播。幾個月後，蓋布魯成立一個組織稱作黑人人工智慧（Black in AI）。在取得博士學位後，她接受谷歌的聘僱。第二年與之後的每一年，黑人人工智慧都會在NIPS舉行自己的研討會。到了這時候，NIPS已不再稱作NIPS。在許多研究人員抗議此一名稱有歧視女性之嫌後，會議主辦單位將其改名為NEURips。

蓋布魯有一位學術界的合作夥伴，是位年輕的電腦科學家，名叫喬艾・布蘭維尼（Joy Buolamwini）。她是麻州劍橋市麻省理工學院的研究生，最近才在英國完成羅德獎學金（Rhodes Scholarship）的進修課程。布蘭維尼生長於學術世家，她的祖父是藥物化學家，父親也是。她出生於加拿大亞伯達省的愛德蒙頓，這是她父親完成博士學業的地方。她的童年是隨著父親到各地從事研究工作而度過的，包括非洲與美國南部。一九九〇年代中期，還在念小學的她去參觀父親的實驗室，他表示他正在研究與藥物發展有關的神經網路——她當時根本不知道這是什麼意思。她在大學本科攻讀的是機器人學與電腦視覺，後來她投身於臉部識別科技的研究，因此也接觸到神經網路，不過是以另一種方式進入此一領域。有一些文章指出，拜深度學習之賜，臉部識別科技已接近成熟，然而她在使用之後，深感並非如此。她並將這樣的質疑作為她論文的主題。「這並不只是關於臉部分析科技，同時也是對於臉部分析科技的評價，」她說道，「我們應該如何定義進步？由誰來決定進步的意義？我認為重點在於標準，即我們以何種標準來評定進步，然而這套標準有可能會造成誤導，可能因為抽樣不足嚴重缺乏代表性而形成誤導。」

那年十月，一位友人邀請她到波士頓與其他幾位女性朋友過夜。這位友人提到：「我們會去用面膜（mask）。」她指的是到當地美容休閒中心使用護膚面膜，但是布蘭維尼卻以為是指萬聖節的面具。於是當天早晨她帶了一副萬聖節的白色塑膠面具來辦公室，幾天之後，這副面具還一直躺在她的桌子上，而她則是一頭栽入一項課程計畫之中。她想讓一套臉部偵測系統來追蹤她的面孔，然而她多方嘗試卻都無法成功。她在沮喪之餘將桌上的白色面具戴在臉上。她都還沒完全戴上去，系統突然就能夠辨識她的臉了——或者至少它能辨識白色面具。「《黑皮膚，白面具》。」（*Black Skin, White Masks*）她說道，她引用的是精神病學家法蘭茲・法農（Frantz Fanon）一九五二年所出版批判歷史上的種族主義之著作。「這個隱喻竟然成為現實。你必須符合一個標準，然而這個標準卻不是真正的你。」

布蘭維尼於是開始研究各家分析臉部、識別如年齡與性別等特性的商用系統，包括微軟與ＩＢＭ的產品。在谷歌與臉書將他們的臉部識別科技置於智慧型手機ＡＰＰ上的同時，微軟與ＩＢＭ也加入克萊瑞菲的行列，對企業與政府機構提供類似的科技。布蘭維尼發現當這些系統辨識淺膚色男性相片時，性別錯誤率大約只有百分之一，但是隨著膚色愈深，錯誤率就大幅升高，尤其是在識別深色皮膚的女性方面。微軟的錯誤率大約是百分之二十一，ＩＢＭ是百分之三十五。

她在二〇一八年冬季發表論文，立刻引來各方對臉部識別科技的撻伐，尤其是在政府執法方面的應用，風險在於此一科技可能會誤將某些群體識別為潛在的罪犯。有些研究人員指出，要適當控制這類科技的運用，就必須要有政府法規的監管。在批評聲浪高漲之下，大型科技業者別無選擇，只有順應民情。面對這份出自麻省理工學院的研究論文，微軟法務長表示有鑑於可能會不合理地侵害人權，該公司已拒絕對執法單位出售此一服務，他同時公開呼籲政府應加強監管。二月，微軟宣布支持華盛頓州的一項法案，即如果使用臉部識別科技，必須在公共空間張貼警示，同時政府機構若是要以此一科技搜尋特定人物，必須事先取得法院命令。儘管該公司並沒有支持其他更為嚴格的相關立法，至少態度已有所改變。

仍在克萊瑞菲的拉吉，注意到布蘭維尼在種族與性別偏見方面的相關研究，於是主動聯絡，雙方開始建立合作關係，最終拉吉也來到麻省理工學院。她們開始測試美國第三家大型科技巨擘的臉部識別科技：亞馬遜。亞馬遜早已跨越其線上零售的老本行，在雲端運算居於獨霸的地位，同時也在深度學習占有一席之地。該公司最近已開始以亞馬遜辨識（Amazon Rekognition）的旗號對警局與政府機構銷售其臉部識別科技，初期客戶包括在佛羅里達州的奧蘭多警察局與奧勒岡州的華盛頓郡警長辦公室。不久之後，布蘭維尼與拉吉發表最新的研究報告，顯示亞馬遜的臉部識別服務在識別女性與深色皮膚的臉孔方面也有問題。根據這份研究報告，亞馬遜此一臉部識別服務在百分之十九的情況下會把女性誤認為男性，在百分之三十一的情況下會把深色皮膚女性誤認為男性。在辨識淺色皮膚的男性方面，其錯誤率是零。

但是亞馬遜的回應方式與微軟、IBM大不相同。該公司也呼籲政府立法監管臉部識別，卻沒有配合布蘭維尼、拉吉以及她們的研究，反而是私下以電子郵件與公開在部落格發文進行攻擊。「面對世人對新科技的焦慮，回應之道並不是針對該服務的設計與應用進行一些前後不一致的『測試』，而是透過新聞媒體用渲染與誇大虛假的研究結果來誤導大眾。」亞馬遜高層主管麥特．伍德（Matt Wood）在部落格撰文批評此一研究報告以及報導此項研究的《紐約時報》。亞馬遜此舉乃是其根深蒂固的企業哲學使然。該企業集團堅決抗拒外界的聲音影響其信念與態度。但是在駁斥這份研究報告的同時，亞馬遜也等於在躲避一個確實存在的問題。「我終於了解，當你是一家上兆美元的大公司，你大可不必堅持真理，」布蘭維尼說道，「你就是一個街頭惡霸，什麼都是你說了算。」

* * *

到了這時候，梅格·米契爾已在谷歌成立一支團隊，專注於「人工智慧倫理」。她曾參與微軟研究實驗室早期的深度學習研發工作，她之所以受到相關社群的注意是她接受彭博新聞社的訪問時表示，人工智慧領域面臨「陽盛陰衰」的問題。據她估計，過去五年來她曾與數百位男性共事，然而與她共事的女性卻只有十位。「我真心認為性別會影響我們提出的問題類型，」她說道，「你把你自己置於一個目光短淺的地位了。」米契爾與後來也加入谷歌的蓋布魯都屬於一股正在增長的力量，致力於為人工智慧制定穩固的倫理框架，監督偏見、監控與愈來愈多的自動化武器。谷歌還有一位職員，梅瑞迪絲·惠特克（Meredith Whittaker），是該公司雲端運算團隊的產品經理，她幫助紐約大學設立一個相關的研究組織。包括谷歌、臉書與微軟在內的多家企業也聯合成立一個組織，稱作人工智慧夥伴關係（Partnership on AI）。另外，生命未來研究所（由麻省理工學院的馬克斯·鐵馬克所成立）與人類未來研究所（Future of Humanity Institute，由牛津大學的尼克·博斯特隆姆所設立）等組織也關注人工智慧倫理的議題，不過他們主要是聚焦於遙遠未來的生存威脅。新一代的倫理學家強調的則是更為立即的議題。

對米契爾與蓋布魯來說，偏見是屬於科技業界更大層面的問題範疇內。在整個科技領域，女性都難以發揮其影響力，她們在職場必須面對歧視，有時甚至是騷擾。在人工智慧領域，此一問題更是嚴重，而且潛在的危險性也更高。有鑑於此，她們對亞馬遜寫了一封公開信。

她們在信中駁斥伍德與亞馬遜對布蘭維尼與拉吉的攻擊。她們要求亞馬遜必須檢討該公司的做法。她們也指責亞馬遜呼籲政府監管只是表面功夫。「目前沒有法律或標準能夠確保亞馬遜辨識系統不致造成民權的侵害，」她們寫道，「我們要求亞馬遜停止對執法單位販售亞馬遜辨識。」這封信獲得來自谷歌、深度心智、微軟與學術界二十五位科學家的連署，其中一位是班吉歐。「我們獨力對抗這家大公司時，我們擔驚受怕，」拉吉說道，「不過現在有社群捍衛我們的研究，實在讓我們暖心。我覺得不再只有我和喬艾來對抗亞馬遜。是整個研究圈——鐵錚錚的科學研究——對抗亞馬遜。」

第十六章

# 武器化

「你們大概聽過伊隆・馬斯克有關人工智慧會引發第三次世界大戰的言論。」

二〇一七年秋天，克萊瑞菲位於曼哈頓下城辦公室角落的一間房間，窗戶全都用紙糊住，門上有一個牌子寫著「消失的密室」（The Chamber of Secret），引用的是《哈利波特》（*Harry Potter*）系列的第二集書名。這個牌子是用手寫的，掛得有些歪歪斜斜。在門後有個八位工程師組成的團隊，正在進行一項他們被禁止對公司其他同事談起的計畫。其實，即使是他們自己也不太清楚所從事的計畫是什麼。他們知道是在訓練一套系統，使其能夠自動辨識在沙漠中某處所拍攝影片裡的人物、汽車與建築物，但是他們不知道要如何使用此一科技。當他們詢問時，公司的創辦人暨執行長塞勒會解釋，這是政府有關「監視」的計畫。他說此一計畫可以「拯救生命」。

後來克萊瑞菲搬到較大的辦公室，幾位工程師發掘儲存在公司內部電腦網路的數位檔案，發現有幾個檔案談到一筆政府合約，他們的工作才浮現檯面。他們是為國防部的專家計畫（Project Maven）研發相關科技。該計畫的構想是建造一套系統，可以為無人機辨識攻擊目標。但是此一系統的確切用途仍不明朗。他們無法確定此一科技是用來殺戮，還是如塞勒所說的是為了避免殺戮。也無法確定這套系統是用來進行自主性的空襲行動，還是為人類操作員扣下扳機前提供資訊。

接著，在二〇一七年末的一個午後，三名身著平民服裝的軍方人員走進克萊瑞菲的辦公室，與幾位工程師關室密談。他們要知道此一科技的精確度有多高。他們先是詢問它能否辨識像清真寺這樣的特殊建築物。他們表示，恐怖分子與叛亂分子往往會利用清真寺作為軍事總部。他們然後又問道它能否區分男人與婦女。「你是什麼意思？」一位工程師問道。軍方人員解釋，在曠野之中，它應該能夠根據男人兩腿間隙來分辨男人（都是穿著褲子）與婦女（都是穿著長及腳踝的裙子）。他們表示，他們只准許射殺男人，不能殺婦女。「有時候男人會穿長裙來騙我們，不過沒有關係，」一位軍方人員說道，「我們還是會幹掉這些混帳東西。」

＊＊＊

二〇一七年八月十一日，週五，美國國防部長詹姆士・馬提斯（James Mattis）坐在谷歌山景城總部會議室的桌前。會議桌上有插著白梔子花的花瓶，靠著翠綠色牆壁的窗台上有四壺咖啡，旁邊是幾盤糕點。他對面坐著新上台的谷歌執行長皮采，還有布林、法律總顧問肯特・華克，以及人工智慧部門的主管約翰・吉安南德雷亞，他就是把四萬片GPU板置入谷歌數據中心來加速人工智慧研發的功臣。會議室內還有其他一些人，包括幾名國防部的人員與谷歌雲端運算團隊的主管們。國防部的人員大都穿西裝打領帶。谷歌的與會者大都穿著西裝，但沒有打領帶。布林則是穿著一件白色T恤。

馬提斯正在進行西海岸巡迴考察，參訪矽谷與西雅圖的多家大型科技業者，主要是代表五角大廈探詢專家計畫的採行選項。國防部是在四個月前發動專家計畫，旨在加速國防部「對大數據與機器學習的使用」。該計畫又名「演算法作戰跨職能團隊」（Algorithmic Warfare Cross-Functional Team）。此一計畫的推動有賴像谷歌這類的企業支持，因為它們近幾年來已累積了建造深度學習系統所需的專業與基礎架構。這也是五角大廈建立新科技的典型方法——與民間企業合作——但是現在的情況與過去有所不同。谷歌與其他科技業者掌握了美國人工智慧的人才，然而它們都不是傳統的軍事承包商。它們是才開始涉足軍事相關領域的消費性科技業者。不僅如此，川普現在已入主白宮，使得這些公司的員工更加警惕政府的計畫。谷歌對其中的緊張態勢尤其敏感，這是因為該公司特有的文化允許——甚至鼓勵——員工說出自己的看法、做他們喜歡做的事，而且通常在工作場所的行為表現就和在家裡一樣。這樣的文化源自該公司的草創初期，布林與佩吉的成長歲月是在崇尚自由思想的蒙特梭利（Montessori）學校度過的，他們將這樣的思想帶入谷歌。

專家計畫所造成的緊張情勢尤其高亢。許多主持谷歌深度學習研發工作的科學家都反對自主性武器，包括辛頓與深度心智的創辦人。但是根據了解，谷歌的最高層卻希望能與國防部合作。谷歌董事長施密特同時也是國防創新委員會（Defense Innovation Board）的主席，這是由歐巴馬政府成立的民間組織，旨在促進矽谷的新科技加速移轉至國防部。在該委員會最近一次會議中，施密特表示在矽谷與國防部之間有一道「顯著的鴻溝」，該委員會的任務就是弭平此一差距。谷歌高層同時也視與軍方合作為其發展雲端事業的另一契機。其實該公司暗中已和國防部建立合作關係。在五月的時候，也就是專家計畫發動一個月後，谷歌一支團隊與國防部官員會面，而在第二天谷歌就向政府申請在自家電腦伺服器儲存軍事數據的許可證。但是三個月後馬提斯來到谷歌總部商討相關科技時，他知道必須動用一些技巧才能引導其中的關係傾向他這一邊。

馬提斯表示他已深刻了解該公司科技在戰場上的威力。畢竟，美國的敵人都是使用谷歌地球——以衛星影像組合而成的互動式世界數位地圖，來辨識迫擊砲的目標。他強調美國應該加強作戰能力。現在，在專家計畫下，國防部不僅要發展人工智慧，能夠閱讀人造衛星的照片，同時還要能夠分析無人機在更接近戰場的位置所捕捉到的影片。馬提斯盛讚谷歌「在科技業界的領先地位」與「企業責任上的崇高聲譽」。他表示，這就是他來這兒的一個主要原因。他十分關切人工智慧的道德倫理問題。他表示該公司應該讓國防部「感到如芒在背」——以此來反制其傳統的態度。他說道：「國防部歡迎你們的理念。」

在桌子另一側的皮采表示，谷歌經常在思考人工智慧的倫理問題。他指出，愈來愈多的壞人會使用這類科技，因此讓好人領先是重中之重。馬提斯問谷歌能否將一些道德與倫理下的規則予以編碼輸入系統之內——谷歌人員心知肚明這是一個不切實際的選項。主持谷歌人工智慧研發工作的吉安南德雷亞強調，這些系統最終都需仰賴其訓練數據的品質。但是谷歌的法律總顧問華克採用不同的說詞。他表示，這些科技具有拯救生命的巨大潛能。

九月底，在馬提斯造訪谷歌總部的一個多月後，谷歌簽下參與專家計畫相關工作為期三年的合約，總值在二千五百萬美元到三千萬美元之間，其中一千五百萬美元必須在頭十八個月內付清。對谷歌來說，這只是一筆小數目，而且其中一部分還必須與其他參與合約的人分享，不過該公司著眼的是放長線釣大魚。就在同一個月，國防部邀請美國企業參與ＪＥＤＩ的競標，這是聯合企業防禦架構（Joint Enterprise Defense Infrastructure）的縮寫，是一筆為期十年、高達一百億美元的合約，主要是提供國防部應用核心科技所需的雲端運算服務。問題在於谷歌爭取ＪＥＤＩ合約時，是否會公開其參與專家計畫與未來其他可能的政府合約的事實。

在馬提斯參訪谷歌總部的三週後，生命未來研究所發表了一封公開信，呼籲聯合國禁止他們所謂的「殺手機器人」（killer robot），這是對自主性武器的另一個稱呼。「針對企業界製造的人工智慧與機器人科技可能會被重新利用發展自主性武器，我們特別覺得有責任提出警告，」公開信寫道，「致命的自主性武器極有可能引發戰爭型態的第三次革命。一旦發展出來，軍事衝突的規模勢必遠大於過去，而且發動速度之快也將遠超過人們的理解。」該封公開信獲得人工智慧圈內逾百人的簽署，包括不時對超智慧威脅發出警告的馬斯克，此外還有辛頓、哈薩比斯與蘇萊曼。蘇萊曼認為，這些科技需要一種新型態的監管。「是誰在做未來有一天將會影響這個星球數十億人口的決策？又是誰在參與此一決策過程？」他問道，「我們必須分散此一決策過程的參與者，這也代表監管人士必須在一開始就參與決策——政策制定者、公民社會行動人士，以及我們這些科技服務的對象——應該讓他們深入參與我們產品的創造與了解我們的演算法。」

九月，谷歌準備簽下專家計畫的合約，負責審查該協議的銷售人員相互以電子郵件討論公司是否該將合約公開。「我們應該宣布嗎？我們能談論報酬嗎？我們提供給政府的指示是什麼？」谷歌一位人員寫道，「如果我們保持沉默，我們就無法控制相關的訊息。這對我們的品牌形象沒有好處。」他最終認為谷歌應該發布此一新聞，其他人也同意。「這個消息最後一定會流出去，」另一位谷歌人員寫道，「還不如照我們自己的方式發布。」這樣的討論持續了好幾天，期間某人說服了李飛飛。

李飛飛為這項合約喝采。「我們即將拿到專家計畫實在太棒了！這是一個了不起的成就，」她寫道，「你們的表現太好了！謝謝你們！」但是她也提醒在宣傳時必須格外謹慎。「我認為我們應從一般雲端科技的角度，就國防部與ＧＣＰ間的合作來進行公關活動，」她寫道，她所謂的GCP指的是谷歌雲端平台（Google Cloud Platform），「不過要不惜代價避免提到人工智慧，或是有任何相關暗示。」她知道媒體界一定會質疑該計畫的道德倫理問題，即使只是因為馬斯克挑起過這個話題：

> 人工智慧武器化就算不是人工智慧現今最敏感的議題，也是最敏感的之一。媒體界都等不及利用這個議題來打擊谷歌。你們大概聽過伊隆・馬斯克有關人工智慧會引發第三次世界大戰的言論。媒體界現在都十分關注人工智慧武器、國際競爭，以及人工智慧可能造成的地緣政治緊張情勢。谷歌在人工智慧與數據方面已經有一些與隱私相關的議題需要處理，如果媒體界又找到谷歌正在發展人工智慧武器或是為國防產業提供可以武器化的人工智慧科技話題，我真不知道還會演變成什麼樣子。谷歌雲端二〇一七年的主題就是在於推動人工智慧的民主化。黛安與我經常討論該事業中人工智慧的人道主義思想。我會超級謹慎維護這些正面的形象。

谷歌到頭來並未宣布這項計畫，並且還要求國防部也不要公開。即使是公司內部人員也必須靠自己才能知道這項計畫。

＊＊＊

俯瞰一〇一號高速公路——直穿矽谷心臟的八線道國道——的一號機庫（Hangar One），它是地球上最大的獨立式建築之一，建於一九三〇年代，當初是為美國海軍停放飛船之用，這是一座鋼鐵製的巨無霸農倉，高度近二百英尺，面積逾八英畝，可以容納六座足球場。它屬於莫菲特機場（Moffett Field）的一部分，這是有一百年歷史的航空軍事基地，座落於山景城與桑尼維爾（Sunnyvale）之間。莫菲特機場為美國國家航空暨太空總署（ＮＡＳＡ）所有，後者在一號機庫設有一座研究中心，但是它把該座軍事基地的大部分出租給谷歌使用。谷歌則是利用這座舊式的鋼鐵機庫測試未來可在空中提供網際網路服務的氣球。此外，谷歌的高層，包括佩吉、布林與施密特的私人飛機多年來都是利用這兒的跑道進出矽谷。

新成立的谷歌雲端總部座落於莫菲特機場的南端，有三棟建築物圍繞著一個綠草如茵的庭園，庭園內有野餐桌椅，供谷歌員工午餐使用。其中一棟建築是谷歌的先進解決方案實驗室（Advanced Solutions Lab），這是該公司為其頭號客戶提供科技客製化研發服務所在。十月十七日與十八日，在這棟建築裡，谷歌高層人員與國防部副部長派崔克・夏納翰（Patrick Shanahan）及其幕僚商討谷歌在專家計畫中所扮演的角色。和國防部其他許多高層一樣，夏納翰視此一計畫是邁向更大規模戰略的第一步。他一度表示：「若是沒有內建的人工智慧能力，國防部的任何計畫根本就不應該繼續進行。」至少對於籌劃此一合約的谷歌人員來說，長期而言，在此合約中，谷歌應是具有舉足輕重的地位。

但是，谷歌首先必須開發所謂「氣隙」（air gap）系統的軟體——一部電腦（或是電腦網路）若是由氣隙系統所包圍，就會與其他任何網路隔離。要將數據輸入這類系統的唯一方法就是透過某種實體裝置，例如隨身碟。顯然五角大廈會把無人機拍到的影片載入這套系統，而谷歌需要取得這些資料以輸入神經網路。這也代表谷歌無法控制這套系統，甚至根本搞不清楚如何使用這套系統。十一月，由九名谷歌工程師組成的一支團隊奉命為此一系統開發軟體，但是他們根本沒有著手進行。在了解這套系統的目的之後，他們拒絕參與其中。

新年之後，有關此一計畫的消息在公司內部不脛而走，關切谷歌正在幫助國防部發動無人機攻擊的聲浪不斷升高。二月，九名工程師用一篇貼文表達他們的看法，藉由公司內部的社交網路谷歌＋（Google+）傳遍全公司。具有相同觀點的員工熱烈支持他們，並且稱讚他們為「九人幫」。在二月的最後一天，雲端團隊產品經理，同時也是紐約大學今日人工智慧研究所（AI Now Institute）創設人的梅瑞迪絲・惠特克，發表一份請願書，要求皮采取消專家計畫合約。今日人工智慧研究所是致力於追求人工智慧倫理最活躍的組織之一。「谷歌，」請願書寫道，「不應涉足戰爭生意。」

第二天，在谷歌的全員大會上，高層告訴員工，專家計畫的合約頂多只有九百萬美元，而且谷歌只從事「非攻擊性」目的的科技開發。但是疑慮持續增長。當天晚上，有大約五百名員工簽署了惠特克的請願書。翌日，又有一千人左右加入他們的行列。到了四月初，谷歌總共有逾三千一百位員工在請願書上簽下自己的名字。與此同時，《紐約時報》發布了一篇有關此一事件的報導。數日後，雲端團隊的高層邀請惠特克加入在全員大會期間商討專家計畫合約的一個小組討論會。在討論會上，惠特克與另外兩位支持合約的谷歌員工進行了三次辯論，在三個不同時區實況轉播。

在倫敦方面，深度心智有一半以上的員工都簽署了惠特克的請願書，蘇萊曼在這場抗議中居功厥偉。谷歌的專家計畫合約直接挑戰他的基本信念。他視谷歌內部這場抗議是歐洲的善感已傳播至美國，從而迫使科技巨擘改變方向的證明。歐洲迅速高漲的民意是促成一般資料保護規範（General Data Protection Regulation，ＧＤＰＲ）設立的主因，這是強制規定企業必須尊重資料隱私權的法律。如今，在谷歌也有一股力量風起雲湧，迫使公司必須重新思考其在軍事方面的經營方向。隨著爭議持續加劇，蘇萊曼敦促皮采與華克盡快制定谷歌應有所為與有所不為的倫理規範。

＊＊＊

五月中旬，一批獨立學者對佩吉、皮采、李飛飛以及谷歌雲端事業的負責人發表一封公開信。「作為學者、學界人士，以及攻讀、教導與發展資訊科技的研究人員，我們與其他的科技從業人員堅定支持谷歌超過三千一百位的員工，反對谷歌參與專家計畫，」公開信寫道，「我們全心全意支持他們要求谷歌撤銷與國防部間的合約，同時敦促谷歌與其母公司字母承諾不會發展軍事科技，也不會將蒐集到的個人資料使用在軍事目的上。」有逾一千位學者都在公開信上簽下名字，包括班吉歐與李飛飛在史丹佛的幾位同事。

李飛飛陷入兩難的局面，一邊是她在科技產業的老闆，一邊則是在學界的同僚。她的困境也反映出近幾年來兩個世界的拉扯與碰撞。原本僅是學界幾十年來一直在胡整瞎弄的科技，如今突然變成全球規模最大與最有權勢的企業巨頭不可或缺的基本盤。它的未來已由各界角逐獲利的欲望所左右。此一議題引發的情緒導致部分人士轉而責怪辛頓沒有發聲表達他的關切。「我已失去對他的尊敬，」在谷哥多倫多實驗室工作的前史丹佛教授傑克．保森（Jack Poulson）說道，他的辦公室就在辛頓的樓下幾層樓，「他什麼都沒說。」不過其實辛頓曾私下勸布林取消合約。

在這封公開信發表後，李飛飛在中文留言板上遭到死亡威脅，她告訴許多人，她擔心自己的安危，並且強調加入專家計畫並非她的主意。「我完全沒有參與申請與接受專家計畫合約的決策，」她後來表示，並且強調她曾在電子郵件中談到馬斯克與第三次世界大戰，「我對銷售團隊的警告是正確的。」五月三十日，《紐約時報》在頭版刊登了一篇相關爭議的報導，開頭先引用她的電子郵件，結果谷歌內部的抗議聲浪更加高漲。幾天後，谷歌高層告訴員工，公司不會續約。

谷歌的最終決定是大規模抵制政府合約熱潮的一部分。克萊瑞菲的員工也起而反對專家計畫。一位工程師在那三位軍方人員到訪後立刻退出這個計畫，其他幾位也分別在數週與數月後辭職。與此同時，微軟與亞馬遜的員工也群起抗議軍事與監視合約，但這些抗議的效果有限。即使是在谷歌，原本高漲的抗議聲浪也終告消散。該公司內部最初反對專家計畫最熱烈的人先後離開，包括惠特克與保森。李飛飛也返回史丹佛。同時，雖說谷歌拒絕續約，但是該公司並未停止向此一方向前進的腳步。一年後，華克在華盛頓的一個場合與夏納翰將軍並肩站在講台上，他表示專家計畫並不足以代表公司的目標。「這只是針對一筆合約的決策，」他說道，「並非代表我們與國防部的長期合作意願。」

# 第十七章
# 無能

「俄國有一批人專門利用我們的系統，所以這是一場軍備競賽，對吧？」

祖克柏每天都是同樣的穿著：灰色棉質T恤與藍色牛仔褲。他認為這身穿著可以給予他更多的能量來經營臉書，他喜歡稱呼臉書為一個「社群」，而非公司或社交網路。「我真的想要簡化我的生活，除了盡己所能服務這個社群外，我希望將其他的決策減到最低，」他曾經這樣說道，「世間有一大堆心理學理論都說了，即使是你穿什麼、早餐吃什麼等等一些小決定，都會令你疲憊與消耗你的精力。」但是二〇一八年四月至國會作證時，他穿的是深藍色的西裝，並且繫了一條臉書藍的領帶。有人把他這身裝扮稱為「我很抱歉」服。還有一些人說他的髮型露出整個腦門，使他看來像是悔過的僧侶。

一個月前，美國與英國的報紙大肆報導英國新創企業劍橋分析公司（Cambridge

Analytica）蒐集臉書逾五千萬名用戶的個人資料，在二〇一六年總統大選期間用來為川普陣營瞄準選民。此一報導引發媒體、公共利益倡導人士與立法者對臉書鋪天蓋地的指責聲浪，使得過去幾個月已飽受批評的祖克柏與臉書所承受的壓力更為沉重。祖克柏被傳喚至國會山莊作證，接受為期兩天共十小時的訊問。他回答了來自近一百位議員的逾六百道問題，涉及的議題有新有舊，包括劍橋分析公司的數據洩漏案、俄羅斯干預美國大選、假新聞，以及經常出現在臉書上的仇恨言論，煽動如緬甸與斯里蘭卡等地的暴力事件。祖克柏連連道歉，儘管有時看不出來有任何歉意。不論是在私下還是公開場合，祖克柏經常展現出機械化舉止，不斷眨動雙眼，頻率之高已超過一般人，他的喉嚨也不時會不自覺地發出聲響，像是機器出現故障一樣。

在第一天參院作證進行到一半時，來自南達科塔州的共和黨籍資深參議員約翰・圖恩（John Thune）質疑祖克柏道歉的誠意。他指出過去十四年來，這位臉書創辦人不斷為接二連三發生的惡劣錯誤公開道歉。祖克柏表示他十分清楚這一點，不過他也提到臉書現在已認清應該以新的方法來經營，它所要做的不只是為線上資訊的分享提供軟體，並且也需要積極監管在線上分享的資訊。「我認為我們現在已學到針對多個議題——不僅是資訊的隱私，同時還有假新聞與外國勢力對選舉的干預——我們必須採取更為積極的作為與承擔更大的責任，」他說道，「光是製造工具是不夠的，我們必須確保這些工具是用來為善。」圖恩表示他對祖克柏的反省感到欣慰，但是他要知道臉書究竟要如何來解決這些難題。他以仇恨言論為例，這是一個看來容易但實際不然的問題。在語言上，所謂的仇恨言論往往難以定義、難以區分各國間有時極為細微的差異。

祖克柏的回應是將時間倒轉至臉書草創初期，並且娓娓道出他和他的部屬在作證前幾天所準備的陳腔濫調。他表示，當他在二〇〇四年於宿舍內創立臉書時，人們可以在這個社交網路上分享任何東西。如果有人檢舉分享的資訊並不適當，該公司會進行審查，決定是否要將此一資訊移除。他承認，十幾年來，此一行動已快速蔓延成為尾大不掉的陰影，有超過二萬名約聘人員審查來自逾二十億名用戶在社交網路上可能遭到扭曲的資訊。不過，他強調，人工智慧將不可能變成可能。

儘管如伊恩．古德費洛等研究者認為深度學習可能會加劇假新聞的問題，祖克柏卻是把其視為解決良方。他告訴圖恩參議員，人工智慧系統已能以近乎完美的準確度來辨識恐怖分子的宣傳資料。他說道：「今天我們坐在這裡，我們自臉書撤下的伊斯蘭國（ＩＳＩＳ）與蓋達組織（Al Qaeda）的相關內容，有百分之九十九都是在人們尚未看到之前，就已先由人工智慧系統發現。」他承認其他形式的有毒內容較難辨識，包括仇恨言論。不過他相信人工智慧可以解決這個問題。他表示，在五到十年內，人工智慧甚至可以分辨仇恨言論中細微的差異。然而他沒有說出口的是，即使是人類也無法就哪些是仇恨言論、哪些不是達成共識。

* * *

兩年前，二〇一六年的夏天，在AlphaGo擊敗李世乭之後，川普擊敗希拉蕊之前，祖克柏坐在二十號樓的會議桌前，這棟建築是該公司在門洛帕克園區內的新核心。這是由法蘭克．蓋瑞（Frank Gehry）設計的扁長形鋼骨結構建築物，占地超過四十三萬平方英尺，是足球場的七倍。屋頂是其自有的中央公園，有九英畝的草地、樹林與碎石子小徑，臉書員工隨時都可以來這兒散步休息。室內則是一個巨大的開放空間，容納兩千八百位員工、大量的桌椅與筆記型電腦。如果站在正確的位置，你就可以一眼貫穿整棟建築，直達彼端。

祖克柏正在進行公司的年中檢討。各部門的主管會走進他所在的房間，討論他們在當年前六個月的進展，然後離開。這天下午，該公司人工智慧部門的主管與技術長邁克・施瑞普弗走進房間，由楊立昆來報告部門的工作。他詳細說明他們在影像辨識、翻譯與自然語言理解等方面的進展。祖克柏只聽不說，施瑞普弗也是不發一言。接著，當報告結束，人工智慧主管團隊走出房間後，施瑞普弗責備楊立昆，指責他說了等於沒說。「我們需要一些足以顯示我們比其他公司強大的東西，」他告訴楊立昆，「我不管你要怎麼做，我們需要贏得競賽。你去發起一項我們確定會贏的競賽。」

「影片。我們在影片上會贏。」他身後的一位同事說道。

「看吧？」施瑞普弗向楊立昆吼道，「你學著一點。」

祖克柏要全世界視臉書為創新者——是谷歌的競爭對手。這樣的形象能夠幫助公司吸引人才。隨著反壟斷的幽靈在矽谷死灰復燃，創新者的形象也有助保護公司不致遭到分拆——至少公司內部許多人都如此認為。他們的想法是，臉書可以據此向主管當局強調，它並不僅是一個社交網路，它的意義並不僅是人們之間的連結，它是一個能夠開發對人類未來至為重要的新科技的公司。臉書的人工智慧實驗室就像是展示此一形象的公關部門。這就是為什麼當初施瑞普弗對一屋子記者宣布臉書正在開發可以破解圍棋的人工智慧，而且支撐此一計畫的概念將深入整個公司。這也是為什麼祖克柏與楊立昆幾個星期後企圖搶先深度心智取得擊敗圍棋里程碑。但是，臉書實驗室的主管楊立昆不是那種不顧一切追求夢幻目標的人。他不是哈薩比斯與馬斯克。他在人工智慧的領域浸淫了幾十年，他視人工智慧的研發為一段漫長的路程。

結果，施瑞普弗當初向一屋子記者所宣稱的大創新，儘管對公司未來具有舉足輕重的意義，但是與他所想像的完全不同；而且這個大創新也沒有那麼偉大，其概念在公司擴散的方式更遠非原先預期。

為臉書人工智慧實驗室在紐約與矽谷的辦公室僱用了數十位頂尖的研究人員之後，施瑞普弗又設立了第二個組織，負責將實驗室的科技實際應用。該組織名為機器學習應用團隊（Applied Machine Learning Team）。剛開始的時候，該組織將臉部辨識、語言翻譯與圖像自動說明等科技置入臉書這套全球最大的社交網路之中。但是它的任務後來改變了。二〇一五年末，伊斯蘭激進分子在巴黎及其近郊發動協同攻擊，造成一百三十人死亡，四百多人受傷。祖克柏對該團隊發出電子郵件，詢問他們能做什麼來打擊臉書上的恐怖主義。接下來幾個月，該團隊分析了臉書上數千則與恐怖組織有關、違反政策規定的貼文，設計出一套系統能夠自動偵測出恐怖分子新增的宣傳資訊，然後再交由約聘員工進行審查，決定是否應該移除。祖克柏在參議院所說臉書的人工智慧能夠自動辨識來自伊斯蘭國與蓋達組織的宣傳內容，指的就是此一科技。

然而其他人質疑此一科技的精密與準確程度。

二〇一六年十一月，在祖克柏仍極力否認臉書參與散布假新聞之際，迪恩·波梅洛卻下了戰書。三十年前，波梅洛在卡內基美隆大學借助神經網路製造出一輛自動駕駛車，如今卻在推特發文提出他所謂的「假新聞挑戰」，打賭一千美元沒有一位研究人員能夠建造一套自動系統，可以分辨新聞的真假。他寫道：「我會提供任何人二十比一的賠率（每個參賽者可拿到的金額上限為二百美元；總共一千美元），賭他們無法開發出能夠分辨網路上新聞真假的自動演算法。」他知道以目前的科技水準根本無法做到，因為這需要非常縝密的人類思考與判斷能力。人工智慧科技若是能夠辨識假新聞，就代表此一科技跨越了一個意義重大的里程碑。他說：「這代表人工智慧已達到人類智力的水準。」他也知道所謂假新聞是見仁見智，真假之間的區別其實繫於意見上的差異。既然人類都無法在新聞的真假上達成一致的看法，又如何訓練機器來辨識真假？新聞，本質上是客觀觀察與主觀判斷間相互拉扯下的產物。「在許多時候，」波梅洛說道，「並沒有正確的答案。」此一挑戰最初引來一連串的回應，但是一無所獲。

在波梅洛發出挑戰的第二天，臉書仍在繼續否認假新聞的問題，該公司在門洛帕克的總部舉行媒體圓桌會。楊立昆也在現場，記者問他人工智慧能否偵測在社交網路上快速流竄的假新聞和其他有毒內容，包括暴力的直播影片。兩個月前，曼谷一名男子上吊自殺，並在臉書上現場直播。楊立昆用一個道德難題來回應。「要如何拿捏過濾與審查之間的平衡？憑經驗和良心自由心證嗎？」他說道，「此一科技要不已經存在，要不就是可望發展。但是問題在於該如何正確使用它？這不是我的專業。」

隨著外界的壓力日益沉重，施瑞普弗開始挪動機器學習應用團隊內部的資源，聚焦於清理遍布於社交網路上從色情影片到假帳戶的有毒內容。到了二〇一七年中期，偵測不當內容已成為該團隊最主要的工作。施瑞普弗將之稱為「第一號優先任務」。與此同時，該公司繼續擴充審核不當內容的約聘人力。很顯然地，光靠人工智慧是不夠的。

因此，在祖克柏因劍橋分析公司數據外洩案而赴國會作證的時候，他必須承認臉書的監視系統仍需要大量人力的支援。這些系統能夠辨識某類影像與文字，例如裸體照片或是恐怖分子的宣傳資料，但是一旦偵測出來後，人類監察員——數目龐大，大部分在海外的約聘人員——就會介入審核每一則貼文，決定是否該刪除。事實上，不論人工智慧工具在某些特定情況下多麼精準，它們仍缺乏人類判斷中的彈性。例如這類系統就難以區別色情照片與一位母親以母乳哺育嬰兒影像的差異。同時，它們所面對的並非一成不變的情況：儘管臉書的系統能夠辨識多種有毒內容，但是各種新的內容不斷在網路上出現，這些都是該系統沒有訓練到的。在聽證會上，加州民主黨參議員黛安・范斯丹（Dianne Feinstein）問祖克柏如何阻止外國勢力干預美國大選，後者再度搬出人工智慧。不過他也承認情況很複雜。「我們已部署新的人工智慧工具，能夠更準確辨識可能會干預大選或散布不實資訊的假帳戶。不過這些攻擊的本質，你知道，是俄國有一批人專門利用我們的系統，」他說道，「所以這是軍備競賽，對吧？」

＊＊＊

二〇一九年三月，在祖克柏赴國會山莊作證的一年後，一名槍手在紐西蘭基督城的兩座清真寺射殺了五十一人，並且全程在臉書上直播。臉書過了一個小時才將影片自其社交網路上移除，在這一個小時期間，影片早已傳遍網際網路。幾天後，施瑞普弗在臉書總部的一間房間內接受兩位記者的採訪，談論該公司如何利用人工智慧來辨識與移除不適當的內容。有半個小時的時間，他都是以麥克筆在白板上畫圖來解釋該公司如何自動辨識大麻與搖頭丸的廣告。接著記者問到基督城的槍擊事件。他停頓了將近六十秒，淚水盈眶。「我們現在正在研究，」他說道，「這個問題無法在明天就獲得解決，可是我不希望在六個月後還有這樣的對話。我們在這問題上一定可以做得更好。」

在之後的幾次訪問中，他總是淚眼潸潸地談論臉書的工作有多艱鉅、隨之而來的責任有多重大。從頭到尾，他堅持人工智慧就是解方，終有一天可以減輕公司的負荷，並將薛西弗斯式的工作轉變成可控的情勢。但是在受到追問後，他承認此一問題不可能完全消除。「我確實認為可以在這兒做一個了結，」他說道，但是「我不認為這代表『一切都解決了』，我們可以打道回府了」。

與此同時，開發人工智慧是一件非常依賴人力的工作。當基督城槍擊事件的影片出現在臉書上時，該公司的系統根本無法察覺，因為它不像該系統接受辨識訓練時的任何東西。它像是從第一人稱角度進行的一場電動遊戲。臉書會利用狗攻擊人、人們踢貓、某人以棒球棒攻擊另一人的影像來訓練系統辨識暴力影像。但是紐西蘭的影像完全不同。「所有的訓練都和這部影片不同。」施瑞普弗說道。他和他的團隊多次觀看此一影片，希望從中了解如何建造一套可以自動辨識這種暴行的系統。他說：「我真希望能消除看過它的記憶。」

當大麻廣告出現在社交網路上，施瑞普弗與他的團隊會建造系統予以辨識。然後又會出現不同的新東西，於是他們建造新的系統來辨識這些新內容，如此周而復始。然而在此同時，科學家也開發出可以自行產生誤導訊息的系統。這樣的系統包括GANs與圖像生成相關的科技，也包括深度心智所開發出來的WaveNet，此一科技可以產生仿真的聲音，甚至可以複製某人的嗓音，例如川普或是南希·裴洛西（Nancy Pelosi）。

這樣的發展演變成人工智慧對抗人工智慧的競賽。隨著另一次大選迫近，施瑞普弗發起一項競賽，邀請科技業界的研究人員與專家學者開發人工智慧系統，目標是能夠辨識「深度偽造」（deepfake），也就是另一套人工智慧系統所產生的假影像。問題是哪一方會贏？對於如古德費洛這批科學家而言，答案十分明顯。誤導性的資訊方會贏。畢竟，GANs當初的設計目的就是建造可以騙過任何偵測系統的工具，其實比賽還沒開始它就贏了。

在臉書發起競賽的幾個星期後，又有一位記者對楊立昆提出同樣的問題：人工智慧能否阻擋假新聞？「我不確定任何人能夠開發出可以直達新聞真實性的科技，」他說道，「真實性，尤其是牽涉到政治問題時，總是見仁見智。」他補充表示，即使你建造出這樣的機器，也會有人說製造者其實有偏見，他們會抱怨用來訓練的材料有問題，因此他們不會接受。「即使這樣的科技真的存在，」他說道，「可能也不適合使用。」

# 第四部

# 人類被低估了

# 第十八章

# 辯論

「不論此一快速的進展還能持續多久，加里都認為已快結束。」

谷歌的年度重頭大戲是 I/O 會議。這個名稱取自電腦界初期代表輸入／輸出（Input/Output）的縮寫。每年五月，數千名來自矽谷與其他遙遠地方的科技界人士以朝聖的心態湧入山景城，參與這場企業盛會，只為在三天的時間內了解谷歌最新的產品與服務。在這年度盛會中，谷歌向來在海岸線圓形劇場（Shoreline Amphitheatre）舉行其主題演講，這是一個擁有二萬二千個座位的音樂會場地，它有如馬戲團帳篷的尖頂聳立於該公司總部對面綠意盎然的小山丘上。幾十年來，死之華樂團（Grateful Dead）、U2與新好男孩（Backstreet Boys）都曾在這個劇場獻藝。如今，則是輪到皮采站在舞台上，向數千名軟體開發者展示該公司日趨多元化的新興科技。二〇一八年春天，在該場會議的第一天，身著白T恤，外面套一件森林綠刷毛外套的皮采告訴觀眾，谷歌新開發的對話數位助理可以自己打電話。

拜辛頓與他的學生在多倫多的早期研究之賜，谷歌助理幾乎可以和人類一樣辨識語音。而多虧深度心智所開發的語音生成科技 WaveNet，谷歌助理也可以發出類似人類的語音。現在，站在海岸線圓形劇場的舞台上，皮采又宣布一項新功能。他告訴他的觀眾，谷歌助理現在可以打電話到餐廳訂位。谷歌助理是透過該公司的電腦網路進行這項工作。你可以命令助理幫你在餐廳訂位，在此同時你大可做其他的事情，例如倒垃圾或是澆花，助理會自谷歌數據中心的某處打電話給你所選擇的餐廳訂位。皮采播放了其中一段電話錄音，是谷歌助理與一家不知名餐廳的一位女性交談的經過。

「嗨，請問需要什麼嗎？」這位女子說道，帶著濃厚的中國腔。

「嗨，我想預訂週三，七日的位子。」谷歌助理說道。

「七位嗎？」女子問道。劇場內傳來一陣竊笑聲。

「嗯，是四位。」谷歌助理回答。

「四位。什麼時候？今天？今晚？」餐廳女子說道。劇場內笑聲更大了。

「嗯，是下週三，晚上六點。」

「我們只為五人以上訂位，四人的話，直接過來就可以了。」

「通常要等多久會有位置？」

「什麼時候？明天？還是週末？」

「下週三，七日。」

「噢，不會的，那天人不會太多，你們四位可以直接過來，好嗎？」

「好，知道了，謝謝。」

「好的，拜拜。」女子說道。皮采的觀眾傳來一陣歡呼聲。

皮采解釋，這是稱作雙向對話（Duplex）的新科技，是人工智慧科技多年來廣泛發展的結果，包括語音辨識、語音生成與自然語言理解——從而建立不只是辨識語音與生成語音的能力，同時還能夠真正了解語言的應用之道。對於觀眾而言，皮采的表演太精彩了。他接著又播放第二段錄音，系統向當地一家髮廊預約剪髮。當髮廊的女子說道「稍等一下」，雙向對話回以「嗯哼」的時候，全場爆出如雷掌聲。因為這代表雙向對話科技不僅能夠回應正確的語句，同時還能報以正確的聲音——正確的語音暗示。不過在接下來的幾天，許多名嘴對於谷歌雙向對話系統表示憂慮，他們擔心此一科技太過強大，可能引發道德風險。他們指出，此一系統會誤導人們以為是與真人在交談。谷歌於是同意調整該系統，直接表明自己是機器人，該公司很快就在全美多地推出此一工具。

但是對於加里．馬庫斯來說，此一科技並不是表面上的那樣。

在皮采於海岸線圓形劇場展示的幾天後，紐約大學的心理學教授馬庫斯於《紐約時報》發表一篇社論，讓谷歌雙向對話系統搞清楚自己的身分。「假設這項展示是合法的，那麼確實是一項值得喝采的成就（儘管有些嚇人）。但是谷歌雙向對話並不具有許多人以為能夠推動人工智慧更上層樓的里程碑意義。」他表示，其中的詐術在於此套系統只是在一小塊領域內運作：餐廳訂位與髮廊預約。透過限定範圍——限制雙方對話的可能範圍——谷歌可以欺騙人們誤信此一機器其實是人類。這跟系統已能跨出這樣的限制完全是兩碼事。「髮廊預約？人工智慧的願景應遠比這個宏大——例如推動醫藥革命，或是生產值得信賴的家事機器人，」他寫道，「谷歌雙向對話之所以限定範圍，並不因為其意義是邁向更宏大目標的第一步，原因是人工智慧領域對於如何精進根本毫無頭緒。」

＊＊＊

馬庫斯屬於主張先天重於後天培育一派學說的人士。他們稱為先天論者，主張人類知識的絕大部分都已烙印在腦海之中，並非來自經驗的學習。這是柏拉圖、康德（Immanuel Kant）、杭士基史蒂芬・平克（Steven Pinker）等哲學與心理學大師幾個世紀以來的論點。先天論者反對經驗主義者的主張，後者認為人類知識大部分都來自學習。馬庫斯起初是投入心理學家、語言學家暨科普作家平克的門下，之後根據同樣的基本態度自立門戶。現在，他將他的先天論注入人工智慧的世界之中。他是當今神經網路反對派的領袖，他是深度學習時代的馬文・閔斯基。

正如他相信知識已烙印在人類大腦之中，他認為研究人員與工程師別無他途，只能把知識烙入人工智慧之中。他確信機器無法學習所有的事物。一九九〇年代初，他和平克發表了一份論文，指出神經網路甚至學不會幼兒的語言技能，例如辨識日常用語動詞的過去式。二十年之後，在 AlexNet 的鼓舞下，《紐約時報》在頭版刊出一篇深度學習崛起的報導，馬庫斯的回應是在《紐約客》雜誌寫了一篇專欄表示此一科技並不如報導所言的那麼重要。他指出，由辛頓所開發的此一科技，其實並不足以理解自然語言的基礎，更遑論複製人類思想。「在這裡引用一個老寓言：辛頓做了一把更好的梯子，」他寫道，「但是好梯子並不一定能幫你登月。」

諷刺的是，沒過多久，馬庫斯自己也在從深度學習的熱潮之中撈錢。二〇一四年初，在聽說深度心智以六億五千萬美元把自己賣給谷歌之後，他覺得「我也可以這樣做」，於是他打電話給他的老友祖賓・加拉馬尼（Zoubin Ghahramani）。他們是二十多年的老友，在麻省理工學院做研究生的時候就已認識。馬庫斯念的是認知科學，加拉馬尼則是參與一項連結電腦科學與神經科學的計畫。他們之所以成為朋友，是因為他們的生日在同一天，他們一起在馬庫斯位於劍橋市雜誌街的公寓共度二十一歲的生日。拿到博士學位後，加拉馬尼選擇了一條與其他許多現在為谷歌、臉書與深度心智工作的人工智慧專家沒有太大差別的道路。他先是在多倫多追隨辛頓擔任博士後研究員，之後又跟著他到倫敦大學學院的蓋茲比研究中心。不過加拉馬尼最終離開神經網路研究圈，投向其他他認為更為優雅、有力與有用的領域。於是，在深度心智把自己賣給谷歌之後，馬庫斯說服加拉馬尼，他們應該以「這個世界所需要的不只是深度學習」的理念來設立一家新創企業。他們將之稱為幾何智慧。

他們自全美各大學僱用了十幾位人工智慧專家，其中有一些專精深度學習，還有一些，包括加拉馬尼，則是專攻其他的科技領域。馬庫斯並非不知道深度學習此一科技的威力，他當然也了解此一科技所帶動的熱潮。在二〇一五年夏天成立他們的新創企業之後，他和加拉馬尼將他們這一批由學者組成的研究團隊安置在曼哈頓市中心的一間小辦公室，這兒是紐約大學培育新創企業的所在。馬庫斯後來加入他們，加拉馬尼則留在英國。在經過一年多來與包括蘋果和亞馬遜等多家大型科技業者交涉之後，他們將新創企業賣給快速發展、有意製造自動駕駛車的叫車公司優步。這家新創企業的十幾位研究人員立刻遷到舊金山，設立優步人工智慧實驗室。馬庫斯也來到這所實驗室工作，至於加拉馬尼仍是待在英國。接著，在四個月後，馬庫斯沒有任何解釋就離開公司返回紐約，重拾他嚴詞批評深度學習的角色。他並不是一位人工智慧研究專家，他自有一套關於智能的想法。一位同事稱他為「可愛的自戀狂」。回到紐約後，他開始著書，再次主張機器的自我學習有其局限，他同時也根據此一概念成立第二家公司。他同時向辛頓等人下戰帖，辯論人工智慧的未來。辛頓沒有接受挑戰。

不過在二〇一七年秋天，馬庫斯與楊立昆在紐約大學進行了辯論。這場活動是由紐約大學心智、大腦與意識中心（NYU Center for Mind, Brain, and Consciousness）——一項結合心理學、語言學、神經科學與電腦科學等的計畫——所主辦的。此一辯論讓先天論與後天論、先天主義與經驗主義、「先天機制」（innate machinery）與「機器學習」在場上捉對廝殺。馬庫斯首先發言，他指出深度學習的能力只及於一些感知性的工作，例如辨識影像中的物體或是識別語音。他說道：「如果神經網路有教導我們什麼東西，就是純粹的經驗主義有其局限。」他解釋，在人工智慧漫長的發展之路上，深度學習代表的不過是走了幾小步而已。除了一些感知的工作（例如影像與語音的辨識）與媒體生成（如GANs）之外，深度學習最大的成就是破解圍棋，但圍棋只是一種遊戲，是在一個封閉、有諸多規定限制的小宇宙內進行的。真實世界的複雜度幾乎是圍棋的無限多倍。馬庫斯總愛說，一套訓練來下圍棋的系統，對於其他任何情況毫無用處。由於它無法因應新情況，因此它並非真正的智慧。有鑑於此，它也絕對無法處理人類智慧的主要結晶：語言。「在一些重大問題上，單純由下而上的統計對我們的幫助有限——例如語言、推理、策劃與常識——儘管神經網路發展了六十年，儘管我們的運算能力更強，儘管我們有更多的記憶容量、更好的數據，依然如此。」他告訴聽眾。

他解釋，問題是神經網路並非以人類大腦的方式在學習。即使是精通一些神經網路無力做到的事情，人類大腦也不需要先輸入大量的數據。兒童，包括新生嬰兒，只要靠著少量的資訊就能學習，有時只需要一、兩個良好的範例就行了。就算小朋友生長在父母完全不重視發展與教育的家庭，他們也能藉由聆聽周遭環境與身邊發生的事情學會語言的奧妙。他指出，神經網路不只需要數千個例子，它還需要某人幫忙將每一個例子標示出來。由此顯示，若是沒有先天論者所謂的「先天機制」——他們相信已經大量烙印在人類大腦之中的知識——人工智慧根本不可能生成。「學習之所以存在，是因為我們的祖先不斷發展代表如空間、時間與歷久不衰的事物之機制，」馬庫斯說道，「我預測——只是預測，我無法證明此一預測——當我們學會將同樣的資訊納入人工智慧之中，人工智慧的表現一定會比現在好得多。」換句話說，他相信有許多事情是人工智慧根本學不會的，這些事情必須先經由工程師來進行手動編碼。

身為堅定的先天論者，馬庫斯自有一套其意識形態的發展規劃。在以先天機制的理念成立人工智慧新創企業的同時，他也有一套經濟層面的規劃。與楊立昆在紐約大學的辯論，是他精心策劃的一項行動的起步，該行動是告訴全球的人工智慧研究人員、整個科技業與一般大眾，深度學習的能力並非如其看來的那麼強大。在二〇一八年的前幾個月，他發表了他所謂的論文三部曲，嚴詞批評深度學習，尤其是AlphaGo的成就。接著，他將他的評論投到大眾媒體，其中有一篇甚至登上《連線》雜誌的封面。最後，他推出他的著作《重啟人工智慧》（*Rebooting AI*）——並且又創設一家新創企業，旨在發掘與利用他認為是全球努力建立的人工智慧中的漏洞。

對於這一切，楊立昆卻是顯得有些茫然。他告訴紐約大學的觀眾，他贊同光靠深度學習並不足以實現真正的智慧，不過他也從來沒有做下這樣的承諾。他同意人工智慧需要先天機制。畢竟，神經網路本身就是一種先天機制，總要有東西負責學習吧。在這場辯論中，他的表現十分謹慎，甚至客氣。但他在網路上的態度卻是大相逕庭。在馬庫斯發表他首篇論文質疑深度學習的未來之後，楊立昆在推特上做出回應：「在加里．馬庫斯提出的意見中，真正具有寶貴價值的數量是零。」

馬庫斯並非孤軍奮戰。現在有許多人都開始抵制被產業界與媒體吹捧過高的「人工智慧」風潮。臉書站在深度學習革命的第一線，宣稱此一科技是其最迫切問題的解方，然而事實卻顯示，它充其量只能解決部分的問題。多年來，如谷歌與優步等企業都表示自動駕駛車即將上路、每天在美國與海外的各大城市載運人們。但即使是大眾媒體也開始了解到這樣的承諾其實是誇大了。儘管深度學習已明顯增進其辨識行人、路上物體和交通號誌的能力——並且強化其預見可能發生情況與規劃路線的能力——但是自動駕駛車要像人類一樣靈活應付日常通勤仍有一段漫漫長路。谷歌之前曾宣稱要在二〇一八年底於亞歷桑納州的鳳凰城推出叫車服務，可是這項承諾並未實現。自喬治．達爾與他在多倫多的合作團隊贏得默克競賽之後，醫藥發展一直被視為深度學習最具潛力的領域，然而卻發現此一領域的研發遠比想像複雜。進入谷歌後沒多久，達爾就放棄了以深度學習來進行醫藥發展的構想。「問題是在整個醫藥發展的流程中，我們最能幫上忙的部分並非居於最重要的地位，」他說道，「它並非屬於藥廠願意花上二十億美元，將藥物從分子形式一路送到市場上的部分。」前華盛頓大學研究人員，後來主持艾倫人工智慧研究所的奧倫・伊奇奧尼經常表示，儘管各界把深度學習說得天花亂墜，人工智慧卻是連八年級的科學測驗都無法通過。

二〇一五年六月，臉書在巴黎設立實驗室，楊立昆致辭表示：「深度學習的下一大步是自然語言理解，目標在於賦予機器不只是理解單字，同時還有句子與段落的能力。」這是整個人工智慧研究圈的目標——繼影像與語音辨識之後的又一大發展。能夠理解人類書寫與談話的自然方式之機器——甚至具有交談的能力——是人工智慧研究圈自一九五〇年代以來的終極目標。但時至二〇一八年底，許多人認為這樣的信心可能擺錯地方了。

在辯論尾聲，馬庫斯與楊立昆開始接受觀眾的提問，一位穿著黃上衣的女士站起來問楊立昆，為什麼有關自然語言的進展這麼緩慢。

「完全沒有類似物體辨識那樣的革命性突破。」她說道。

「我不能完全同意妳的說法，」楊立昆說道，「確實有——」

她打斷他的話，說道：「你的例子是什麼？」

「翻譯。」他說道。

「機器翻譯，」她說道，「並不必然是語言理解。」

＊＊＊

大約與辯論同一時間，艾倫人工智慧研究所的研究人員推出一套針對電腦系統的英文測驗，來測試機器能否完成類似下面的句子：

在舞台上，一名女士坐在鋼琴前面，她

a. 坐在長凳上，她的妹妹在玩洋娃娃。

b. 隨著音樂響起，她和某人微笑。

c. 在群眾之間，觀賞舞者表演。

d. 緊張地將手指放在琴鍵上。

機器的表現並不好。在這項測驗中，人們能答對超過百分之八十八的問題，艾倫人工智慧研究所開發的系統頂多只能答對百分之六十的問題。其他的電腦系統表現更糟。不過，在兩個月後，谷歌的一支研究團隊，在一位名叫雅各布．德夫林（Jacob Devlin）的人領導下，推出一套他們稱為伯特（BERT）的系統。伯特接受測驗，能夠回答的問題和人類一樣多，而且這套系統也並非為了測驗才開發的。

伯特是研究人員所謂的「通用語言模型」（universal language model）。有多家實驗室，包括艾倫人工智慧研究所與開放人工智慧實驗室都在研發類似的系統。通用語言模型是一部巨無霸型的神經網路，主要透過分析人們所寫的數百萬個句子來學習語言中各種莫測高深的變化。由開放人工智慧實驗室所研發的這種系統分析了數千本自費出版的書籍，包括羅曼史、科幻小說與懸疑小說。至於伯特，在數百片GPU晶片幫助下，連續多天除了分析浩瀚的書海之外，還有維基百科的每一篇文章。

透過分析這些文字材料，每一套系統都有專精的技能。開放人工智慧實驗室的系統學會猜測句子中的下一個單字。伯特則是可以猜中句子中任何位置所缺漏的單字（例如「這人＿＿＿＿這部汽車是因為它很便宜」）。不過在學習精通這些工作的同時，這些系統也學會語言一般的組合方式，也就是數以千計的英文單字間的基本關係。這樣，研究人員就可以很輕易地將這些知識應用在其他的工作上。如果他們將數千道問題與答案輸入伯特內，伯特就可以學習自己來回答其他的問題。如果他們將大量對話輸入開放人工智慧實驗室開發的系統中，這套系統就可學會與人交談。如果輸入數千條負面標題，它就可以學習辨識出負面標題。

伯特顯示這樣的概念確實可行。它不但通過艾倫人工智慧研究所的「常識」測驗，也通過了一項回答百科全書內容相關問題的閱讀測驗，例如碳是什麼？誰是吉米·霍法（Jimmy Hoffa）？在另一項測試中，它能分辨電影評論中的含意——是正面的，還是負面的。儘管它還未臻完美的境界，但是它立刻改變了自然語言研究的方向，使得此一領域的研究腳步以前所未有的速度加快。傑夫·狄恩與谷歌公開了伯特的原始碼，並很快就用超過一百種語言來訓練它。還有一些研究人員則是建造了更大規模的模型，以超大量的數據來進行訓練。算是圈內人的笑話吧，這些研究人員根據《芝麻街》（*Sesame Street*）的角色來為這些系統取名：艾蒙（ELMO）、恩尼（ERNIE）、伯特（BERT，是 Bidirectional Encoder Representations from Transformers 的縮寫，中文譯為「基於變換器的雙向編碼器表示技術」）。但是這也掩蓋了它們的重要性。幾個月後，伊奇奧尼與他的艾倫人工智慧研究所利用伯特建造了一套人工智慧系統，它能通過八年級的科學測驗——也能通過十二年級的測驗。

伯特出現後，《紐約時報》刊出一篇文章，報導通用語言模型的興起，並且解釋這類系統可以改善各方面的產品與服務，從 Alexa 與谷歌助理等數位助理，到律師事務所、醫院、銀行與其他企業中能自動分析文件檔的軟體，無所不包。不過該篇報導也指出，這類語言模型亦會使得谷歌雙向對話系統出現更為強大的版本，也就是設計出讓世人相信它是人類的機器人。該報導引用馬庫斯的談話指出，公眾應該用存疑的態度來看這些科技為何能夠取得如此持續與快速的發展，這是因為研究人員都傾向研究他們能夠獲得進展的領域，而避開難以獲得進展的領域。「這些系統距離真正了解整篇文章的意義還遠得很。」馬庫斯說道。辛頓看到這篇報導，不禁被逗樂了。他表示，其中馬庫斯的發言應該能夠歷久不衰，因為它能適用未來幾年任何一篇有關人工智慧與自然語言的文章。「它沒有任何技術含量，因此不會過時，」辛頓說道，「不論此一快速的進展還能持續多久，加里都會認為已快結束。」

第十九章

# 自動化

「如果這個房間看來像瘋了一樣，就表示我們做對了。」

二〇一九年秋天的一個下午，在開放人工智慧實驗室位於舊金山教會區的三層樓建築物頂樓，一隻手靠在窗邊，掌心向上，手指張開。它看來像是人類的手，實際上卻是金屬與塑膠製成，而且還插了電。一位女士站在旁邊，將一個魔術方塊弄亂，然後放在這隻機器手的掌心上。機器手開始動作，溫柔地以拇指與四根指頭轉動色塊。每一次轉動都使得魔術方塊在指尖上搖搖欲墜，感覺好像要自手中跌落地板。但是它沒有。隨著時間一秒一秒過去，色塊開始對齊，紅的旁邊是紅的，黃的旁邊是黃的，藍的旁邊是藍的。大約四分鐘後，機械手最後一次轉動，完成魔術方塊的排列。在旁邊觀看的一小批研究人員不禁歡呼起來。

開放人工智慧實驗室成立時，自谷歌與臉書手中搶下波蘭科學家沃伊切赫·薩倫巴來擔任主持人，在他的領導下，該實驗室的研究人員花了兩年的時間才完成此一精彩的表演。過去已有許多人建造出可以破解魔術方塊的機器人，有些甚至不到一秒鐘就能破解。不過這一回卻是一個新花樣。這次是一具動作類似人類的機器手，而不是專門設計用來破解魔術方塊的硬體。一般而言，工程師需要煞費苦心精準地將每一項動作編碼輸入機器人中，以幾個月的時間來為每一個細微的動作制定規範。但是如果要讓工程師為有五根手指的手來制定破解魔術方塊所需動作的規範，可能需要幾十年，甚至數個世紀的時間。薩倫巴與他的團隊則是建造了一套可以自我學習這些動作的系統。他們屬於新一代的研究人員，相信機器人可以透過虛擬實境的技術來學習任何技能，然後再付諸應用於現實世界中。

薩倫巴與他的團隊首先製造手掌與魔術方塊的數位模擬。在模擬之中，機械手藉由反覆試誤來學習，以相當於一萬年的時間以各種方式轉動色塊，自其中找到可行與不可行的動作。同時，在這虛擬的一萬年間，模擬會不斷變化。薩倫巴與他的團隊會時時改變手指的大小、方塊的顏色、方塊與方塊間的摩擦力大小，甚至包括方塊後方空間的顏色。這表示當他們將所有的虛擬經驗轉移到現實世界的真實手掌時，它就能應付突發狀況。它能像人類一樣，對日常生活中一些突發的情況應付裕如，而機器人往往就做不到這一點。在二〇一九年秋天，開放人工智慧實驗室的機械手在兩根手指被綁住，或是戴上橡膠手套，或是有人以長頸鹿布偶的鼻子輕推魔術方塊的情況下，都能破解魔術方塊。

＊＊＊

從二〇一五年到二〇一七年，亞馬遜每年都會舉辦一次機器人競賽。在最後一年的競賽，共有來自七十五座學術性實驗室的團隊參與這場國際競技，每一隊都必須建造一套機器人系統，能夠解決亞馬遜在其全球倉庫網路中最迫切需要解決的問題：揀貨。在亞馬遜龐大的庫房裡，有許多裝滿零售商品的集裝箱，該公司的員工必須將這些成堆的商品分類、挑選所要的裝進正確的紙箱，再運送到全國各地。亞馬遜希望以機器人取代人力，如果這項工作自動化，將可以節省大筆成本。但是機器人的能力有限，因此亞馬遜決定舉辦比賽，懸賞八萬美元給最接近破解此一問題的學術團隊。

二〇一七年七月，來自十個國家的十六支團隊進入決賽，到日本名古屋進行最後一回合的較量。每一支隊伍都已花了一年的時間準備這場決賽，主辦方會提供他們一個裝了三十二種不同物品的集裝箱，其中有十六種是他們事先已知道的，還有十六種是他們不知道的——內容包括穩潔、製冰盒、網球罐、整盒裝的奇異筆與電工膠帶。他們的挑戰是在十五分鐘內至少揀選十項不同種類的商品。最終贏得比賽的機器手臂來自澳洲一家實驗室的團隊——澳大利亞機器人視覺中心（Australian Centre for Robotic Vision）。但是就人工的標準來看，其表現遠不及格。它揀選商品的錯誤率大約有百分之十，而且在一小時內只能處理一百二十項商品，僅及人力作業的四分之一。

若問此一競賽帶來什麼意義，即是凸顯這項工作對於再靈敏不過的機器人來說也都太難了。不過此一活動同時也顯示業界的需求：亞馬遜——與類似的企業——都迫切想要確實有用的揀貨機器人。實際上，谷歌與開放人工智慧實驗室都已著手研發此一方面的解決方案。

繼谷歌大腦內設立醫療小組後，狄恩又設立了一個機器人小組。在他所聘僱的第一批人中，有一位是來自加州大學柏克萊分校的年輕研究員謝爾蓋・萊文。萊文生長於莫斯科，他的父母都是布蘭計畫（Buran project）的工程師，這是蘇聯版的太空梭計畫。他在小學時就移民美國，不過他攻讀博士學位時，他研究的不是人工智慧。他專攻電腦圖像，研究製作仿真動畫的方法——行為動作像真人一樣的虛擬人物。後來隨著深度學習趨於成熟，他的研究腳步也開始加速。透過深度心智研究人員用來學習破解雅達利遊戲的科技，萊文的動畫人物能夠學習做出更像人類的動作。這樣的發展給了他一個新的啟示。看到動畫中擬人化角色的動作與他一模一樣，萊文知道擬人化的實體機器可以用類似的方式學習人類的動作。如果他將機器學習的科技應用在機器人身上，它們就可以自我學習全新的技能。

萊文在二〇一五年加入谷歌時，就已認識另一位來自俄羅斯的移民蘇茨克維，蘇茨克維又介紹他認識剛進入機器人小組的克里澤夫斯基。自此之後，他在研究上只要遇到問題，他就會求教於克里澤夫斯基，克里澤夫斯基給他的建議永遠只有一個：蒐集更多的數據。「如果你找到數據，而且是正確的數據，」克里澤夫斯基總是這麼說，「那麼這樣的數據是愈多愈好。」於是萊文與他的團隊建立了一座他們所謂的手臂農場（Arm Farm）。

谷歌大腦實驗室所在的街道另一端有棟建築物，屋內有一個呈開放空間的大房間，裡面擺著十二支機器手臂——六支靠著一面牆，六支倚著另外一面牆。這些手臂較後來開放人工智慧實驗室用來破解魔術方塊的手臂簡單。它們的手看來並不像手，是由兩根堅硬的手指組成一個可以夾起東西的鉗子。那年秋天，萊文與他的團隊將每支手臂各安置在一箱雜亂的物品前面——包括積木、黑板擦與好幾管唇膏——然後訓練手臂撿起這些東西。這些手臂反覆測試，不斷在失敗中汲取經驗，直到發現哪些動作可以成功、哪些不能。這樣的方式很像深度心智學習破解「太空侵略者」與「打磚塊」等遊戲的系統，只不過這是應用在現實世界與實體物件上。

起初，這樣的測試造成混亂。「一團糟，」萊文說道，「真的是一團糟。」他們聽從克里澤夫斯基的建議，讓這些機器手臂二十四小時不停運轉，並以攝影機在晚上與週末時監視屋內的情況，有的時候會發現場面失控。有個週一早上，他們走進實驗室，看到各種物品散落一地，有如孩童的遊樂室。還有一天上午，他們看到一個箱子裡彷彿濺滿鮮血。這是因為一支唇膏的蓋子掉了，一支手臂整晚就在嘗試夾起這支唇膏。不過這也正是萊文想要看到的。「太棒了，」他說道，「如果這個房間看來像瘋了一樣，就表示我們做對了。」幾星期下來，這些手臂學會撿起放在它們面前的任何東西，而且動作幾乎稱得上溫柔。

人工智慧研究圈就此掀起了將深度學習運用在機器人學上的熱潮，谷歌、開放人工智慧實驗室與許多大學的實驗室都積極投入其中。第二年，萊文與他的團隊利用相同的強化學習方式訓練其他機器手臂自行打開房門（前提是門把可以用兩根手指夾住）。二〇一九年初，該團隊又訓練一支手臂學會隨機撿物品，輕輕扔進在數英尺之外的小箱子裡。此一訓練只花了十四個小時，機器手臂把物品扔進正確箱子裡的成功率達到百分之八十五左右。研究人員自己測試同樣的工作，成功率頂多也不過百分之八十。不過，就在此一方向的研究大有進展之際，開放人工智慧實驗室卻採取不同的方針。

＊＊＊

馬斯克與開放人工智慧實驗室的其他創設人認為這座機構可與深度心智匹敵。打從一開始，他們就是著眼於容易測量、容易理解與保證能夠吸引注意的崇高目標，就算無法實際應用也沒有關係。在舊金山教會區一座小型巧克力工廠樓上設立實驗室後，薩倫巴等研究人員花了幾個星期在附近漸趨中產階級化的西班牙裔老社區四周漫步，辯論該追求什麼崇高目標。最終他們決定了兩個目標：建立一具能在3D電玩「遺蹟保衛戰」（Dota）中擊敗世界高手的機器，另一個就是建造一隻能破解魔術方塊、有五根手指的機器手。薩倫巴及其團隊是使用與他們對手谷歌同樣的演算技術來打造機器手，不過他們是以虛擬實境的方式來訓練機器手，透過數位世界裡數個世紀的試誤，學習破解魔術方塊。他們認為在實際世界中訓練這樣的系統，不但勞民傷財，而且還需消耗大量時間。

就像掌握「遺蹟保衛戰」的技巧一樣，該實驗室的魔術方塊計畫也需要在技術上的大躍進。這兩項計畫都有如博人眼球的特技表演，這也正是開放人工智慧實驗室推銷自己的方式，藉此吸引資金與人才，以推動後續的研發。像開放人工智慧實驗室所從事的這類研發工作成本高昂——不論是在設備或人員上——因此這也代表吸引大眾目光的展演其實就是他們的命脈。

這是馬斯克典型的手法：將注意力吸引到他自己與他的所作所為身上。這套手法有一段時間應用在開放人工智慧實驗室身上頗為管用，該實驗室聘僱了多位領域內的大咖，包括萊文以前在加州大學柏克萊分校的指導教授，身高六呎二吋、童山濯濯的比利時機器人專家彼得・阿比爾（Pieter Abbeel）。阿比爾加入該實驗室的簽約金是十萬美元，他光是在二〇一六年後六個月的薪水就有三十三萬美元。隨著開放人工智慧實驗室加強其挑戰谷歌大腦與臉書、尤其是深度心智的力度，阿比爾以前的三位學生也加入了。然而現實隨後追上了馬斯克與他的這座新實驗室。

GAN之父伊恩・古德費洛離開開放人工智慧實驗室返回谷歌。馬斯克本人則是重金挖角該實驗室的頂尖科學家，電腦視覺專家安德烈・卡帕西（Andrej Karpathy）

到他的特斯拉來主持推動自動駕駛車研發的人工智慧部門。隨後，阿比爾與他的兩位學生也離開開放人工智慧實驗室，設立了一家機器人新創企業。二〇一八年二月，馬斯克也離開了。他說他離開是為了迴避利益衝突——意指他現在從事的其他生意要與開放人工智慧實驗室爭搶同一批人才——不過他的特斯拉當時也面臨危機，工廠作業嚴重減緩已威脅到特斯拉的存續。然而，馬斯克在該年稍晚抱怨，諷刺的是在特斯拉工廠內製造電動車的機器人其實並沒有看來那麼靈敏。「特斯拉不該濫用自動化，」他說道，「人類被低估了。」

後來由山姆・阿爾特曼接手開放人工智慧實驗室，他發現該實驗室迫切需要吸引新人才——與資金。雖然該實驗室在成立時，投資人承諾會投資十億美元給這家非營利機構，但是實際到位的資金卻是有限，而且該實驗室現在需要更多的資金，不僅是為了吸引人才，同時也是要支付訓練系統所需的龐大運算能力。於是阿爾特曼重新改組實驗室，將其轉型為以營利為目的的企業，並且開始尋找新的投資人。二〇一五年他與馬斯克揭露要成立此一實驗室時，曾大力宣揚該實驗室的理想就是遠離企業的壓力，然而此一理想甚至堅持不到四年。在這樣的背景下，就可以了解魔術方塊計畫為何對該實驗室的未來這麼重要了。這是開放人工智慧實驗室宣傳自己的方式。但是由此也產生了矛盾，此一難度頗高，然而卻沒有實用價值的計畫，並不是阿比爾與其他研究人員所想要的。他對製造噱頭並不感興趣，他想研發具有實用價值的科技。於是他和他以前在柏克萊的兩位學生，陳曦與段岩，也選擇離開該實驗室，成立一家新創企業，稱作共變（Covariant）。這家公司研發的科技與開放人工智慧實驗室相同，但其目的是將科技應用在現實世界中。

到了二〇一九年，研究專家與創業家都看清亞馬遜與全球其他的零售業者在倉儲物流上迫切的需求，於是揀貨機器人新創企業如雨後春筍般在市場上不斷冒出，其中有一些是使用谷歌大腦與開放人工智慧實驗室所開發的深度學習方式。然而阿比爾與他的公司共變並非其中之一，他們是要研發一套能夠應用在多方面的系統。不過，在亞馬遜機器人挑戰賽結束兩年後，另一家國際機器人製造業者ＡＢＢ也舉辦了比賽，這一回是閉門競賽。共變決定參加。

有近二十家公司參加比賽，主要是揀選二十五項不同的物品，其中有一些會事先告知，有些不會。這些物品包括數袋小熊軟糖、裝有洗手乳或凝膠的透明瓶子，這些物品會以最意想不到的方式反光，使得機器人難以揀選。大多數的企業直接出局。有幾家公司通過大部分的測試，但是過不了難度最高的場景測試，例如揀選音樂光碟，這些光碟的表面都會反光，而且有時候還是立起來的，靠在集裝箱的內側。

阿比爾與他的同事原本還在猶豫是否要參加比賽，因為他們的系統並非是為了揀貨品而建造。不過系統可以學習。他們連續幾天以廣泛的新資料來訓練他們的系統，當ＡＢＢ人員來柏克萊參觀他們的實驗室時，機器手已能處理每一項工作，甚至比人工做得還好。該手臂的唯一失誤是意外掉落一袋小熊軟糖。「我們想找到它的缺點，」ＡＢＢ機器人服務部總經理馬克・塞古拉（Marc Segura）說道，「在這項測試中要達到某一特定的水準並不難，但是難就難在找不到絲毫缺點。」

隨著該公司繼續研發，對於資金的需求也日益升高，阿比爾於是決定求助於人工智慧領域的頭號大咖。楊立昆來到柏克萊參觀他們的實驗室，在將幾十個空的塑膠瓶丟進箱子，看著機器手臂毫無失誤地揀選出來之後，他同意投資。班吉歐則是拒絕投資。雖然他在多家大型科技公司只擔任兼職顧問，他表示他賺的錢多到他可能一輩子花不完，他寧可把心力投入自己的研究之中。不過辛頓投資了，他對阿比爾有信心。「他很不錯，」辛頓說道，「這真是讓人想不到。畢竟，他是比利時人。」

那年秋天，德國一家電子零售商將阿比爾的系統部署在柏林郊區的一棟倉庫裡，自輸送帶上藍色板條箱內揀選與整理電子開關、插座和其他多種電子零件。共變的機器人可以揀選與整理超過一萬種物品，而且準確率高達百分之九十九以上。「我在物流業已超過十六年，從來沒有看過這樣的情況。」Knapp的副總裁彼得．帕奇維恩（Peter Puchwein）說道。Knapp是奧地利的一家老字號公司，主要提供倉管自動化科技，並且幫助共變在柏林發展與安裝相關系統。共變的科技顯示機器自動化未來幾年在零售與物流業會益趨普及，預期也會進駐製造廠。然而這樣的情況也引起倉庫員工的工作可能會被自動化取代的憂慮。在德國的倉庫，一具機器人就能完成三個人的工作。

不過，目前經濟學家並不認為這類科技會在短期內取代所有的物流工作。線上零售業的成長實在太快，大部分的公司可能需要好幾年，甚至好幾十年的時間來裝設最新的自動化設備。不過阿比爾承認在未來的某一時刻，情勢將會轉變。但他也樂觀看待人類未來的結局。「如果距離現在的五十年後才會發生轉變，」他說道，「教育體系會有足夠的時間趕上來。」

# 第二十章
# 信仰

「我的目標是成功創造讓各方受益的AGI。我也知道這聽來有些可笑。」

二〇一六年秋天，距離《西方極樂園》（*Westworld*）的首映還有三天——這是HBO的電視劇，主要講述一座遊樂園的機器人逐漸跨越人工知覺的界線，轉而背叛他們的創造者——多位演員與劇組人員參加了在矽谷舉辦的一場私人放映會。這場放映會不是在當地的戲院舉行，而是在尤里．米爾納（Yuri Milner）的家中，這位五十四歲的以色列裔俄羅斯人是一位企業家與創投家，是臉書、推特、思播（Spotify）與愛彼迎的投資人，也是前沿基金會所舉辦一年一度億萬富豪晚宴的固定來賓。他的房子是一棟占地二萬二千五百平方英尺的石灰岩豪宅，座落於俯瞰舊金山海灣的洛思阿圖斯（Los Altos）山丘上，稱作盧瓦爾莊園（Chateau Loire）。這座宅院是他在五年前以逾一億美元的價格買下的，屬全國最貴的單戶住宅之一，有室內與室外游泳池、一間舞會廳、一座網球場、一座酒窖、一間圖書室、一間遊戲間、一間水療室、一間健身房，還有一座私人的電影院。

當賓客抵達放映會，在大門口有拿著 iPad 的男僕接待他們。這些男僕查看他們的請帖、以手中的 iPad 註記賓客姓名、幫他們泊車、以高爾夫球車載送他們到山丘上的豪宅，將他們在電影院門口放下來。電影院是在豪宅旁邊一棟獨立的房子，地上鋪了一條紅地毯直抵門口。布林是走在紅地毯上的貴客之一，他肩膀披了一條美國原住民的毛毯。其他許多賓客都是最近由Y組合孕育而生的新創企業億萬富豪創辦人，Y組合是由阿爾特曼主持的一家新創企業育成公司。這些創辦人中有一些五年前曾接到一份神祕的請帖，當他們魚貫走進Y組合位於舊金山辦公大樓的一間房間時，他們驚訝地看到一具機器人滑進室內，機器人的頭部是一部 iPad，上面是尤里．米爾納的即時特寫，iPad 中的米爾納突然宣布要對在場每一位的新公司投資十五萬美元。

尤里．米爾納與阿爾特曼一起主持《西方極樂園》的放映會。他們在請帖上寫道：「山姆．阿爾特曼＋尤里．米爾納邀請您參加《西方極樂園》首映會的預先發布會，這是HBO最新的電視影集，旨在探索人工意識與人工智慧的黎明。」放映會後，該劇的劇組人員與演員，包括主創與導演強納森．諾蘭（Jonathan Nolan）與演員伊雯・瑞秋・伍德（Evan Rachel Wood）、譚蒂・紐頓（Thandie Newton）走上舞台，坐在螢幕前的高腳凳上。他們花了一個小時的時間與賓客討論劇情，劇情中西方極樂園有數具機器人在軟體更新、使它們擁有記憶之後，突然發生故障，行為失常。接著阿爾特曼與艾德・博伊頓（Ed Boyton）走上舞台。博伊頓是普林斯頓大學教授，專精在機器與人腦間傳遞訊息的新興科技。他最近才獲得突破獎（Breakthrough Prize），這是由米爾納、布林、祖克柏以及其他多位矽谷大咖創立的，得獎人可以獲得三百萬美元的研究資金。博伊頓告訴來賓，科學家已接近創造一套完整的人類大腦圖譜，今後將可以用機器模擬此圖譜。問題在於這樣的機器除了行動像人類之外，是否也會感覺自己其實就是一個人類。他們表示，這也正是《西方極樂園》所要探討的問題。

***

一九五六年夏天，馬文・閔斯基、約翰・麥卡錫與其他幾位奠基人工智慧的前輩在達特茅斯集會，之後有人表示在十年內就會出現能夠擊敗世界西洋棋冠軍或是證明數學理論的機器。然而十年過去了，這樣的機器並沒有出現。其中一位前輩，卡內基美隆大學教授赫伯特・賽門當時曾經表示，該領域在未來二十年內可以建造出「和人類一樣工作」的機器。但是幾乎就在轉瞬之間，人工智慧的第一次寒冬降臨。當寒冬在一九八〇年代解凍，其他人——包括透過所謂的Cyc 計畫來重建基本常識的道格·萊納特（Doug Lenat）——揚言要重建人類智慧。然而到了九〇年代，Cyc 毫無進展，重建人類智慧也不再是頂尖科學家的話題，至少在公開場合是如此，而在之後的二十年間，這樣的情況一直維持。二〇〇八年，肖恩·萊格在其博士論文中就曾提到這情況。「在研究人員中，此一議題幾乎就是一個禁忌：它根本就是屬於科幻小說。他們向世人保證，全球最有智慧的電腦，其智力可能只和螞蟻一樣，而且這還是運氣好的時候。真正的機器智慧，如果能夠發展出來的話，也是在遙遠的未來。」他寫道，「也許在未來幾年，這樣的概念會逐漸成為主流，不過現在算是邊緣性言論。大部分的研究人員對於有生之年能看到真正的智慧機器，都抱持懷疑的態度。」

不過在接下來幾年，這樣的概念的確逐漸進入主流，主要歸功於萊格，他與哈薩比斯聯手創立深度心智，他們並且合力說服三位重量級人物（彼得·提爾、馬斯克與佩吉），這一方面的研究值得投資。在谷歌收購深度心智之後，萊格繼續私下宣揚超智慧已近在咫尺的主張，不過他很少在公開場合發表這類型的言論，部分是因為如馬斯克等人警告智慧機器可能毀滅世界的言論已引發疑懼。但是儘管他對外保持緘默，他的主張依然持續傳播。

蘇茨克維還是多倫多大學研究生時，曾訪談哈薩比斯與萊格，這兩位深度心智的創辦人表示他們正在研發通用人工智慧（ＡＧＩ），他覺得他們兩人都已脫離現實。不過當他在谷歌研發的圖像辨識與機器翻譯獲得成功後——並且在深度心智實習了幾個星期之後——他也開始擁抱萊格的理論，視其為「瘋狂地有遠見」。其他許多人也是如此。開放人工智慧實驗室最初的九位研究人員中，有五位曾在熱烈擁抱ＡＧＩ的深度心智待過一段時間，這兩家實驗室並且有兩位共同的投資人：提爾與馬斯克。二〇一五年秋天，蘇茨克維討論後來成為開放人工智慧實驗室的雛型，他覺得他發現一批與他有相同想法的人——擁有相同的信念與企圖心——但也擔心與他們的討論會回來糾纏他。如果別人聽到他討論ＡＧＩ的興起，他就會被此一領域的研究圈貼上賤民的標籤。當開放人工智慧實驗室正式揭幕時，其官方聲明並沒有提到ＡＧＩ，只是暗示在遙遠未來有這樣的可能性。「人工智慧系統今天是雷大雨小，」該聲明指出，「我們必須繼續削弱它們的限制，而在最極端的情況下，它們在每一項智慧工作上的表現都將可與人類匹敵。」隨著該實驗室日益發展，蘇茨克維也放下忌憚。開放人工智慧實驗室成立一年後，於二〇一六年聘請古德費洛加入，該實驗室在舊金山的一家酒吧歡迎古德費洛的到來，蘇茨克維高舉酒杯喊道：「三年後實現AGI！」古德費洛一聽此言，不禁在想現在告訴實驗室他不想要這份工作是不是太遲了。

堅持AGI的信念需要極大的信心，不過此一信念也激勵一些科學家努力鑽研。這樣的信念有些像是信仰。「身為科學家，我們往往覺得需要以一種非常務實的方式來證明自己。我們要向人們解釋我們今天所從事的研究為何具有價值。但是驅動我們的力量往往不僅於此，」機器人專家萊文說道，「驅使他們的是更偏向情感上的因素，是一種發自肺腑的力量，並非只在於追求基本的需要。這就是為什麼有人要研究AGI的原因，他們的規模其實要比表面上大許多。」克里澤夫斯基則是表示：「我們相信我們在感情上傾向相信的想法。」

AGI的信念有種一傳十、十傳百的魔力。有些人原本不敢相信，直至他周邊的人都相信之後才改變。然而每一個人對AGI的信念都互不相同，大家都是以各自的觀點來看此一科技與其未來。後來此一信念傳入矽谷，開始擴大。矽谷挾其雄厚的資本、精彩的演出，將AGI的信念做大。雖然如蘇茨克維等科學家一開始都避免在公開場合談論他們的觀點，馬斯克卻是大力宣揚。開放人工智慧實驗室的另一位董事長阿爾特曼也是如此。

二〇一七年初，生命未來研究所又舉行了一次高峰會，會議地點在加州中海岸的一座小鎮太平洋叢林鎮（Pacific Grove）。阿西洛馬就位於此鎮，這是一家被常綠植物包圍的鄉村旅館。一九七五年冬天，一批全球頂尖的遺傳學家就是在這兒聚會，討論基因編輯最終是否會毀滅世界。如今，一些人工智慧的專家也聚集在此一海邊小鎮，討論人工智慧是否也會帶來同樣的生存威脅。與會者包括阿爾特曼和馬斯克，而開放人工智慧實驗室、深度心智的一些大咖也都參加了這場會議。在會議的第二天，馬斯克成為一個九人討論小組的焦點，該小組主要在討論超智慧的概念，每人都被問到超智慧是否有實現的可能。每位依序接過麥克風的人都回答「會的」，除了輪到馬斯克的時候。「不會。」馬克斯說道，小禮堂內傳來一陣笑聲，大家都知道他的看法。「我們要不是擁有超智慧，要不就是文明滅絕。」他待笑聲結束後說道。小組繼續進行討論，馬克斯．鐵馬克問道一旦超智慧問世，人類應該如何與其共處。馬斯克回答這需要人腦與機器間的直接連繫。「到時我們都已是生化人，」他說道，「你的手機、電腦與所有的應用軟體中都有一部分的你，你已經是一個超人類了。」他解釋，其中的局限是人們無法快速使用他們的應用軟體，因為在人腦與機器之間沒有足夠的「頻寬」。人們仍是在使用「肉棍」——手指——來將訊息輸入手機。「要解除這樣的限制，我們需要以高頻寬來連接大腦皮質。」

艾倫人工智慧研究所的主持人奧倫·伊奇奧尼想緩和討論的氣氛。「我聽過許多人的說法，都毫無數據的根據，」他說道，「我經常鼓勵人們質疑：『這是根據數據，還是猜測？』」但是屋內其他人都站在馬斯克這一邊。這類討論後來在人工智慧研究領域成為頗為常見的議題——不過這是一場沒有贏家的辯論。這是一場有關未來會是什麼樣子的辯論，這也代表誰都可以信口開河，不必擔負證明錯誤的責任。不過馬斯克卻能自其中找到做為己用的利基。幾個月後，他宣布成立一家新創企業，稱作神經連結（Neuralink），將注資一億美元來建立一具「神經織網」（neural lace）——即電腦與人腦之間的介面——並將其設在開放人工智慧實驗室的同一間辦公大樓。

雖然馬斯克很快就離開開放人工智慧實驗室，不過該實驗室的企圖心在阿爾特曼的帶領下日益擴大。阿爾特曼是矽谷的典型人物：二〇〇五年，他還是二十歲的大學二年級生的時候，就設立了一家社交網路服務公司。這家公司名叫路普特（Loopt），最終籌集三千萬美元的創投資金，包括來自Y組合與其創辦人保羅·格雷厄姆（Paul Graham）首批投資中的一部分，七年後該公司由於虧本出售對投資人帶來損失而關門大吉。但這也是阿爾特曼趁此脫身的好機會。阿爾特曼身材瘦削，精幹結實，碧綠的眼睛炯炯有神，善於籌集資金。格雷厄姆不久之後就宣布自Y組合的總裁一職退位，並且提名阿爾特曼擔任他的接班人，此一任命讓Y組合家族中多家企業感到訝異。此一任命也讓阿爾特曼成為有如雨後春筍般不斷冒出的新創企業的顧問。透過提供建議與資金，Y組合獲得許多新創企業的股份，阿爾特曼本人也投資了若干企業，很快就因此成為一位富豪。他認為其實阿貓阿狗都可以主持Y組合，不過他也覺得透過對該公司的經營，他發展出一套評估人才的本領，更不必說籌集大筆資金的技能與機會的掌握能力。他在快速躍升的同時，首先是受到金錢的激勵，接著激勵他的是左右接受他輔導的人與企業的權力，最終是來自建立公司為世界帶來實質影響力的成就感。他對於開放人工智慧實驗室的期望就是對世界發揮更大的作用。追求AGI遠比他能追求的其他項目都重要——同時也更為有趣。他認為，離開Y組合，投身開放人工智慧實驗室，是他命中注定、無可閃躲的道路。

他和馬斯克一樣，都是創業家，並非科學家，雖然他有時會刻意強調他在史丹佛念的是人工智慧，不過在大二時輟學了。他與馬斯克的差異是他並不會經常將自己塑造成新聞界與社交媒體的焦點或是爭議性的話題，但他同樣是活在未來之中。這是矽谷菁英之間的常態，他們不論是自覺或不自覺，不論是在大企業裡或是開設新創企業，都知道執著於未來的某一理念，是吸引關注、資金與人才的最佳途徑。理念可能失敗，預測也可能失準。但是除非他們和其周圍的人有信心，否則下一個想法永遠沒有成功的一天。「自信是一股非常強大的力量。我所認識最成功的人士都相信自己，堅定不移，甚至已到幻想的程度，」他曾寫道，「如果你不相信自己，你就難以產生對未來的逆向思維，而這正是最寶貴的地方。」他回憶有一次馬斯克帶他參觀 SpaceX 工廠，讓他印象最深刻的不是廠房內眾多用來發射進入火星的火箭，而是馬斯克臉上一副篤定的神情。「嗯哼，」阿爾特曼心中自忖，「原來這就是執著於信念的樣子。」

阿爾特曼知道他的理念不可能樣樣實現，但是他也知道多數人低估了時間與快速發展會對一個原本小小的理念帶來何種影響。在矽谷，這樣的情況稱為「擴張」。當阿爾特曼決定將某一個理念擴張，他不會害怕投入重資下注。他有時會猜錯，但他若是賭對了，他要的是令人嘆為觀止、激勵人心的勝利。這樣的態度，一言以蔽之，就是馬基維利（Machiavelli）著名的格言：「要犯野心勃勃的錯誤，不要犯懶惰的錯誤。」面對二〇一六年的大選結果，他哀嘆公眾支持矽谷目標的程度，比不上他們支持其他計畫，例如六〇年代的阿波羅計畫——他們不認為矽谷目標的野心能夠激勵人心或是很酷炫，反而視作任性而為，甚至有害無益。

開放人工智慧實驗室成立後，在重建智慧的理念上，阿爾特曼並不像蘇茨克維那樣怯於發聲。「隨著時間的演進，我們會愈來愈接近超越人類智慧的境界，屆時一定會有聲音質疑谷歌願意與別人分享多少的問題。」他說道。有人問他，開放人工智慧實驗室是否也會研發類似的科技，他表示他認為一定會的，不過同時也指出該實驗室會與各界分享其科技。「它將會向每一個人開放原始碼，每個人都能使用，而不是譬如說只有谷歌能使用。」人工智慧是阿爾特曼迄今所支持最大規模的概念，不過他仍對其他科技一視同仁。

二〇一八年四月，他和他的研究團隊針對該實驗室發布了新的章程，經營宗旨與他當初設立時大不相同。阿爾特曼原本主張開放人工智慧實驗室會公開分享所有的研究，這也是該實驗室稱作開放人工智慧的原因。但是在看到生成模型、臉部辨識科技的興起與自主性武器威脅造成的混亂之後，該實驗室決定暫停某些科技的開放，待評估對世界帶來的影響之後再做定奪。這是許多組織現今醒悟到的現實。「如果你一開始就決定這是一個開放平台，可供任何人做任何用途，結果將會不堪設想，」穆斯塔法．蘇萊曼說道，「我們在建立科技之前，必須審慎思考此一科技會如何遭到誤用的問題，還有如何將其置於監管之下的問題。」諷刺的是開放人工智慧實驗室以極端的方式來展現此一態度。在接下來幾個月，這樣的作風成為該實驗室行銷自己的新手法。在製造出類似谷歌伯特的新型語言模型後，開放人工智慧實驗室透過媒體表示，有鑑於此一科技能夠允許機器自動製造假新聞與其他造成誤導的訊息，危險性極高，因此不會對外發布。然而其他的研究人員卻是對此嗤之以鼻，表示此一科技根本還稱不上危險。最終該實驗室還是將此一科技公開。

開放人工智慧實驗室的新章程同時也指出——明確且老實地——該實驗室正在從事ＡＧＩ的研發。阿爾特曼與蘇茨克維都十分了解當前科技的局限與危險，但是他們的目標是建造一部能夠與人腦匹敵的機器。該章程寫道：「開放人工智慧實驗室的使命是確保通用人工智慧（ＡＧＩ）——我們是指在最具經濟價值的工作上，能夠超越人類的高度自主性系統——能夠造福全人類。我們將直接建立安全與有益的ＡＧＩ，不過如果我們的成果幫助別人達成此一目標，我們也將視為完成使命。」阿爾特曼與蘇茨克維的意思其實是，他們會以類似深度心智訓練系統來破解圍棋與其他電子遊戲的方式，來建立ＡＧＩ。他們指出重點只在於蒐集足夠的數據、建立足夠的運算能力，以及改善分析數據的演算法。他們知道有些人會心存懷疑，他們也知道此一科技的危險性。不過他們並不擔心。「我的目標是成功創造讓各方受益的ＡＧＩ，」阿爾特曼說道，「我也知道這聽來有些可笑。」

該年稍晚，深度心智訓練一套系統玩奪旗遊戲（capture the flag）。這是一項大都是由夏令營兒童在森林或是曠野玩的團體運動，不過它也是電子遊戲職業玩家在如「鬥陣特攻」（Overwatch）與「雷神之鎚III」（Quake III）等3D電子遊戲中所進行的競技。深度心智的研究人員以「雷神之鎚III」來訓練他們的機器，該競技是在敵我陣營各有一面旗幟，一面是藍色，一面是紅色，位於築有高牆的迷宮兩端。每支隊伍必須保護己方的旗幟與搶奪對方的旗幟，將其帶回己方陣地。這個遊戲需要團隊合作——即在攻守上必須審慎協調——而深度心智的研究人員示範了機器能夠學習這樣的合作方式，或者至少能夠模仿。該系統是透過玩了四十五萬回合「雷神之鎚III」中的奪旗遊戲來進行學習——相當於將玩家逾四年的經驗濃縮在幾週的訓練之中。最終，該套系統可以與其他的自主性系統或是人類玩家一起從事奪旗的遊戲，並且還能夠配合隊員調整自己的行為。在某些案例中，它展現出與其他老手相同的合作技能。當一位隊友逼近對方的旗幟，該系統就會立刻跑進對方的基地。每一位人類玩家都知道，一旦奪得對方旗幟，對方基地就會立刻出現另一幅旗幟，一旦出現就可馬上奪走。「要如何定義團隊合作並非我的工作，」麥克斯．傑德柏格（Max Jaderberg）說道，他是深度心智負責此一計畫的研究人員之一，「不過有一個系統玩家會坐在對方基地，等待旗幟出現，它只有依賴隊友，才有可能做到這一步。」

深度心智與開放人工智慧實驗室都希望以這樣的方式來模擬人類的智慧。自主性系統可以在日趨複雜的環境中自我學習。先是雅達利，接著是圍棋，然後是如「雷神之鎚III」等牽涉到不只是個人技巧，同時還有團隊合作的3D電子遊戲，以此類推。七個月後，深度心智又推出一套系統，能夠擊敗「星海爭霸」（StarCraft）全球最頂尖的職業玩家，這是一款把場景設在太空的3D電子遊戲。接著，開放人工智慧實驗室也建造出可以破解「遺蹟保衛戰二」（Dota 2）的系統，該遊戲的玩法像是更複雜的奪旗競技，需要全隊自主性系統玩家間互相合作。那年春天，一支由五個自主性系統玩家組成的隊伍，擊敗了擁有全球最佳的人類玩家之隊伍。專家們相信，這些自主性系統既然能在虛擬的領域內獲得成功，最終也可在現實世界中發揮作用。這就是開放人工智慧實驗室建造機器手的方式，先是訓練虛擬的手來破解虛擬的魔術方塊，然後再將此一科技轉移到現實世界。這些實驗室相信，如果他們能夠開發出大到足以模仿人類日常生活的系統，他們就可以製造出AGI。

別人卻有不同的看法。儘管這些在「雷神之鎚」、「星海爭霸」與「遺蹟保衛戰」

等電子遊戲上的成就令人印象深刻，仍有許多人質疑這樣的科技能否移植到現實世界中。「３Ｄ環境當初設計是為了使得導航變得較為容易，」喬治亞理工學院（Georgia Tech）教授馬克・里德爾（Mark Riedl）針對深度心智一篇關於以自主性系統玩家來從事奪旗競技的論文做出評論，「『雷神之鎚』中的策略與協調都太過簡單。」他指出，雖然這些系統玩家看來是在進行合作，其實並非如此。它們只不過是對遊戲中的情況做出反應，不是像人類玩家一樣，真正地與隊友溝通。這些系統玩家都具有與遊戲相關的超高知識，但這絕非智慧，這也代表它們根本難以應付現實的世界。

強化學習非常適合應用在遊戲上。電子遊戲都會以分數作為成績，但是在現實世界，沒有人會打分數。研究人員必須尋找定義成功的其他方式，這項工作絕非瑣碎可以形容。魔術方塊看來再真實不過，但它也只是一項遊戲。它的目標十分明確，而且研究人員仍是無法解決它所有的問題。在現實世界中，開放人工智慧實驗室的機器手都裝有許多細小的ＬＥＤ，供屋內的感應器隨時追蹤手指的每一個動作。沒有這些ＬＥＤ與感應器，機器手就無法破解魔術方塊。事實上，根據該實驗室研究報告上的小字部分，即使有了這些裝置，機器手十次有八次都拿不住魔術方塊。然而要達到這個百分之二十的成功率，開放人工智慧實驗室的機器手必須經歷在數位世界中相當於一萬年的試誤。要達到真正的智慧所需的數位經驗，會使得這樣的經驗看來微不足道。深度心智可以利用谷歌的數據中心網路，這是全球最大的民間網路之一，然而即使如此仍不足夠。

研究人員將突破瓶頸的希望寄託在以新款的電腦晶片來改變方程式——這樣的晶片能夠驅動研究至輝達GPU與谷歌TPU難以企及的水準。有數十家公司，包括谷歌、輝達、英特爾與一長串的新創企業，都在製造這樣的晶片來訓練神經網路，幫助深度心智與開放人工智慧實驗室等機構開發的系統大幅減少學習時間、增加學習容量。「我觀察新的運算資源的發展趨勢，將其與目前的結果進行比較，發現曲線一路揚升。」阿爾特曼說道。

著眼於這種新式的硬體，阿爾特曼與微軟及其新上台的執行長納德拉達成協議，納德拉一心想向世界證明微軟仍居於人工智慧領域的領導地位。納德拉上位後不過短短幾年的時間，就讓微軟重新振作，不但支持開放原始碼的軟體，同時在雲端運算市場超越谷歌。但是在一個大家都認為雲端運算市場的未來是在人工智慧的世界裡，沒有人認為微軟是此一領域的領先者。納德拉與微軟同意對開放人工智慧實驗室投資十億美元，開放人工智慧實驗室則是同意將其中一大部分資金返還微軟，讓微軟開發新的硬體基礎設備來訓練該實驗室的系統。「不論你是追求量子運算，還是AGI，我認為你都需要這些野心勃勃的北極星。」納德拉說道。不過對於阿爾特曼，這不過是達到其目的的一種方式。「我經營開放人工智慧實驗室的目的，是成功開發出有益世人的AGI，」他說道，「此一合作關係是目前為止通往此一目標最重要的里程碑。」

兩大實驗室表明態度要開發AGI，全球最大的兩家公司則承諾會提供所需的資金與硬體，至少會維持一段時間。阿爾特曼認為他和開放人工智慧實驗室要達到目標，還需要二百五十億到五百億美元。

* * *

一天下午，蘇茨克維坐在舊金山距離開放人工智慧實驗室只有幾個街口的咖啡店裡。他啜飲陶瓷杯內的咖啡，高談闊論，其中一個話題是AGI。他描述此一科技的態度感覺上是他知道它終會到來，就算他無法解釋其中細節。「我知道它力量強大，這是我可以確定的，」他說道，「我很難說明它會是什麼樣子，不過我認為我們應該盡早思考這些問題。」他說這將會是「運算海嘯」，一場人工智慧的雪崩。「這就像是一種自然現象，」他解釋，「是一種不可抗力。它的用處之大絕不容許放棄。我們該怎麼做？我們可以引導它向這邊移動，或是向那邊移動。」

此一科技並不僅僅能夠改變數位世界，它也能改變整個物質世界。「我覺得我可以很有把握地說，真正能與人類並駕齊驅、甚至超越人類的人工智慧，會以我們無從預測與想像的方式對社會造成全面性改革的影響，」他說道，「我認為它會解構所有的人類系統。我認為在不久的未來，地球表面就會布滿數據中心與發電廠。你一旦有了一個可以推動多種人工智慧運作的數據中心，你會發現它們比人類聰明，是非常有用的東西，它可以產生更多的價值。你馬上就會問：你能否再建造一個？」

問到他是否真的如此認為，他表示他是認真的。他指著窗外對街一棟亮橙色的建築物。他說，設想這棟建築物布滿電腦晶片，這些晶片驅動軟體複製如谷歌等公司執行長、財務長與所有工程師的技能。他解釋，如果你能將谷歌所有的運作都集中在這棟建築物內，它一定極具價值，而且一定會想再建造一棟像這樣的建築，然後再一棟、再一棟。他表示，你將會面臨不斷建造這類建築的龐大壓力。

在大西洋對岸，谷歌在聖潘克拉斯車站附近的新大樓裡，萊格與哈薩比斯對於未來的描述相對簡單，但是他們所傳達的訊息大同小異。萊格解釋，深度心智目前仍在十年前他與哈薩比斯向提爾說明成立公司初衷時的軌跡之上。「我回顧我們在成立公司之初所設定的宗旨，感覺今天的深度心智不改初衷，」他說道，「真的沒有改變。」他們最近還剔除一項不符公司宗旨的業務。二〇一八年春天，蘇萊曼告訴深度心智的一些人，他要將該公司的健康部門移至谷歌旗下，到了秋天，深度心智正式宣布谷歌接管了該項業務。一年後，蘇萊曼先是在沒向公司以外的人透露之情況下休了一個長假，然後離開深度心智投入谷歌。相較於哈薩比斯，他的理念向來與狄恩較為接近。現在，他帶著他心愛的計畫，也是深度心智最為實際且短期內就可實現的計畫，與哈薩比斯和萊格分道揚鑣。自此之後，深度心智更是專注於未來。同時，儘管該公司仍維持其獨立性，不過依然可以自谷歌獲得龐大資源。自收購深度心智之後，谷歌已對其研發投下十二億美元的資金。到了二〇二〇年，哈薩比斯在倫敦除了僱有數百位電腦科學家之外，還聘請了五十多位神經科學家來研究人腦的內部運作。

有人質疑深度心智與谷歌間這樣的合作關係還會維持多久。就在同一年，深度心智的兩大支持者佩吉與布林宣布退休。「深度心智能夠繼續獲得字母集團鉅額注資這些長期研究計畫嗎？」質疑之聲問道，「或者該實驗室會被迫從事一些能夠立即實現的計畫？」對於當初主持收購深度心智並且幫助建立谷歌大腦的尤斯塔斯來說，在追求短期科技與長期願景之間總是存在著矛盾。「如果是在谷歌內部，他們可以處理一些較為有趣的問題，但是也可能會減緩他們邁向長期目標的腳步。如果是把他們置於字母集團之下，可能就會減緩他們將科技商業化的能力，但是有助他們追求長期的目標，」他說道，「此一難題的解答是機器學習發展史上重要的一步。」不過，驅動深度心智向前邁進的初衷並未改變。經過多年的動盪之後，人工智慧終於以令人始料未及的速度快速發展，同時與企業之間建立千絲萬縷、強而有力的關係，然而深度心智就和開放人工智慧實驗室一樣，仍是一心想要製造真正的智慧機器。事實上，它的創始人將動盪視為一種證明。他們用以警告這些科技可能出錯。

一天下午，在倫敦辦公室的一場視訊通話中，哈薩比斯說出他對未來的看法是介於祖克柏與馬斯克之間。他表示，祖克柏與馬斯克的觀點分處兩個極端。他確信超智慧有實現的可能，也認為可能會帶來危險，但是他同時也相信這一天的到來仍是十分遙遠。「我們需要利用現在的空檔，趁一切風平浪靜時，為幾十年後事態嚴重時預做準備，」他說道，「我們現在擁有的時間十分珍貴，我們必須善加利用。」臉書與其他公司最近幾年所引發的問題，正是在警告這些科技的研發必須謹慎與經過深思熟慮。但這些警告並不能阻止他繼續追求他的目標。「我們要做這件事，」他說道，

「我們不是來胡搞的。我們之所以這麼做是因為我們真的相信它有實現的可能。時間表或許可以討論，但是據我們了解，這世界還沒有出現能夠阻止ＡＧＩ實現的物理定律。」

# 第二十一章

# X因素

「歷史會一再重演，我想。」

辛頓的辦公室位在多倫多市區內谷歌大樓的十五樓，有兩塊白色積木放在窗前的櫃子上，每一塊都有如鞋盒大小。積木呈銳角長三角形，看來就像辛頓自宜家（IKEA）型錄上找到的現代主義迷你雕刻。每當有人走進他的辦公室，他就會將這兩塊積木交給他們，解釋他們手中的積木是一個角錐體的兩半，並且要他們把這個角錐體再組合起來。這個要求看來很簡單，每塊積木只有五個面，只要找到相互吻合的兩個面就可以將其組合起來。但是沒有幾人能夠解開此一謎題。辛頓總會提起有兩位麻省理工的終身教授未能成功解開的故事，一位拒絕嘗試，另一位則是提出證明說這是不可能的。

但是辛頓表示，這的確是可能的，然後他自己動手很快將兩塊積木成功組合在一起。他解釋，很多人找不到解答，是因為這個問題擾亂了他們對如三角錐這樣的物體——或是他們在現實生活中所碰到的任何東西——認知的方式。他們無法光是從觀察一個面，然後另一個面、從上面或是下面，來認出這是三角錐。他們都是以3D空間的觀察方式來看這個物體。辛頓解釋，由於他將三角錐一分為二，人們無法以其平常在3D空間的觀察方式來看此一物體。他藉此強調視覺遠比大家所認為的要複雜，人們可以了解他所看到的東西是什麼，然而機器卻不行。「電腦視覺的研究人員往往忽略了這一點，」他說道，「這是大錯特錯。」

他強調的是他過去四十多年來所幫助開發的科技有其局限。他指出，電腦視覺的研究人員現在都是依賴深度學習，但深度學習只能解決部分的問題。如果神經網路分析數千張咖啡杯的照片，它可以辨識出咖啡杯。但是如果所有的照片都只顯示咖啡杯的側面，如果咖啡杯倒過來，它就無法辨識。它是以平面，而非立體的方式來觀察物體。他解釋，這是他希望能用「膠囊網路」來解決的許多問題之一，他是以非常英式的發音來說「膠囊網路」（capsule network）」一詞：凱布休（cap-*shule*）。

和其他的神經網路一樣，膠囊網路也是一套向數據學習的數學系統。不過，辛頓指出，它可以給予機器像人類一樣的3D視覺，讓機器只需學習從某一角度來觀察咖啡杯，就能從任何角度來辨識咖啡杯。他早在一九七〇年代末就已有這樣的概念，但經過幾十年後才開始在谷歌重新進行研發。二〇一五年夏天他在深度心智的時候，他本想進行這一方面的研究，但是因為他的妻子潔姬被診斷出患有癌症而作罷。回到多倫多後，他與被美國拒發簽證的伊朗科學家莎拉・薩波爾聯手研究此一概念。到了二〇一七年秋天，他們建造出一套膠囊網路，能夠自一些奇特的角度來辨識影像，而且準確度在一般的神經網路之上。但是辛頓強調，膠囊網路不僅是要用來辨識影像，他們是要藉此以更為複雜與有力的方式來模擬人腦內神經元網路的運作，他相信他們可以因此加速人工智慧從電腦視覺到自然語言理解等各方面的整體進展。在辛頓眼中，此一新科技就像他在二〇〇八年十二月於惠斯勒滑雪勝地與鄧力不期而遇時的神經網路，已接近突破的時刻。「歷史會一再重演，」他說道。「我想。」

***

二〇一九年三月二十七日，全球最大的電腦科學家社團計算機協會（Association for Computing Machinery）宣布辛頓、楊立昆與班吉歐榮獲當年的圖靈獎。圖靈獎創於一九六六年，往往被稱為「電腦界的諾貝爾獎」。它是為紀念艾倫・圖靈（Alan

Turing）而設，一位對電腦問世具有絕大貢獻的人，圖靈獎的獎金現在高達一百萬美元。在二〇〇〇年代中期合力重振神經網路研究，將其推上科技產業的核心，重塑影像辨識、機器翻譯與機器人等多項領域的科技之後，這三位研發老將決定將獎金平分，楊立昆與班吉歐並且決定將多出來的一美分歸辛頓所有。

辛頓罕見地在推特上推文以紀念此一場合，談到他所謂的「X因素」。「當我還是劍橋國王學院的本科生時，萊斯·瓦利安特（Les Valiant）獲得二〇一〇年的圖靈獎，他當時是住在相鄰X樓梯的房間，」他在推特寫道，「他告訴我，圖靈在國王學院擔任研究員時就是住在X樓梯上，他一九三六年的論文可能就在這兒完成的。」那篇論文開啟了電腦時代。

兩個月後，頒獎典禮在舊金山市中心的皇宮酒店（Palace Hotel）的大宴會廳舉行。狄恩穿了半正式禮服來參加盛會，施瑞普弗也是。穿著白色外套的侍者為超過五百位賓客上菜，他們都坐在鋪有白桌布的圓桌旁。他們在享用晚餐的同時，主辦單位將其他獎項頒發給十幾位來自產業界和學界的工程師、程式設計師與研究人員。由於背部的問題，辛頓並沒有坐下來用餐，他上次坐下來還是十五年前的事情。「這是一個長期屹立的問題。」他經常這麼說。在頒發第一批獎項時，他站在大廳邊上，低頭看著記有致詞要點的小卡片。楊立昆與班吉歐過來陪他靠牆站了一會兒，然後坐下來用餐，辛頓則是繼續讀他的卡片。

在頒獎典禮進行一小時後，狄恩上台，略帶緊張地介紹三位圖靈獎得主。他是世界頂尖的工程師，不是演說家。不過他說的話卻是千真萬確。他告訴賓客，儘管科技界的其他人多年來多所懷疑，但是辛頓、楊立昆與班吉歐已發展出一套迄今依然對科學與文化有重大影響的科技。他說道：「現在已到從相反角度來承認他們的研發是多麼偉大的時刻。」接著主辦單位在舞台兩邊的螢幕上播放一段短片，敘述神經網路的漫長歷史與這三位研究老兵過去幾十年來所面對的阻礙。影片中出現楊立昆說道：「我絕對相信我一直都是對的。」廳內傳出一陣笑聲，此刻已來到舞台上的辛頓，仍在低頭看著卡片。

影片也強調人工智慧要達到真正的智慧仍有漫漫長路。楊立昆在影片中說道：「機器的常識仍然比不上家貓。」接著，影片中出現辛頓講解他在膠囊網路上的研究。他表示他希望再次推動此一領域更上層樓，一個旁白的聲音以該領域慣有的誇大語氣說道：「人工智慧的前景一片大好，許多人稱之為『下一件大事』，具有無限的可能性。」然後辛頓最後一次出現在鏡頭前面，以較為單純的措詞描述那一刻。他首先表示能與楊立昆與班吉歐一起獲獎，感到非常高興。「能集體獲獎是一件好事，」他說道，「成為一個成功團體的一分子，總是要比單打獨鬥好得多。」他接著給予聽內賓客一些建議。「如果你有一個想法，而且這個想法看來一定是對的，別讓別人說你傻，」他說道，「別理他們。」影片結束，他仍站在台上看著他的卡片。

班吉歐是三人中第一位發表得獎感言的，他的落腮鬍已經灰白。他說他之所以第一位上台是因為他是三人中最年輕的。他感謝加拿大先進研究所，此一政府機構在二○○○年代中期曾資助他們的神經網路研究。他也感謝楊立昆與辛頓。「他們起初是我的偶像，接著成為我的導師，然後是我的朋友與共犯。」他說道。他也指出，此一獎項並不只是屬於他們三人，而是屬於所有相信此一理念的研究人員，包括他們在蒙特婁大學、紐約大學與多倫多大學的許多學生。他強調，最終推動此一科技突破新高的，必然是擁有相同理念的廣大社群的最新研究發展。事實上，在他發表談話的同時，這樣的情形已經發生，與保健、機器人與自然語言理解相關的科技都在持續進步之中。多年來，該領域許多重量級人物的影響力都是起起伏伏。在對自己的研發希望破滅後，克里澤夫斯基自谷歌辭職，徹底離開此一領域。第二年，在百度高層鬥爭下，吳恩達與陸奇先後離開這家中國公司。不過此一領域整體上仍在產業界與學術界持續擴張。在過去幾個月間，蘋果自谷歌挖來了吉安南德雷亞與古德費洛，他們都是班吉歐以前的學生。

但是班吉歐同時也警告大家在使用這項科技上必須謹慎。「我們榮譽加身也代表責任加重，」他說道，「我們的工具可以使之為善，也可以使之為惡。」二個月前，《紐約時報》才揭露中國政府與多家人工智慧公司合作發展臉部識別科技，能夠幫助追蹤與控制大多為穆斯林的少數民族維吾爾人。接著在秋季的時候，谷歌的法務長華克表示儘管專家計畫爭議不斷，不過谷歌仍會與國防部繼續合作，同時有許多人仍在質疑這樣的合作關係對自主性武器的未來有何意義。此外，二〇二〇年的總統大選已經迫近。

楊立昆，臉書人工智慧實驗室的主持人，是第二位上台致辭的人。「要跟在約書亞後面總是一大挑戰，」他說道，「要排在傑夫前面更是困難。」他是三人中唯一穿著燕尾服上台的。他表示有許多人問他得了圖靈獎對生活有何影響。「在得獎之前，我已習慣別人說我錯了，」他說道，「現在我必須小心，因為沒有人敢告訴我我錯了。」他說在圖靈獎得主中，他和班吉歐最特別。只有他們遲至一九六〇年代才出生，也是唯二出生在法國的得獎人。他們的名字都是以Y開頭，他們都有兄弟在谷歌工作。他最後感謝父親教導他成為一名工程師，並且感謝辛頓的教導。

在賓客為楊立昆鼓掌的同時，辛頓終於收起卡片，走上講台。「我算了一下，」他說道，「我確定我比楊立昆與約書亞年紀加起來都年輕。」他感謝「計算機協會的評獎委員會與他們卓越的認知」，他也感謝他的學生與博士後研究員，他感謝他的同事與老師，他也向資助他研究的組織致謝。但是他說他最想要感謝的是他的妻子潔姬，她在此一獎項宣布的幾個月前就去世了。他告訴來賓，二十五年前，他的妻子羅莎琳去世，他以為他的研究生涯就此結束。「幾年後，潔姬放棄她在倫敦的事業來到加拿大與我們同在一起，」他說道，聲音有些沙啞，「潔姬知道我多麼想要得到這個獎，她今天一定會想來這裡。」

＊＊＊

在獲獎後的第二個月，辛頓在亞歷桑納州鳳凰城發表得獎感言——主要是為慶祝他獲獎——他解釋機器學習的興起與探究其未來的走向。他在致詞中指出，機器學習有多種方法。「現有兩種學習演算法——事實上是三種，但是第三種並不好用，」他說道，「就是強化學習。」他的聽眾是數百位人工智慧研究人員，爆出一陣笑聲。他繼續說下去。「強化學習有一個完美的歸謬法，」他告訴大家，「就是深度心智。」辛頓並不信奉被哈薩比斯與深度心智視為通往AGI之路的強化學習，它需要太多的數據與太多的運算能力，才能從事現實世界中的實際工作。基於此一原因——還有其他許多因素——他也不相信AGI指日可待。

他認為，AGI困難重重，是一個在可見的未來難以解決的問題。「我寧願專注於你能找到解決之道的問題。」他在那年春天訪問北加州谷歌總部時表示。而他也納悶為什麼有人想打造AGI。「如果我有個機器人外科醫生，它只需了解大量醫學與相關操作的知識。我不認為我的機器人外科醫生需要知道棒球比賽。它為什麼需要一般用途的知識？我原本以為你製造這部機器是為了幫助我們，」他說道，「如果我需要一部挖水溝的機器，我寧願要挖土機而不是機器人。你不會要機器人來挖水溝。如果我要一部能吐錢出來的機器，我會要一部自動櫃員機。我相信我們可能不會要一部一般用途的機器人。」有人問他有關AGI的信念是否有如宗教信仰，他不同意這樣的說法：「它不像宗教信仰那麼黑暗。」

同年，阿比爾邀請辛頓投資他的共變。辛頓在看到阿比爾的機器人在強化學習的表現後，改變了他對人工智慧研發未來的看法。在共變的機器人系統部署在柏林的倉庫時，他稱這是機器人學的「AlphaGo時刻」。「我過去一直對強化學習持懷疑的態度，因為它需要大量的運算。不過現在我們已經抓到要領了。」他說道。不過他仍是不贊助研發AGI。「當前所顯現的進步都在於處理個別的問題——讓機器人修正某些問題或是理解一個句子好供你翻譯——而不是建造通用人工智慧。」他說道。

在此同時，他也不認為該領域的進展已到盡頭，只是現在已非他所能掌握。他希望膠囊網路能獲得成功，然而人工智慧整個研究圈在全球最大的企業資助下，卻是朝著別的方向狂奔。被問及我們是否應該擔心超智慧的威脅，他表示這在短期內根本是多慮了。「我想我們的處境要比哈薩比斯所想的要好得多。」他說道。不過他也表示如果你從長遠未來的角度來看，確實需要擔心。

# 致謝

我原本要寫的不是這本書。在二〇一六年夏天之前，我花了好幾個月寫了一份主題完全不同的著作提案，這時有一位文學經紀人聯絡我，原本和我合作的不是同一人。這一位是伊森．巴索夫（Ethan Bassoff），他在看了我的提案後，非常客氣地告訴我，這是一堆垃圾。他說得沒錯。更重要的是他相信後來寫成這本書的理念——沒有人真正相信的理念。這樣的理念往往是最好的理念。

透過伊森，我結識了我在達頓出版（Dutton）的編輯史帝芬．莫羅（Stephen Morrow），他也支持本書的概念。這真的是意義非凡。我提出要寫一本有關人工智慧的書籍，它目前正是全球最熱門的科技。不過我的構想不是寫此一科技，而是研發此一科技的人。迄今還沒有人寫過一本科技研發者的故事。他們的著作談的都是負責經營這類科技企業的主管。我有幸認識伊森與史帝芬，我也很幸運發現我要寫的人物都十分有趣、個性鮮活，各有特色。

接著，我真的要寫這本書了。這一點幾乎完全要感謝我的妻子泰伊（Tay）與我的女兒米萊（Millay）與海索（Hazel）。她們不知道有多少次，只要想到要把我這本書的寫作融合到大家的日常生活之中，就會覺得這絕非明智之舉。如果她們真做如是想，也是沒錯。不過儘管如此，她們依然幫助我著書。

有兩人藉由示範的方式幫助我著作本書：艾什莉・范斯（Ashlee Vance）與鮑伯・麥克米倫（Mike McMillan）。我在《記事報》（*Register*）遇到艾什莉與我們的編輯德魯・卡倫（Drew Cullen）之前，我根本不知如何著手。《記事報》是一本獨特又神奇的刊物，我曾在此工作五年。後來鮑伯與我製作了可能是全球最偉大的刊物：《連線企業》（*Wired Enterprise*）。這是另一個沒有人相信的概念，除了我們的老闆伊凡・漢森（Evan Hansen）。伊凡：我欠你一份人情。我喜歡從事一些看來不會成功的事情，而在《連線》（*Wired*）雜誌，我多年來都可以這麼做。

這些年來，為「深度學習」這個報導重點奠定基礎的並不是我，而是鮑伯與我們最喜愛的《連線》雜誌科學記者丹妮耶拉・赫南德茲（Daniela Hernandez）。我非常感激丹妮耶拉與其他幾位善心人士願意讀我的草稿，其中包括奧倫・伊奇奧尼（Oren Etzioni），他是人工智慧研究圈內的一位老兵，他願意讀完這本有關他熟知領域的著作，並且客觀地提出建議，還有克里斯・尼可森（Chris Nicholson），他對本書與我在《紐約時報》的新聞報導都至為重要。他一直是我最需要的導師。

我也要感謝我的編輯譚貝文（Pui-Wing Tam）與吉姆・克斯泰特（Jim Kerstetter），他們提供了我一直想要的工作，並且教導我在工作上如何精進。我也要感謝我在《紐約時報》不論是在舊金山分部或是其他地方的同事，尤其是偉大的史考特・沙恩（Scott Shane）與同樣偉大的若林大介（Dai Wakabayashi），他們與我共同製作的一篇報導幫助開啟了本書的大門；亞當・沙塔雷諾（Adam Satariano）、邁克・艾薩克（Mike Isaac）、布萊恩・陳（Brian Chen）與凱特・康格（Kate Conger），他們都是才華橫溢的記者，在多篇報導上與我合作，對本書貢獻良多；還有內莉・波爾斯（Nellie Bowles），本書序文的標題是她建議的，我非常滿意。

最後，我要感謝我的母親瑪麗・梅茲（Mary Metz）；我的妹妹路易絲・梅茲（Louise Metz）與安娜・梅茲・盧茨（Anna Metz Lutz）；我的妹婿阿尼爾・吉西（Anil Gehi）與丹・盧茨（Dan Lutz）；還有我的外甥與外甥女帕斯卡・吉西（Pascal Gehi）、伊萊亞斯・吉西（Elias Gehi）、米莉安・盧茨（Miriam Lutz）、艾薩克・盧茨（Isaac Lutz）與薇薇安・盧茨（Vivian Lutz），他們對我的幫助之大，遠超過他們想像。我唯一感到遺憾的是我的父親華特・梅茲（Walt Metz）沒有來得及看到這本書。他一定會比任何人都喜歡這本書。

# 時間軸

一九六〇年——康乃爾教授法蘭克·羅森布拉特在紐約州水牛城建造馬克一號感知器，是早期的「神經網路」。

一九六九年——麻省理工學院教授馬文·閔斯基與西摩爾·派普特合著《感知器》一書，指出羅森布拉特科技的問題。

一九七一年——傑弗瑞·辛頓開始在愛丁堡大學攻讀人工智慧的博士學位。

一九七三年——人工智慧第一個寒冬到來。

一九七八年——傑弗瑞·辛頓在加州大學聖地牙哥分校擔任博士後研究員。

一九八二年——卡內基美隆大學聘僱傑弗瑞·辛頓。

一九八四年——傑弗瑞·辛頓與楊立昆在法國會面。

一九八六年——大衛·魯梅爾哈特、傑弗瑞·辛頓與羅納·威廉斯聯合發表「反向傳播算法」的論文，擴大神經網路的力量。

楊立昆加入在紐澤西州霍姆德爾的貝爾實驗室，開始建造 LeNet，這是一套可以辨識手寫數字的神經網路。

一九八七年——傑弗瑞·辛頓離開卡內基美隆，至多倫多大學任教。

一九八九年——卡內基美隆的研究生迪恩·波梅洛根據神經網路建造了一輛自動駕駛車艾爾文（ALVINN）。

一九九二年——約書亞·班吉歐在貝爾實驗室擔任博士後研究員，結識楊立昆。

一九九三年——蒙特婁大學聘僱約書亞·班吉歐。

一九九八年——傑弗瑞·辛頓在倫敦大學學院成立蓋茲比神經科學研究中心。

一九九〇年代到二〇〇〇年代——人工智慧另一個寒冬到來。

二〇〇〇年——傑弗瑞·辛頓返回多倫多大學。

二〇〇三年——楊立昆來到紐約大學任教。

二〇〇四年——傑弗瑞·辛頓在加拿大政府的資助下，開始舉辦「神經運算與適應性知覺」研討會。楊立昆與約書亞·班吉歐都參加該項活動。

二〇〇七年——傑弗瑞·辛頓首次以「深度學習」此一名詞來描述神經網路。

二〇〇八年——傑弗瑞·辛頓在卑詩省惠斯勒無意間遇到微軟研究員鄧力。

二〇〇九年——傑弗瑞・辛頓參訪在西雅圖的微軟研究實驗室，探索將深度學習應用在語音辨識上的可能。

二〇一〇年——辛頓的兩位學生阿布圖－拉曼・穆罕默德與喬治・達爾參訪微軟。

德米斯・哈薩比斯、肖恩・萊格與穆斯塔法・蘇萊曼聯手成立深度心智。

史丹福教授吳恩達向谷歌執行長賴利・佩吉提出馬文計畫。

二〇一一年——多倫多大學研究員奈迪普・傑特利在蒙特婁擔任谷歌實習生，透過深度學習開發一套新型的語音辨識系統。

吳恩達、傑夫・狄恩與葛瑞格・柯拉多設立谷歌大腦。

谷歌部署根據深度學習開發的語音辨識服務。

二〇一二年——吳恩達、傑夫・狄恩與葛瑞格・柯拉多合作發表貓咪論文。

吳恩達離開谷歌。

傑弗瑞・辛頓擔任谷歌大腦「實習生」。

傑弗瑞・辛頓、伊爾亞・蘇茨克維與亞歷克斯・克里澤夫斯基聯合發表 AlexNet 論文。

傑弗瑞・辛頓、伊爾亞・蘇茨克維與亞歷克斯・克里澤夫斯基拍賣他們的DNN研究公司。

二〇一三年——傑弗瑞・辛頓、伊爾亞・蘇茨克維與亞歷克斯・克里澤夫斯基加入谷歌。

馬克・祖克柏與楊立昆設立臉書人工智慧研究實驗室。

二〇一四年——谷歌收購深度心智。

伊恩・古德費洛發表GAN論文，說明生成照片的方式。

伊爾亞・蘇茨克維發表序列對序列論文，向自動化翻譯邁進一步。

二〇一五年——傑弗瑞・辛頓在深度心智度過夏季。

AlphaGo 在倫敦擊敗樊麾。

伊隆・馬斯克、山姆・阿爾特曼、伊爾亞・蘇茨克維與格雷戈・布洛克曼聯手設立開放人工智慧實驗室。

二〇一六年——深度心智發表深度心智健康計畫。

AlphaGo 在韓國首爾擊敗李世乭。

陸奇離開微軟。

谷歌部署以深度學習為本的翻譯服務。

唐納·川普擊敗希拉蕊·柯林頓。

二〇一七年——陸奇加入百度。

AlphaGo 在中國擊敗柯潔。

中國推出國家人工智慧計畫。

傑弗瑞·辛頓發表膠囊網路。

輝達發表漸進式GANs，能夠產生如照片一樣逼真的臉孔。

深度偽造入侵網際網路。

二〇一八年——伊隆·馬斯克離開開放人工智慧實驗室。

谷歌員工抗議專家計畫。

谷歌推出伯特，一套學習語言技能的系統。

二〇一九年——頂尖的研究人員抗議亞馬遜臉部識別科技。

傑弗瑞·辛頓、楊立昆與約書亞·班吉歐榮獲二〇一八年圖靈獎。

微軟投資開放人工智慧實驗室十億美元。

二〇二〇年——共變在柏林推出「揀貨」機器人。

# 重要人物

## 谷歌

・安妮莉亞・安吉洛娃（ANELIA ANGELOVA），保加利亞出生的研究專家，與亞歷克斯・克里澤夫斯基共同將深度學習引進谷歌的自動駕駛車計畫。

・塞吉・布林（SERGEY BRIN），創辦人。

・喬治・達爾（GEORGE DAHL），英國教授之子，在加入谷歌大腦之前，曾在多倫多追隨辛頓研究語音辨識，並且曾進入微軟工作。

・傑夫・狄恩（JEFF DEAN），谷歌元老級員工，是該公司最著名與最受人尊敬的工程師，後來在二〇一一年為公司設立人工智慧中央實驗室谷歌大腦。

・艾倫・尤斯塔斯（ALAN EUSTACE），主持谷歌進入深度學習領域的主管與工程師，後來離開谷歌，創下高空跳傘世界紀錄。

・蒂姆尼特・蓋布魯（TIMNIT GEBRU），前史丹佛研究員，後來加入谷歌的倫理小組。

・約翰・吉安南德雷亞（JOHN "J.G." GIANNANDREA），谷歌人工智慧部門主管，後來投奔蘋果。

・伊恩・古德費洛（IAN GOODFELLOW），GANs的發明人，這是可以自行創造虛假（但逼真）影像的科技，他曾在谷歌與開放人工智慧實驗室工作，後來加入蘋果。

・法容・庫山（VARUN GULSHAN），虛擬實境工程師，利用人工智慧來判讀眼部掃瞄，偵測糖尿病視網膜病變。

・傑弗瑞・辛頓（GEOFF HINTON），多倫多大學教授，「深度學習」運動之父，在二〇一三年加入谷歌。

・烏爾斯・赫爾斯（URS HÖLZLE），瑞士出生的工程師，主持谷歌的全球電腦數據網路中心。

・亞歷克斯・克里澤夫斯基（ALEX KRIZHEVSKY），辛頓在多倫多大學的學生，幫助重建電腦視覺科技，後來加入谷歌大腦與谷歌自動駕駛車計畫。

・李飛飛（FEI-FEI LI），史丹福教授，後來加入谷歌，並在中國推動設立谷歌人工智慧實驗室。

・梅格・米契爾（MEG MITCHELL），離開微軟投奔谷歌的研究員，建立人工智慧倫理團隊。

・賴利・佩吉（LARRY PAGE），創辦人。

・彭浩怡（LILY PENG），執業醫師，主持一支將人工智慧應用於保健方面的團隊。

・桑達・皮采（SUNDAR PICHAI），執行長。

・莎拉・薩波爾（SARA SABOUR），伊朗出生的科學家，在多倫多的谷歌實驗室與傑弗瑞・辛頓共同研發「膠囊網路」。

・艾瑞克・施密特（ERIC SCHMIDT），董事長。

## 深度心智

・艾力克斯・格雷夫斯（ALEX GRAVES），蘇格蘭科學家，開發出能夠書寫的系統。

・德米斯・哈薩比斯（DEMIS HASSABIS），英國西洋棋神童、遊戲設計師、神經科學家與深度心智的創辦人。深度心智是英國一家人工智慧新創企業，後來成為全球最著名的人工智慧實驗室。

‧柯雷‧卡夫柯格魯（KORAY KAVUKCUOGLU），土耳其的研究專家，主管深度心智的軟體編碼。

‧肖恩‧萊格（SHANE LEGG），紐西蘭人，與德米斯‧哈薩比斯合力創辦深度心智，計畫建造能與人類大腦匹敵的機器——儘管他也擔心其中可能造成的危險。

‧弗拉德‧明（VLAD MNIH），俄羅斯科學家，開發能夠破解經典遊戲雅達利的機器。

‧大衛‧席瓦爾（DAVID SILVER），在劍橋結識哈薩比斯的科學家，領導深度心智一支團隊建造AlphaGo，成為人工智慧發展的里程碑。

‧穆斯塔法‧蘇萊曼（MUSTAFA SULEYMAN），德米斯‧哈薩比斯的童年舊識，幫助創辦深度心智，並領導該公司的倫理與保健部門。

## 臉書

‧盧波米爾‧包得夫（LUBOMIR BOURDEV），電腦視覺科學家，幫助臉書設立實驗室。

‧羅勃‧弗格斯（ROB FERGUS），在紐約大學與臉書一直追隨楊立昆的研究人員。

- 楊立昆（YANN LECUN），法國出生的紐約大學教授，與傑弗瑞・辛頓聯手推動深度學習的發展，後來加入臉書主持人工智慧研究實驗室。
- 馬克奧瑞里歐・瑞桑多（MARC'AURELIO RANZATO），前職業小提琴手，臉書將他自谷歌大腦挖角至其人工智慧實驗室。
- 邁克・「施瑞普」・施瑞普弗（MIKE "SCHREP" SCHROEPFER），技術長。
- 馬克・祖克柏（MARK ZUCKERBERG），創辦人與執行長。

## 微軟

- 克里斯・布羅克特（CHRIS BROCKETT），前語言學教授，後來成為微軟人工智慧研究員。
- 鄧力（LI DENG），將傑弗瑞・辛頓的理念帶入微軟的研究人員。
- 彼得・李（PETER LEE），研究部門主管。
- 薩蒂亞・納德拉（SATYA NADELLA），執行長。

## 開放人工智慧實驗室

- 山姆·阿爾特曼（SAM ALTMAN），矽谷新創企業育成公司 Y 組合的總裁，後來成為開放人工智慧實驗室的執行長。
- 格雷戈·布洛克曼（GREG BROCKMAN），金融科技新創企業 Stripe 的前技術長，後來幫助設立開放人工智慧實驗室。
- 伊隆·馬斯克（ELON MUSK），電動車製造商特斯拉與火箭公司 SpaceX 的執行長，後來幫助設立開放人工智慧實驗室。
- 伊爾亞·蘇茨克維（ILYA SUTSKEVER），傑弗瑞·辛頓的學生，後來離開谷歌大腦加入在舊金山的開放人工智慧實驗室，以對抗深度心智。
- 沃伊切赫·薩倫巴（WOJCIECH ZAREMBA），谷歌與臉書的前研究人員，是開放人工智慧實驗室首批僱用的科學家之一。

## 百度

- 李彥宏（ROBIN LI），執行長。
- 陸奇（QI LU），微軟執行副總裁，主持 Bing 搜尋引擎業務，後來離開微軟加入百度。

・吳恩達（ANDREW NG），史丹福大學教授，與傑夫・狄恩聯手設立谷歌大腦實驗室，後來加入百度，主持其在矽谷的實驗室。

・余凱（KAI YU），幫助中國科技巨擘百度設立深度學習實驗室的研究員。

## 輝達

・克萊蒙特・法拉貝特（CLÉMENT FARABET），楊立昆的學生，後來加入輝達，為自動駕駛車開發深度學習晶片。

・黃仁勳（JENSEN HUANG），執行長。

## 克萊瑞菲

・黛博拉・拉吉（DEBORAH RAJI），克萊瑞菲的實習生，後來在麻省理工學院研究人工智慧系統內隱含的偏見。

・馬修・塞勒（MATTHEW ZEILER），創辦人與執行長。

## 學術界

- 約書亞・班吉歐（YOSHUA BENGIO），蒙特婁大學教授，與傑弗瑞・辛頓、楊立昆聯手在一九九〇年代與二〇〇〇年代傳遞深度學習的薪火。
- 喬艾・布蘭維尼（JOY BUOLAMWINI），麻省理工學院的研究學者，探索臉部識別服務中隱含的偏見。
- 加里・馬庫斯（GARY MARCUS），紐約大學心理學家，成立一家新創企業幾何智慧，後來賣給優步。
- 迪恩・波梅洛（DEAN POMERLEAU），卡內基美隆大學的研究生，在八〇年代末與九〇年代初，以神經網路建造了一輛自動駕駛車。
- 于爾根・史密德胡柏（JÜRGEN SCHMIDHUBER），瑞士達萊・莫勒人工智慧研究所的研究員，他的概念幫助深度學習的興起。
- 泰瑞・西諾斯基（TERRY SEJNOWSKI），約翰霍普金斯大學的神經科學家，是八〇年代神經網路復興的功臣之一。

## 奇點峰會

- 彼得・提爾（PETER THIEL），PayPal 的創辦人與臉書早期的投資人，在奇點峰會結識深度心智的創辦人。奇點峰會是一主張未來主義的會議。
- 伊利澤・尤考斯基（ELIEZER YUDKOWSKY），將深度心智創辦人引介給提爾的未來學家。

## 早期

- 馬文・閔斯基（MARVIN MINSKY），人工智慧的開拓先鋒，對法蘭克・羅森布拉特的研究多所質疑，使其研究陷入陰影。
- 法蘭克・羅森布拉特（FRANK ROSENBLATT），康乃爾大學心理學教授，在一九六〇年代初建造感知器，這是一套學習辨識影像的系統。
- 大衛・魯梅爾哈特（DAVID RUMELHART），加州大學聖地牙哥分校的心理學家與數學家，在一九八〇年代幫助傑弗瑞・辛頓重振法蘭克・羅森布拉特的概念。
- 艾倫・圖靈（ALAN TURING），電腦時代之父，曾住在劍橋國王學院的樓梯間，此地後來也成為傑弗瑞・辛頓的住處。

# 注釋

本書是根據我在八年期間先後為《連線》雜誌與《紐約時報》從事人工智慧報導時，針對逾四百人所做的採訪，還有專為本書所做的上百次訪談。書中大部分人物，我都採訪了不止一次，有些甚至是好幾次。本書為揭露與證實一些特定的事件與細節，也引用了許多公司與個人的資料與電子郵件。每一項事件與重大細節（例如收購價格），都獲得至少兩個資料來源的證實，而且往往更多。在下列注釋中，出於禮貌，我在參考資料中納入由前雇主出版的、我自己寫的報導，包括《連線》雜誌。至於我在《紐約時報》跟同事合作的相關報導，只有本書內文明確提及時才會列出──或是我想表達對合作同事的感激之情時也會列出。本書也引用了我在《紐約時報》撰寫報導時使用的訪談資料和筆記。

## 序言　不曾坐下的人

- **And its website offered nothing but a name:** Internet Archive, Web crawl from November 28, 2012, http://web.archive.org.
- **it could identify common objects:** Alex Krizhevsky, Ilya Sutskever, Geoffrey Hinton, "ImageNet Classification with Deep Convolutional Neural Net- works," *Advances in Neural Information Processing Systems* 25 (NIPS 2012), https://papers.nips.cc/paper/4824-imagenet-classification-with-deep-con volutional-neural-networks.pdf.

## 第一章　起源

- **On July 7, 1958, several men:** "New Navy Device Learns by Doing," *New York Times,* July 8, 1958.
- **his system would learn to recognize:** "Electronic 'Brain' Teaches Itself," *New York Times,* July 13, 1958.
- **"The Navy revealed the embryo":** "New Navy Device Learns by Doing."
- **A second article:** "Electronic 'Brain' Teaches Itself."
- **Rosenblatt grew to resent:** Frank Rosenblatt, *Principles of Neurodynamics: Perceptrons and the Theory of Bra*in *Mecha*nism*s* (Washington, D.C: Spartan Books, 1962), pp. vii–viii.
- **Frank Rosenblatt was born:** "Dr. Frank Rosenblatt Dies at 43; Taught Neurobiology at Cornell," *New York Times,* July 13, 1971.
- **He attended Bronx Science:** "Profiles, AI, Marvin Minsky," *New Yorker,* December 14, 198 .
- **eight Nobel laureats:** Andy Newman, "Lefkowitz is 8th Bronx Science H.S. Alumnus to Win Nobel Prize," *New York Times,* October 10, 2012, https://cityroom.blogs.nytimes.com/2012/10/10/another-nobel-for-bronx -science-this-one-in-chemistry/.
- **six Pulitzer Prize winners, eight National Medal of Science winners:** Rob- ert Wirsing, "Cohen Co-names 'Bronx Science Boulevard,'" *Bronx Times,*

June 7, 2010, https://www.bxtimes.com/cohen-co-names-bronx-science-boulevard/.

- **three recipients of the Turing Award:** The Bronx High School of Science website, "Hall of Fame," https://www.bxscience.edu/halloffame/; "Martin Hellman (Bronx Science Class of '62) Wins the A.M. Turing Award," The Bronx High School of Science website, https://www.bxscience.edu/m/news /show_news.jsp?REC_ID=403749&id=1.
- **In 1953, the *New York Times* published a small story:** "Electronic Brain's One-Track Mind," *New York Times,* October 18, 1953.
- **he joined the Cornell Aeronautical Laboratory:** "Dr. Frank Rosenblatt Dies at 43; Taught Neurobiology at Cornell."
- **Rosenblatt saw the project:** Rosenblatt, *Principles of Neurodynamics: Percep- trons and the Theory of Brain Mechanisms,* pp. v–viii.
- **If he could re-create the brain as a machine:** Ibid.
- **Rosenblatt showed off the beginnings of this idea:** "New Navy Device Learns by Doing."
- **"For the first time, a non-biological system":** "Rival," Talk of the Town, *New Yorker,* December 6, 1958.
- **"My colleague disapproves":** Ibid.
- **It lacked depth perception:** Ibid.
- **"Love. Hope. Despair":** Ibid.
- **Now it described the Perceptron:** Ibid.
- **Though scientists claimed that only biological systems:** Ibid.
- **"It is only a question":** Ibid.
- **Rosenblatt completed the Mark I:** John Hay, Ben Lynch, and David Smith, *Mark I Perceptron Operators' Manual*, 1960, https://apps.dtic.mil/dtic/tr/fulltext/u2/236965.pdf.
- **Frank Rosenblatt and Marvin Minsky had been contemporaries:** "Pro-

files, AI, Marvin Minsky."

- **But he complained that neither could match:** Ibid.
- **As an undergraduate at Harvard:** Stuart Russell and Peter Norvig, *Artificial Intelligence: A Modern Approach* (Upper Saddle River, NJ: Prentice Hall, 2010), p. 16.
- **as a graduate student in the early '50s:** Marvin Minsky, *Theory of Neural-Analog Reinforcement* Systems *and I s Application to the Brain Model Problem* (Princeton, NJ: Princeton University, 1954).
- **He was among the small group of scientists:** Russell and Norvig, *Artificial Intelligence:* A Modern *Approach,* p. 17.
- **A Dartmouth professor named John McCarthy:** Claude Shannon and John McCarthy, *Automata Studies,* Annals of Mathematics Studies, April 1956 (Princeton, NJ: Princeton University Press).
- **The agenda at the Dartmouth Summer Research Conference on Artificial Intelligence:** John McCarthy, Marvin Minsky, Nathaniel Rochester, and Claude Shannon, "A Proposal for the Dartmouth Summer Research Project on Artificial Intelligence," August 31, 1955, http://raysolomonoff.com/dartmouth / boxa/dart564props.pdf.
- **they were sure it wouldn't take very long:** Herbert Simon and Allen Newell, "Heuristic Problem Solving: The Next Advance in Operations Research," *Operations Research* 6, no. 1 (January–February 1958), p. 7.
- **the Perceptron was a controversial concept:** Rosenblatt, *Principles of Neuro- dynamics: Perceptrons and the Theory of Brain Mechanisms,* pp. v–viii.
- **The reporters who wrote about his work in the late 1950s:** Ibid.
- **"The perceptron program is not primarily concerned":** Ibid.
- **In 1966, a few dozen researchers traveled to Puerto Rico:** Laveen Kanal, ed.,*Pattern Recognition* (Washington, D.C.: Thompson Book Company, 1968), p. vii.

- **published a book on neural networks:** Marvin Minsky and Seymour Papert, *Perceptrons* (Cambridge, MA: MIT Press, 1969).
- **The movement reached the height of its ambition:** Cade Metz, "One Genius' Lonely Crusade to Teach a Computer Common Sense," *Wired,* March 24, 2016, https://www.wired.com/2016/03/doug-lenat-artificial-intelligence-common-sense-engine/.
- **Rosenblatt shifted to a very different area of research:** "Dr. Frank Rosenblatt Dies at 43; Taught Neurobiology at Cornell."

## 第二章　承諾

- **George Boole, the nineteenth-century British mathematician and philosopher:** Desmond McHale, *The Life and Work of George Boole: A Prelude to the Digital Age* (Cork, Ireland: Cork University Press, 2014).
- **James Hinton, the nineteenth-century surgeon:** Gerry Kennedy, *The Booles and the Hintons* (Cork, Ireland: Atrium Press, 2016).
- **Charles Howard Hinton, the mathematician and fantasy writer:** Ibid.
- **Sebastian Hinton invented the jungle gym** U.S. Patent 1,471,465; U.S. Patent 1,488,244; U.S. Patent 1,488,245 1920; and U.S. Patent 1,488,246.
- **the nuclear physicist Joan Hinton:** William Grimes, "Joan Hinton, Physicist Who Chose China over Atom Bomb, Is Dead at 88," *New York Times,* June 11, 2010, https://www.nytimes.com/2010/06/12/science/12hinton.html.
- **the entomologist Howard Everest Hinton:** George Salt, "Howard Everest Hinton. 24 August 1912–2 August 1977," *Biographical Memoirs of Fellows of the Royal* Society (London: Royal Society Publishing, 1978), pp. 150–182, https://royalsocietypublishing.org/doi/10.1098/rsbm.1978.0006.
- **Sir George Everest, the surveyor general of India:** Kennedy, *The Booles and the Hintons.*
- **aimed to explain the basic biological process:** Peter M. Milner and Brenda Atkinson Milner, "Donald Olding Hebb. 22 July 1904–20 August 1985," *Bi-*

*ographical Memoirs of Fellows of the Royal Society* (London: Royal Society Publishing, 1996), 42: 192–204, https://royalsocietypublishing.org/doi/10.1098/rsbm.1996.0012.

- **helped inspire the artificial neural networks:** Stuart Russell and Peter Norvig, *Artificial Intelligence: A Modern Approach* (Upper Saddle River, NJ: Prentice Hall, 2010), p. 16.
- **Longuet-Higgins had been a theoretical chemist:** Chris Darwin, "Christopher Longuet-Higgins, Cognitive Scientist with a Flair for Chemistry," *Guardian,* June 9, 2004, https://www.theguardian.com/news/2004/jun/10/guardianobituaries.highereducation.
- **the British government commissioned a study:** James Lighthill, "Artificial Intelligence: A General Survey," Artificial Intelligence: A Paper Symposium, Science Research Council, Great Britain, 1973.
- "**Most workers in AI research**"**:** Ibid.
- **he published a call to arms:** Francis Crick, "Thinking About the Brain," *Scientific American,* September 1979.
- **When anyone asked Feynman:** Lee Dye, "Nobel Physicist R. P. Feynman Dies," *Los Angeles Times,* February 16, 1988, https://www.latimes.com/archives /la-xpm-1988-02-16-mn-42968-story.html.
- **It was published later that year:** David Rumelhart, Geoffrey Hinton, and Ronald Williams, "Learning Representations by Back-Propagating Errors," *Nature* 323 (1986), pp. 533–536.
- **Created in 1958 in response to the Sputnik satellite:** "About DARPA," De- fense Advanced Research Projects Agency website, https://www.darpa.mil/about-us/about-darpa.
- **when Reagan administration officials secretly sold arms:** Lee Hamilton and Daniel Inouye, "Report of the Congressional Committees Investigating the Iran-Contra Affair" (Washington, D.C.: Government Printing Office, 1987).

## 第三章　拒絕

- **Yann LeCun sat at a desktop computer:** "Convolutional Neural Network Video from 1993 [*sic*]," YouTube, https://www.youtube.com/watch?v=FwFdu-RA_L6Q.
- **In October 1975, at the Abbaye de Royaumont:** Jean Piaget, Noam Chomsky, and Massimo Piattelli-Palmarini, *Language and Learning: The Debate Between Jean Piaget* and Noam *Chomsky* (Cambridge: Harvard University Press, 1980).
- **Sejnowski was making waves with something he called "NET-talk":**"Learning, Then Talking," *New York Times,* August 16, 1988.
- **His breakthrough was a variation:** Yann LeCun, Bernhard Boser, John Denker et al., "Backpropagation Applied to Handwritten Zip Code Recog- nition," *Neural Computation* (Winter 1989), http://yann.lecun.com/exdb/publis/pdf/lecun-89e.pdf.
- **ANNA was the acronym for:** Eduard Säckinger, Bernhard Boser, Jane Bromley et al., "Application of the ANNA Neural Network Chip to High-Speed Character Recognition," *IEEE Transaction on Neural Networks* (March 1992).
- **In 1995, two Bell Labs researchers:** Daniela Hernandez, "Facebook's Quest to Build an Artificial Brain Depends on This Guy," *Wired,* August 14, 2014, https://www.wired.com/2014/08/deep-learning-yann-lecun/.
- **With a few wistful words:** http://yann.lecun.com/ex/group/index.html, retrieved March 9, 2020.
- **One year, Clément Farabet:** Clément Farabet, Camille Couprie, Laurent Najman, and Yann LeCun, "Scene Parsing with Multiscale Feature Learn-ing, Purity Trees, and Optimal Covers," 29th International Conference on Machine Learning (ICML 2012), June 2012, https://arxiv.org/abs/1202.2160.
- **As a child, Schmidhuber had told his younger brother:** Ashlee Vance, "This Man Is the Godfather the AI Community Wants to Forget," *Bloomberg*

*Busi- nessweek,* May 15, 2018, https://www.bloomberg.com/news/features/2018-05-15/google-amazon-and-facebook-owe-j-rgen-schmidhuber-a-fortune.

- **from the age of fifteen:** Jürgen Schmidhuber's Home Page, http://people.idsia.ch/~juergen/, retrieved March 9, 2020.
- **his ambitions interlocked:** Vance, "This Man Is the Godfather the AI Community Wants to Forget."
- **A researcher named Aapo Hyvärinen:** Aapo Hyvärinen, "Connections Between Score Matching, Contrastive Divergence, and Pseudolikelihood f r Continuous-Valued Variables," revised submission to IEEE TNN, February 21, 2007, https://www.cs.helsinki.fi/u/ahyvarin/papers/c sm3.pdf.

## 第四章　突破

- **one of Deng's students wrote a thesis:** Khaled Hassanein, Li Deng, and M. I. Elmasry, "A Neural Predictive Hidden Markov Model for Speaker Recognition," SCA Workshop on Automatic Speaker Recognition, Identification, and Verification, April 1994, https://www.isca-speech.org/archive_open/asriv94 / sr94_115.html.
- **Hinton sent Deng another email:** Abdel-rahman Mohamed, George E. Dahl, and Geoffrey Hinton, "Deep Belief Networks for Phone Recognition,"NIPS workshop o  deep learning for speech recognition and related applications, 2009, https://w w.cs.toronto.edu/~gdahl/papers/dbnPhoneRec.pdf.
- **In 2005, three engineers:** "GPUs for Machine Learning Algorithms," Eighth International Conference on Document Analysis and Recognition (ICDAR 2005).
- **a team at Stanford University:** Rajat Raina, Anand Madhavan, and AndrewY. Ng, "Large-Scale Deep Unsupervised Learning Using Graphics Processors," Computer Science Department, Stanford University, 2009, http://robotics.stanford.edu/~ang/papers/icml09-LargeScaleUnsupervisedDeepLearningGPU.pdf.

## 第五章　證明

- **the Google self-driving car:** John Markoff, "Google Cars Drive Themselves, in Traffic," *New York Times,* October 9, 2010, https://www.nytimes.com/2010/10/10/science/10google.html.
- **He soon married another roboticist:** Evan Ackerman and Erico Guizz, "Robots Bring Couple Together, Engagement Ensues," *IEEE Spectrum,* March 31, 2014, https://spectrum.ieee.org/automaton/robotics/humanoids/engaging-with-robots.
- **a 2004 book titled *On Intelligence*:** Jeff Hawkins with Sandra Blakeslee, *On Intelligence: How a New Understanding of the Brain Will Lead to the Creation of Truly Intelligent Machines* (New York: Times Books, 2004).
- **Jeff Dean walked into the same microkitchen:** Gideon Lewis-Kraus, "The Great AI Awakening," *New York Times Magazine,* December 14, 2006, https://www.nytimes.com/2016/12/14/magazine/the-great-ai-awakening.html.
- **he built a software tool:** Ibid.
- **he was among the top DEC researchers:** Cade Metz, "If Xerox PARC Invented the PC, Google Invented the Internet," *Wired,* August 8, 2012, https://www.wired.com/2012/08/google-as-xerox-parc/.
- **They built a system:** John Markoff, "How Many Computers to Identify a Cat? 16,000," *New York Times,* June 25, 2012, https://www.nytimes.com/2012/06/26/technology/in-a-big-network-of-computers-evidence-of-machine-learning.html.
- **Drawing on the power:** Ibid.
- **Ng, Dean, and Corrado published:** Quoc V. Le, Marc'Aurelio Ranzato, Rajat Monga et al., "Building High-level Features Using Large Scale Unsupervised Learning," 2012, https://arxiv.org/abs/1112.6209.
- **The project also appeared:** Markoff, "How Many Computers to Identify a Cat? 16,000."
- **merely agreed to spend the summer:** Lewis-Kraus, "The Great AI Awaken-

ing."

- **He felt like an oddity:** Ibid.
- **Wallis asks a government official:** *The Dam Busters,* directed by Michael An- derson, Associated British Pathé (UK), 1955.
- **these used thousan s of central processing units:** Le, Ranzato, Monga et al., "Bui ding High-Level Features Using Large Scale Unsupervised Learning."
- **ImageNet was an annual contest:** Olga Russakovsky, Jia Deng, Hao Su et al., "ImageNet Large Scale Visual Recognition Challenge," 2014, https://arxiv.org/abs/1409.0575.
- **It was nearly twice as accurate:** Alex Krizhevsky, Ilya Sutskever, and Geoffrey Hinton. "ImageNet Classification with Deep Convolutional Neural Networks," *Advances in Neural Information Processing Systems* 25 (NIPS 2012), https://papers.nips.cc/paper/4824-imagenet-classification-with-deep-con volutional-neural-networks.pdf.
- **Alfred Wegener first proposed:** Richard Conniff, "When Continental Drift Was Considered Pseudoscience," *Smithsonian,* June 2012, https://www.smith sonianmag.com/science-nature/when-continental-drift-was-considered -pseudoscience-90353214/.
- **he developed a degenerative brain condition:** Benedict Carey, "David Rumelhart Dies at 68; Created Computer Simulations of Perception," *New York Times,* March 11, 2011.

## 第六章　野心

- **He would soon set a world record:** John Markoff, "Parachutist's Record Over 25 Miles in 15 Minutes," *New York Times,* October 24, 2014.
- **Two of them, Demis Hassabis and David Silver:** Cade Metz, "What the AI Behind AlphaGo Can Teach Us About Being Human," *Wired,* May 19, 2016, https://www.wired.com/2016/05/google-alpha-go-ai/.
- "**Despite its rarefied image**"**:** Archived "Diaries" from Elixir, https://archive.

kontek.net/republic.strategyplanet.gamespy.com/d1.shtml.

- **Hassabis won the world team championship in Diplomacy:** S eve Boxer, "Child Prodigy Stands by Originality," *Guardian,* September 9, 2004, https://www.theguardian.com/ technology/ 2004/sep/09/gam s.onlinesup ple ment.
- **In his gap year:** David Rowan, "DeepMind: Inside Google's Super-Brain,"*Wired UK,* June 22, 2015, https://www.wired.co.uk/article/deepmind.
- **he kept a running online diary:** Archived "Diaries" from Elixir, https:// archive.kontek.net/republic.strategyplanet.gamespy.com/d1.shtml.
- **"Ian's no mean player":** Ibid.
- **David Silver also returned to academia:** Metz, "What the AI Behind AlphaGo Can Teach Us About Being Human."
- **With one paper, h studied people who developed amnesia:** Demis Hassabis, Dharshan Kumaran, Seralynne D. Vann, and Eleanor A. Maguire, "Patients with Hippocampal Amnesia Cannot Imagine New Experiences," *Proceedings of the National Academy of Sciences* 104, no. 5 (2007): pp. 1726–1731.
- **In 2007,** Science**:** "Breakthrough of the Year," *Science,* December 21, 2007.
- **Superintelligence, he had said in his thesis:** Shane Legg, "Machine Super Intelligence," PhD dissertation, University of Lugano, June 2008, http:// www.vetta.org/documents/Machine_Super_Intelligence.pdf.
- **"If one accepts that the impact of truly intelligent machines":** Ibid.
- **In the summer of 2010, Hassabis and Legg arranged to address the Singularity Summit:** Hal Hodson, "DeepMind and Google: The Battle to Control Artificial Intelligence," *1843 Magazine,* April/May 2019, https://www.1843magazine.com/features/deepmind-and-google-the-battle-to-control -artificial-intelligence.
- **He called this "the biological approach":** "A Systems Neuroscience Approach to Building AGI—Demis Hassabis, Singularity Summit 2010," YouTube, https://www.youtube.com/watch?v=Q gd3OK5DZWI.
- **"We should be focusing on the algorithmic level":** Ibid.

- **He told his audience that artificial intelligence researchers needed defi-ni-tive ways:** "Measuring Machine Intelligence—Shane Legg, Singularity Sum- mit," YouTube, https://www.youtube.com/watch?v=0ghzG14dT-w.
- **"I want to know where we're going":** Ibid.
- **Hassabis started talking chess:** Metz, "What the AI Behind AlphaGo Can Teach Us About Being Human."
- **he invested £1.4 million of the initial £2 million:** Hodson, "DeepMind and Google: The Battle to Control Artificial Intelligence."
- **when computer scientists built the first automated chess players:** Stuart Russell and Peter Norvig, *Artificial Intelligence: A Modern Approach* (Upper Saddle River, NJ: Prentice Hall, 2010), p. 14.
- **In 1990, researchers marked a turning point:** Ibid., p. 186.
- **Seven years later, IBM's Deep Blue supercomputer:** Ibid., p. ix.
- **And in 2011, another IBM machine, Watson:** John Markoff, "Computer Wins on 'Jeopardy!': Trivial, It's Not," *New York Times,* February 16, 2011.
- **This neural network could master the game:** Volodymyr Mnih, Koray Ka-vukcuoglu, David Silver et al., "Playing Atari with Deep Reinforcement Learn-ing," *Nature* 518 (2015), pp. 529–533.
- **it was acquiring DeepMind:** Samuel Gibbs, "Google Buys UK Artificial In-telligence Startup Deepmind for £400m," *Guardian,* January 27, 2017, https://www.theguardian.com/technology/2014/jan/27/google-aquires-uk-artificial-intel-ligence-startup-deepmind.

## 第七章　競爭對手

- **That night, Facebook held a private party:** "Facebook Buys into Ma-chine Learning," Neil Lawrence blog and video, https://inverseprobability.com/2013/12/09/facebook-buys-into-machine-learning.
- **"It's a marriage made in heaven":** Ibid.
- **It even shared the designs:** Cade Metz, "Facebook 'Open Sources' Custom

Server and Data Center Designs," *Register,* April 7, 2011, https://www.the register.co.uk/2011/04/07/facebook_data_center_unveiled/.

- **Even old hands, like Jeff Dean:** Cade Metz, "Google Just Open Sourced TensorFlow, Its Artificial Intelligence Engine," *Wired,* November 9, 2015, https://www.wired.com/2015/11/google-open-sources-its-artificial-intelli gence-engine/.
- **Rick Rashid, Microsoft's head of research:** John Markoff, "Scientists See Promise in Deep-Learning Programs Image," *New York Times,* November 23, 2012, https://www.nytimes.com/2012/11/24/science/scientists-see-advances-in-deep-learning-a-part-of-artificial-intelligence.html.
- **its staff costs totaled $260 million:** DeepMind Technologies Limited Re- port and Financial Statements Year Ended, December 31, 2017.
- **As Microsoft vice president Peter Lee told** Bloomberg Businessweek**:** Ashlee Vance, "The Race to Buy the Human Brains Behind Deep Learning Machines," *Bloomberg Businessweek,* January 27, 2014, https://www.bloomberg.com/news/articles/2014-01-27/the-race-to-buy-the-human-brains-behind-deep-learning-machines.
- **Andrew Ng would be running labs in both Silicon Valley and Beijing:** Daniela Hernandez, "Man Behind the 'Google Brain' Joins Chinese Search Giant Baidu," *Wired,* May 16, 2014, https://www.wired.com/2014/05/andrew-ng-baidu/.

## 第八章　炒作

- **Felix Baumgartner soon set a world skydiving record:** John Tierney, "24 Miles, 4 Minutes and 834 M.P.H., All in One Jump," *New York Times,* October 14, 2012, https://www.nytimes.com/2012/10/15/us/felix-baumgartner-skydiving.html.
- **he broke Baumgartner's skydiving record:** John Markoff, "Parachutist's Re- cord Fall: Over 25 Miles in 15 Minutes," *New York Times,* October 24, 2014, https://www.nytimes.com/2014/10/25/science/alan-eustace-jumps-from-

stratosphere-breaking-felix-baumgartners-world-record.html.

- **The Chauffeur engineers called him "the AI whisperer":** Andrew J. Hawkins, "Inside Waymo's Strategy to Gro  the Best Brains for Self-Driving Cars," *The Verge*, May 9, 2018, https://www.theverge.com/2018/5/9/17307156/google-waymo-driverless-cars-deep-learning-neural-net-interview.
- **the company's $56 billion in annual revenue:** Google Annual Report, 2013, https://www.sec.gov/Archives/edgar/data/1288776/000128877614000020/goog2013123110-k.htm.
- **they unveiled a system called RankBrain:** Jack Clark, "Google Turning Its Lucrative Web Search Over to AI Machines," *Bloomberg News,* October 26, 2015, https://www.bloomberg.com/news/articles/2015-10-26/google-turning-its-lucrative-web-search-over-to-ai-machines.
- **It helped drive about 15 percent:** Ibid.
- **Singhal left the company:** Cade Metz, "AI Is Transforming Google Search. The Rest of the Web Is Next," *Wired,* February 4, 2016, https://www.wired.com/2016/02/ai-is-changing-the-technology-behind-google-searches/; Mike Isaac and Daisuke Wakabayashi, "Amit Singhal, Uber Executive Linked to Old Harassment Claim, Resigns," *New York Times,* February 27, 2017, https://www.nytimes.com/2017/02/27/technology/uber-sexual-harassment-amit-singhal-resign.html.
- **he was replaced as the head of Google Search:** Metz, "AI Is Transforming Google Search. The Rest of the Web Is Next."
- **In London, Demis Hassabis soon revealed:** Jack Clarke, "Google Cuts Its Giant Electricity Bill with DeepMind-Powered AI," *Bloomberg News,* July 19, 2016, https://www.bloomberg.com/news/articles/2016-07-19/google-cuts-its-giant-electricity-bill-with-deepmind-powered-ai.
- **This system decided when to turn on:** Ibid.
- **The Google data centers were so large:** Ibid.

- **automated technologies would soon cut a giant swath through the job market:** Carl Benedikt Frey and Michael A. Osborne, "The Future of Em- ployment: How Susceptible Are Jobs to Computerisation?" Working paper, Oxford Martin School, September 2013, https://www.oxfordmartin.ox.ac.uk/downloads/academic/The_Future_of_Employment.pdf.
- "**You have been Schmidhubered**"**:** Ashlee Vance, "This Man Is the Godfather the AI Community Wants to Forget," *Bloomberg Businessweek,* May 15, 2018, https://www.bloomberg.com/news/features/2018-05-15/google-amazon-and-facebook-owe-j-rgen-schmidhuber-a-fortune.
- **Google Brain had already explored a technology called "word embeddings":** Tomas Mikolov, Ilya Sutskever, Kai Chen et al., "Distributed Representations of Words and Phrases and their Compositionality," 2013, https:// arxiv.org/abs/1301.3781.
- **Sutskever's translation system was an extension of this idea:** Ilya Sutskever, Oriol Vinyals, and Quoc V. Le, "Sequen e to Sequence Learning with Neural Networks," 2014, https://arxiv.org/abs/1409.3215.
- **Sutskever presented a paper:** "NIPS Oral Session 4—Ilya Sutskever," YouTube, https://www.youtube.com/watch?v=-uyXE7dY5H0.
- **Google already operated more than fifteen data centers:** Cade Metz, "Build- ing an AI Chip Saved Google from Building a Dozen New Data Centers," *Wired,* April 5, 2017, https://www.wired.com/2017/04/building-ai-chip-saved-google-building-dozen-new-data-centers/.
- **Google had a long history of building its own data center hardware:** Cade Metz, "Revealed: The Secret Gear Connecting Google's Online Empire," *Wired,* June 17, 2015, https://www.wired.com/2015/06/google-reveals-secret-gear-connects-online-empire/.
- **as Facebook, Amazon, and others followed suit:** Robert McMillan and Cade Metz, "How Amazon Followed Google into the World of Secret Serv- ers," *Wired,* November 30, 2012, https://www.wired.com/2012/11/amazon-google-se-

cret-servers/.

- **The trick was that its calculations were** less precise**:** Gideon Lewis-Kraus, "The Great AI Awakening," *New York Times Magazine,* December 14, 2006, https://www.nytimes.com/2016/12/14/magazine/the-great-ai-awakening.html.
- **Their dataset was somewhere between a hundred and a thousand times larger:** Ibid.
- **Dean tapped three engineers:** Ibid.
- **For English and French, its BLEU score:** Ibid.
- **built a neural network that topped the existing system by seven points:** Ibid.
- **It took ten seconds to translate a ten-word sentence:** Ibid.
- **Hughes thought the company would need three years:** Ibid.
- **Dean, however, thought otherwise:** Ibid.
- **"We can do it by the end of the year, if we put our minds to it":** Ibid.
- **Hughes was skeptical:** Ibid.
- **"I'm not going to be the one":** Ibid.
- **The Chinese Internet giant had published a paper describing similar research:** Ibid.
- **A sentence that needed ten seconds:** Ibid.
- **They released the first incarnation of the service just after Labor Day:** Ibid.
- **he and Jeff Dean worked on a project they called "Distillation":** Geoffrey Hinton, Oriol Vinyals, and Jeff Dean, "Distilling the Knowledge in a Neural Network," 2015, https://arxiv.org/abs/1503.02531.

## 第九章　反炒作

- **On November 14, 2014, Elon Musk posted a message:** James Cook, "Elon Musk: You Have No Idea How Close We Are to Killer Robots," *Business Insider UK,* November 17, 2014, https://www.businessinsider.com/elon-muskkiller-robots-will-be-here-within-five-years-2014-11.

- **Musk said his big fear:** Ashlee Vance, *Elon Musk: Tesla, SpaceX, and the Quest for a Fanta*stic Future (New York: Ecco, 2017).
- **The troubl was not that Page:** Ibid.
- **The trouble was that Page operated:** Ibid.
- "**He could produce something evil by accident**"**:** Ibid.
- **he invoked** The Terminator**:** "Closing Bell," CNBC, transcript, https://www.cnbc.com/2014/06/18/first-on-cnbc-cnbc-transcript-spacex-ceo-elon-musk-speaks-with-cnbcs-closing-bell.html.
- "**potentially more dangerous than nukes**"**:** Elon Musk tweet, August 2, 2014, https://twitter.com/elonmusk/status/495759307346952192?s=19.
- **The same tweet urged his followers to read** Superintelligence**:** Ibid.
- **Bostrom believed that superintelligence:** Nick Bostrom, *Superintelligence: Paths, Dangers, Strategies* (Oxford, UK: Oxford University Press, 2014).
- "**This is quite possibly the most important**"**:** Ibid.
- **warning author Walter Isaacson about the dangers of artificial intelligence:** Lessley Anderson, "Elon Musk: A Machine Tasked with Getting Ridof Spam Could End Humanity," *Vanity Fair,* October 8, 2014, https://www.vanityfair.com/news/tech/2014/10/elon-musk-artificial-intelligence-fear.
- **If researchers designed a system to fight email spam:** Ibid.
- **When Isaacson asked if he would use his SpaceX rockets:** Ibid.
- "**If there's some apocalypse scenario**"**:** Ibid.
- **Musk posted his message to Edge.org:** Cook, "Elon Musk: You Have No Idea How Close We Are to Killer Robots."
- **the billionaire Jeffrey Epstein:** William K. Rashbaum, Benjamin Weiser, and Michael Gold, "Jeffrey Epstein Dead in Suicide at Jail, Spurring Inqui- ries," *New York Times,* August 10, 2019, https://www.nytimes.com/2019/08/10/nyregion/jeffrey-epstein-suicide.html.
- **He pointed to DeepMind:** Cook, "Elon Musk: You Have No Idea How Close

We Are to Killer Robots."

- **He said danger was five to ten years away:** Ibid.
- **Shane Legg described this attitude in his thesis:** Shane Legg, "Machine Super Intelligence," 2008, http://www.vetta.org/documents/Machine_Super_Intelligence.pdf.
- **"If there is ever to be something approaching absolute power":** Ibid.
- **when it invited this growing community to a private summit:** Max Tegmark, *Life 3.0: Being Human in the Age of Artificial Intelligence* (New York: Random House, 2017).
- **it aimed to create a meeting of the minds along the lines of the Asilomar conference:** Ibid.
- **Musk took the stage to discuss the threat of an intelligence explosion:** Robert McMillan, "AI Has Arrived, and That Really Worries the World's Brightest Minds," *Wired,* January 16, 2015, https://www.wired.com/2015/01/ai-arrived-really-worries-worlds-brightest-minds/.
- **That, he said, was the big risk:** Ibid.
- **Musk pledged $10 million:** Tegmark, *Life 3.0: Being Human in the Age of Artificial Intelligence.*
- **But as he prepared to announce this new gift:** Ibid.
- **Someone reminded him there were no reporters:** Ibid.
- **So he made the announcement without mentioning the dollar figure:** Ibid.
- **he revealed the $10 million grant in a tweet:** Elon Musk tweet, January 15, 2015, https://twitter.com/elonmusk/status/555743387056226304.
- **Tegmark distributed an open letter:** "An Open Letter, Research Priorities for Robust and Beneficial Artificial Intelligence," Future of Life Institute, https://futureoflife.org/ai-open-letter/.
- **"We believe that research on how to make AI systems robust":** Ibid.
- **One person who attended the conference but did not sign was Kent**

**Walker:** Ibid.

- **one of the top researchers inside Google Brain:** Ibid.
- **Max Tegmark later wrote a book about the potential impact of superin- tel- ligence:** Tegmark, *Life 3.0: Being Human in the Age of Artificial Intelligence.*
- **In the opening pages, he described:** Ibid.
- **Page mounted a defense of what Tegmark described as "digital utopianism":** Ibid.
- **Page worried that paranoia:** Ibid.
- **Musk pushed back, asking how Page could be sure this superintelligence:** Ibid.
- **Brockman vowed to build the new lab they all seemed to want:** Cade Metz, "Inside OpenAI, Elon Musk's Wild Plan to Set Artificial Intelligence Free," *Wired,* April 27, 2016, https://www.wired.com/2016/04/openai-elon-musk-sam-altman-plan-to-set-artificial-intelligence-free/.
- **nearly $2 million for the first year:** OpenAI, form 990, 2016.
- **Musk and Altman painted OpenAI as a counterweight:** Steven Levy, "How Elon Musk and Y Combinator Plan to Stop Computers from Taking Over," "Backchannel," *Wired,* December 11, 2015, https://www.wired.com/2015/12 / how-elon-musk-and-y-combinator-plan-to-stop-computers-from-taking-over/.
- **backed by over a billion dollars in funding:** Ibid.
- **AI would be available to everyone:** Ibid.
- **if they open-sourced all their research, the bad actors:** Ibid.
- **But they argued that the threat of malicious AI:** Ibid.
- **"We think it's far more likely that many, many AIs":** Ibid.
- **said those "borderline-crazy":** Metz, "Inside OpenAI, Elon Musk's Wild Plan to Set Artificial Intelligence Free."

## 第十章　爆發

- **On October 31, 2015, Facebook chief technology officer Mike Schroepfer:** Cade Metz, "Facebook Aims Its AI at the Game No Computer Can Crack," *Wired,* November 3, 2015, https://www.wired.com/2015/11/facebook-is-aiming-its-ai-at-go-the-game-no-computer-can-crack/.
- **about a French computer scientist:** Alan Levinovitz, "The Mystery of Go, the Ancient Game That Computers Still Can't Win," *Wired,* May 12, 2014, https://www.wired.com/2014/05/the-world-of-computer-go/.
- **Facebook researchers were confident they could crack the game:** Metz, "Face- book Aims Its AI at the Game No Computer Can Crack."
- **"The best players end up looking at visual patterns":** Ibid.
- **It was analyzing photos and generating captions:** Cade Metz, "Facebook's AI Is Now Automatically Writing Photo Captions," *Wired,* April 5, 2016, https://www.wired.com/2016/04/facebook-using-ai-write-photo-captions-blind-users/.
- **It was driving Facebook M:** Cade Metz, "Facebook's Human-Powered Assistant May Just Supercharge AI," *Wired,* August 26, 2015, https://www.wired.com/2015/08/how-facebook-m-works/.
- **built a system that could read passages from** The Lord of the Rings**:** Metz, "Facebook Aims Its AI at the Game No Computer Can Crack."
- **Demis Hassabis appeared in an online video:** "Interview with Demis Hassabis," YouTube, https://www.youtube.com/watch?v=EhAjLnT9aL4.
- **"I can't talk about it yet":** Ibid.
- **Hassabis and DeepMind revealed that their AI system, AlphaGo:** Cade Metz, "In a Huge Breakthrough, Google's AI Beats a Top Player at the Game of Go," *Wired,* January 27, 2016, https://www.wired.com/2016/01/in-a-huge-breakthrough-googles-ai-beats-a-top-player-at-the-game-of-go/.
- **Demis Hassabis and several other DeepMind researchers:** Cade Metz, "What the AI Behind AlphaGo Can Teach Us About Being Human," *Wired,*

May 19, 2016, https://www.wired.com/2016/05/google-alpha-go-ai/.

- **The four researchers published a paper on their early work around the mid- dle of 2014:** Chris J. Maddison, Aja Huang, Ilya Sutskever, and David Silver, "Move Evaluation in Go Using Deep Convolutional Neural Networks," 2014, https://arxiv.org/abs/1412.6564.
- **Over 200 million people would watch AlphaGo versus Lee Sedol:** https://deepmind.com/research/case-studies/alphago-the-story-so-far.
- **put Lee in an entirely different echelon of the game:** Cade Metz, "Google's AI Is About to Battle a Go Champion—But This Is No Game," *Wired,* March 8, 2016, http://wired.com/2016/03/googles-ai-taking-one-worlds-top-go-players/.
- **He and his team originally taught the machine to play Go by feeding 30 million moves:** Metz, "What the AI Behind AlphaGo Can Teach Us About Being Human."
- **Google's $75 billion Internet business:** Google Annual Report, 2015, https:// www.sec.gov/Archives/edgar/data/1288776/000165204416000012/goog10-k2015.htm.
- **Sergey Brin flew into Seoul:** Metz, "What the AI Behind AlphaGo Can Teach Us About Being Human."
- **This room was filled with PCs and laptops:** Cade Metz, "How Google's AI Viewed the Move No Human Could Understand," *Wired,* March 14, 2016, https:// www.wired.com/2016/03/googles-ai-viewed-move-no-human-understand.
- **a team of Google engineers had run their own ultra-high-speed fiber-optic cable:** Cade Metz, "Go Grandmaster Lee Sedol Grabs Consolation Win Against Google's AI," *Wired,* March 13, 2016, https://www.wired.com/2016/03/go-grandmaster-lee-sedol-grabs-consolation-win-googles-ai/.
- **"I can't tell you how tense it is":** Ibid.
- **told the world he was in shock:** Cade Metz, "Go Grandmaster Says He's 'in

Shock' but Can Still Beat Google's AI," *Wired,* March 9, 2016, https://www.wired.com/2016/03/go-grandmaster-says-can-still-beat-googles-ai/.

- **"I don't really know if it's a good move or a bad move":** Ibid.
- **"I thought it was a mistake":** Ibid.
- **"It's not a human move":** Ibid.
- **"It discovered this for itself":** Ibid.
- **said that he, too, felt a sadness:** Cade Metz, "The Sadness and Beauty of Watching Google's AI Play Go," *Wired,* March 11, 2016, https://www.wired.com/2016/03/sadness-beauty-watching-googles-ai-play-go/.
- **"There was an inflection point":** Ibid.
- **Lee Sedol lost the third game:** Metz, "What the AI Behind AlphaGo Can Teach Us About Being Human."
- **"I don't know what to say today":** Cade Metz, "In Two Moves, AlphaGo and Lee Sedol Redefined the Future," *Wired,* March 16, 2016, https://www.wired.com/2016/03/two-moves-alphago-lee-sedol-redefined-future/.
- **Hassabis found himself hoping the Korean:** Metz, "What the AI Behind AlphaGo Can Teach Us About Being Human."
- **"All the thinking that AlphaGo had done up to that point was sort of ren- dered useless":** Ibid.
- **"I have improved already":** Ibid.

## 第十一章　擴張

- **nearly 70 million people are diabetic:** "Diabetes Epidemic: 98 Million People in India May Have Type 2 Diabetes by 2030," *India Today,* November 22, 2018, https://www.indiatoday.in/education-today/latest-studies/story/98-million-indians-diabetes-2030-prevention-1394158-2018-11-22.
- **every 1 million people:** International Council of Ophthalmology, http:// www.icoph.org/ophthalmologists-worldwide.html.
- **Offering a $40,000 prize:** Merck Molecular Activity Challenge, https:// www.

kaggle.com/c/MerckActivity.

- **Peng and her team acquired about one hundred and thirty thousand digi- tal eye scans:** Varun Gulshan, Lily Peng, and Marc Coram, "Development and Validation of a Deep Learning Algorithm for Detection of Diabetic Retinopathy in Retinal Fundus Photographs," *JAMA* 316, no. 22 (January 2016), pp. 2402–2410, https://jamanetwork.com/journals/jama/fullarticle/258 8763.
- **Peng and her team acknowledged:** Cade Metz, "Google's AI Reads Retinas to Prevent Blindness in Diabetics," *Wired,* November 29, 2016, https://www.wired.com/2016/11/googles-ai-reads-retinas-prevent-blindness-diabetics/.
- **"Don't believe anyone who says that it is":** Siddhartha Mukherjee, "AI Versus M.D.," *New York*er, March 27, 2017, https://www.newyorker.com/magazine/2017/04/03/ai-versus-md.
- **"I think that if you work as a radiologist":** Ibid.
- **He argued that neural networks would eclipse:** Ibid.
- **would eventually provide a hitherto impossible level of healthcare:** Ibid.
- **these algorithms would read X-rays, CAT scans, and MRIs:** Ibid.
- **they would also make pathological diagnoses:** Ibid.
- **"There's much more to learn here":** Ibid.
- **Larry Page and Sergey Brin spun off several Google projects:** Conor Dough- erty, "Google to Reorganize as Alphabet to Keep Its Lead as an Innovator," *New York Times,* August 10, 2015, https://www.nytimes.com/2015/08/11/technology/google-alphabet-restructuring.html.
- **they found little common ground:** David Rowan, "DeepMind InsideGoogle's Super-Brain," *Wired UK,* June 22, 2015, https://www.wired.co.uk/article/deepmind.
- **Hassabis would propose complex:** Ibid.
- **"We have to engage with the real world today":** Ibid.
- **Suleyman unveiled what he called DeepMind Health:** Jordan Novet,

"Google's DeepMind AI Group Unveils Health C re Ambitions," *Venturebeat,* February 24, 2016, https://venturebeat.com/2016/02/24/googles-deepmind-ai-group-unveils-heath-care-ambitions/.

- **revealed the agreement between DeepMind:** Hal Hodson, "Revealed: Google AI has access to huge haul o NHS patient data," *New Scientist,* April 29, 2016, https://www.newscientist.com/article/2086454-revealed-google-ai-has-access-to-huge-haul-of-nhs-patient-data/.
- **The deal gave DeepMind access to healthcare records for 1.6 million patients:** Ibid.
- **a British regulator ruled:** Timothy Revell, "Google DeepMind's NHS Data Deal 'Failed to Comply' with Law," *New Scientist,* July 3, 2017, https://www.newscientist.com/article/ 2139395-google-deepminds-nhs-data-deal-failed-to-comply-with-law/.

## 第十二章　夢幻世界

- **spending no less than $7.6 billion to acquire Nokia:** Nick Wingfield, "Microsoft to Buy Nokia Units and Acquire Executive," *New York Times,* September 3, 2013, https://www.nytimes.com/2013/09/04/technology/microsoft-acquires-nokia-units-and-leader.html.
- **describing the sweeping hardware and software system:** Jeffrey Dean, Greg S. Corrado, Rajat Monga et al., "Large Scale Distributed Deep Networks," *Advances in Neural Information Processing Systems* 25 (NIPS 2012), https://papers.nips.cc/paper/4687-large-scale-distributed-deep-networks.pdf.
- **University of Washington professor Pedro Domingos called them "tribes":** Pedro Domingos, *The Master Algorithm: How the Quest for the Ultimate Learn- ing Machine Will Remake Our World* (New York: Basic Books, 2015).
- **an article in** Vanity Fair**:** Kurt Eichenwald, "Microsoft's Lost Decade," *Vanity Fair,* July 24, 2012, https://www.vanityfair.com/news/business/2012/08/mic-

rosoft-lost-mojo-steve-ballmer.

- **Brought up by his grandfather:** Jennifer Bails, "Bing It On," *Carnegie Mellon Today,* October 1, 2010, https://www.cmu.edu/cmtoday/issues/october-2010-issue/feature-stories/bing-it-on/index.html.
- **After Twitter acquired Madbits:** Catherine Shu, "Twitter Acquires Image Search Startup Madbits," *TechCrunch,* July 29, 2014, https://gigaom.com/2014/07/29/twitter-acquires-deep-learning-startup-madbits/.
- **Uber bought a start-up called Geometric Intelligence:** Mike Isaac, "Uber Bets on Artificial Intelligence with Acquisition and New Lab," *New York Times,* December 5, 2016, https://www.nytimes.com/2016/12/05/technology/uber-bets-on-artificial-intelligence-with-acquisition-and-new-lab.html.
- **Microsoft announced his departure in September 2016:** Kara Swisher and Ina Fried, "Microsoft's Qi Lu Is Leaving the Com any Due to Health Issues Rajesh Jha Will Assume Many of Lu's Responsibilities," *Recode,* Septem- ber 29, 2016, https://www.vox.com/2016/9/29/13103352/microsoft-qi-lu-to-exit.
- **he returned to China and joined Baidu as chief operating officer:** "Microsoft Veteran Will Help Run Chinese Search Giant Baidu," *Bloomberg News,* Janu- ary 16, 2017, https://www.bloomberg.com/news/articles/2017-01-17/microsoft-executive-qi-lu-departs-to-join-china-s-baidu-as-coo.

## 第十三章　欺騙

- **still slightly drunk:** Cade Metz, "Google's Dueling Neural Networks Spar to Get Smarter, No Humans Required," *Wired,* April 11, 2017, https://www.wired.com/2017/04/googles-dueling-neural-networks-spar-get-smarter-no-humans-required/.
- "**My friends are wrong!**"**:** Ibid.
- "**If it hadn't worked, I might have given up on the idea**"**:** Ibid.
- **Yann LeCun called GANs "the coolest idea in deep learning in the last twenty years":** Davide Castelvecchi, "Astronomers Explore Uses for AI- Gen-

erated Images," *Nature,* February 1, 2017, https://www.nature.com/news/astronomers-explore-uses-for-ai-generated-images-1.21398.

- **Researchers at the University of Wyoming built a system:** Anh Nguyen, Jeff Clune, Yoshua Bengio et al., "Plug & Play Generative Networks: Con-di-tional Iterative Generation of Images in Latent Space," 2016, https://arxiv.org/abs/1612.00005.
- **A team at Nvidia built:** Ming-Yu Liu, Thomas Breuel, and Jan Kautz, "Unsupervised Image-to-Image Translation Networks," 2016, https://arxiv.org/abs/1703.00848.
- **A group at the University of California–Berkeley designed a system:** Jun- Yan Zhu, Taesung Park, Phillip Isola, and Alexei A. Efros, "Unpaired Image-to-Image Translation using Cycle-Consistent Adversarial Networks," 2016, https://arxiv.org/abs/1703.10593.
- **As the number of international students studying:** Lily Jackson, "International Graduate-Student Enrollments and Applications Drop for 2nd Year in a Row," *Chronicle of Higher Education,* February 7, 2019, https://www.chronicle.com/article/International-Graduate-Student/245624.
- **Microsoft ended up buying Maluuba:** "Microsoft Acquires Artificial-Intel- ligence Startup Maluuba," *Wall Street Journal,* January 13, 2007, https://www.wsj.com/articles/microsoft-acquires-artificial-intelligence-startup-maluuba-1484338762.
- **Hinton helped open the Vector Institute:** Steve Lohr, "Canada Tries to Turn Its AI Ideas into Dollars," *New York Times,* April 9, 2017, https://www.nytimes.com/2017/04/09/technology/canada-artificial-intelligence.html.
- **It was backed by $130 million in funding:** Ibid.
- **Prime Minister Justin Trudeau promised $93 million:** Ibid.
- **saying it was a "pretty crazy idea":** Mike Isaac, "Facebook, in Cross Hairs After Election, Is Said to Question Its Influence," *New York Times,* November

12, 2016, https://www.nytimes.com/2016/11/14/technology/facebook-is-said-to-question-its-influence-in-election.html.

- **with headlines like "FBI Agent Suspected":** Craig Silverman, "Here Are 50 of the Biggest Fake News Hits on Facebook From 2016," *Buzzfeed News,* December 30, 2016, https://www.buzzfeednews.com/article/craigsilverman/top-fake-news-of-2016.
- **After Facebook revealed that a Russian company:** Scott Shane and Vindu Goel, "Fake Russian Facebook Accounts Bought $100,000 in Political Ads," *New York Times,* September 6, 2017, https://www.nytimes.com/2017/09/06/technology/facebook-russian-political-ads.html.
- **A team from the University of Washington:** Supasorn Suwajanakorn, Steven Seitz, and Ira Kemelmacher-Shlizerman, "Synthesizing Obama: Learning Lip Sync from Audio," 2017, https://grail.cs.washington.edu/projects/AudioToObama/.
- **engineers used similar techniques to turn Donald Trump:** Paul Mozur and Keith Bradsher, "China's A.I. Advances Help Its Tech Industry, and State Security," *New York Times*, December 3, 2017, https://www.nytimes.com/2017/12/03/business/china-artificial-intelligence.html.
- **a team of researchers at a Nvidia lab in Finland unveiled:** Tero Karras, Timo Aila, Samuli Laine, and Jaakko Lehtinen, "Progressive Growing of GANs for Improved Quality, Stability, and Variation," 2017, https://arxiv.org/abs/1710.10196.
- **Ian Goodfellow gave a speech at a small conference:** Jackie Snow, "AI Could Set Us Back 100 Years When It Comes to How We Consume News," *MIT Technology Review,* November 7, 2017, https://www.technologyreview.com/s/609358/ai-could-send-us-back-100-years-when-it-comes-to-how-we-consume-news/.
- **He acknowledged that anyone:** Ibid.

- **“We’re speeding up things that are already possible”:** Ibid.
- **they would end the era:** Ibid.
- **“It’s been a little bit of a fluke”:** Ibid.
- **But that would be a hard transition:** Ibid.
- **“Unfortunately, people these days are not very good** at criti**c**al thin**king”:** Ibid.
- **be a period of adjustment:** Ibid.
- **“There’s a lot of other areas where AI”:** Ibid.
- **someone calling themselves “Deepfakes”:** Cole, “AI-Assisted Fake Porn Is Here and We’re All Fucked,” *Motherboard,* December 11, 2017, https://www.vice.com/en_us/article/gydydm/gal-gadot-fake-ai-porn.
- **Services like Pornhub and Reddit:** Samantha Cole, “Twitter Is the Latest Platform to Ban AI-Generated Porn: Deepfakes Are in Violation of Twitter’s Terms of Use,” *Motherboard,* February 6, 2018, https://www.vice.com/en_us/article/ywqgab/twitter-bans-deepfakes; Arjun Kharpal, “Reddit, Pornhub Ban Videos that Use AI to Superimpose a Person’s Face,” CNBC, February 8, 2018, https://www.cnbc.com/2018/02/08/reddit-pornhub-ban-deepfake-porn-videos.html.
- **he began to explore a separate technique:** Cade Metz, “How to Fool AI into Seeing Something That Isn’t There,” *Wired,* April 29, 2017, https://www.wired.com/2016/07/fool-ai-seeing-something-isnt/.
- **Soon a team of researchers showed that by slapping a few Post-it notes:** Kevin Eykholt, Ivan Evtimov, Earlence Fernandes et al., “Robust Physical-World At-tacks o Deep Learning Models,” 2017, https://arxiv.org/abs/1707.08945.
- **Goodfellow warned that the same phenomenon:** Metz, “How to Fool AI into Seeing Something That Isn’t There.”
- **he was paid $800,000:** OpenAI, form 990, 2016.

第十四章　不可一世

- **a two-hundred-thousand-square-foot conference center:** "Unveiling the Wuzhen Internet Intl Convention Center," *China Daily,* November 15, 2016, https://www.chinadaily.com.cn/business/2016-11/15/content_27381349.htm.
- **Built to host the World Internet Conference:** Ibid.
- **Demis Hassabis sat in a plush:** Cade Metz, "Google's AlphaGo Levels Up from Board Games to Power Grids," *Wired,* May 24, 2017, https://www.wired.com/2017/05/googles-alphago-levels-board-games-power-grids/.
- **In 2010, Google had suddenly and dramatically:** Andrew Jacobs and Miguel Helft, "Google, Citing Attack, Threatens to Exit China," *New York Times,* Janu- ary 12, 2010, https://www.nytimes.com/2010/01/13/world/asia/13beijing.html.
- **There were more people on the Internet in China:** "Number of Internet Us- ers in China from 2017 to 2023," *Statista,* https://www.statista.com/statistics/278417/number-of-internet-users-in-china/
- **An estimated 60 million Chinese had watched the match against Lee Sedol:** "AlphaGo Computer Beats Human Champ in Hard-Fought Series," Associated Press, March 15, 2016, https://www.cbsnews.com/news/googles-alphago-computer-beats-human-champ-in-hard-fought-series/.
- **With a private order sent to all Chinese media in Wuzhen:** Cade Metz, "Google Unleashes AlphaGo in China—But Good Luck W tching It There," *Wired,* May 23, 2017, https://www.wired.com/2017/05/google-unleashes-alphago-china-good-luck-watching/.
- **Baidu opened its first outpost in Silicon Valley:** Daniela Hernandez, "'Chinese Google' Opens Artificial-Intelligence Lab in Silicon Valley," *Wired,* April 12, 2013, https://www.wired.com/2013/04/baidu-research-lab/.
- **It was called the Institute of Deep Learning:** Ibid.
- **Kai Yu told a reporter its aim was t  simulate:** Ibid.

- **"We are making progress day by day":** Ibid.
- **Sitting in a chair next to his Chinese interviewer:** Cade Metz, "Google Is Already Late to China's AI Revolution," *Wired,* June 2, 2017, https://www.wired.com/2017/06/ai-revolution-bigger-google-facebook-microsoft/.
- **"All of them would be better off":** Ibid.
- **more than 90 percent of Google's revenues still came from online advertis- ing:** Google Annual Report, 2016, https://www.sec.gov/Archives/edgar/data/1652044/000165204417000008/goog10-kq42016.htm.
- **Amazon, whose cloud revenue would top $17.45 billion in 2017:** Amazon Annual Report, 2017, https://www.sec.gov/Archives/edgar/data/1018724/000101872419000004/amzn-20181231x10k.htm.
- **born in Beijing before emigrating to the United States:** Octavio Blanco, "One Immigrant's Path from Cleaning Houses to Stanford Professor," CNN, July 22, 2016, https://money.cnn.com/2016/07/21/news/economy/chinese-immigrant-stanford-professor/.
- **"like a God of a Go player":** Cade Metz, "Google's AlphaGo Continues Dominance with Second Win in China," *Wired,* May 25, 2017, https://www.wired.com/2017/05/googles-alphago-continues-dominance-second-win-china/.
- **the Chinese State Council unveiled its plan:** Paul Mozur, "Made in China by 2030," *New York Times,* July 20, 2017, https://www.nytimes.com/2017/07/20/business/china-artificial-intelligence.html.
- **One municipality had promised $6 billion:** Ibid.
- **Fei-Fei Li unveiled what she called the Google AI China Center**: Fei-Fei Li, "Opening the Google AI China Center," The Google Blog, December 13, 2017, https://www.blog.google/around-the-globe/google-asia/google-ai-china-center/.

## 第十五章　偏執

- **"Google Photos, y'all fucked up":** Jacky Alcine tweet, June 28, 2015, https://

twitter.com/jackyalcine/status/615329515909156865?lang=en.

- **In a photo of the Google Brain team taken just after the Cat Paper was published:** Gideon Lewis-Kraus, "The Great AI Awakening," *New York Times Magazine,* December 14, 2006, https://www.nytimes.com/2016/12/14/magazine/the-great-ai-awakening.html.
- **the conference organizers changed the name to NEURips:** Holly Else, "AI Conference Widely Known as 'NIPS' Changes Its Controversial Acronym," *Na- ture,* November 19, 2018, https://www.nature.com/articles/d41586-018-07476-w.
- **Buolamwini found that when these services read photos of lighter-skinned men:** Steve Lohr, "Facial Recognition Is Accurate, if You're a White Guy," *New York Times,* February 9, 2018, https://www.nytimes.com/2018/02/09/technology/facial-recognition-race-artificial-intelligence.html.
- **But the darker the skin in the photo:** Ibid.
- **Microsoft's error rate was about 21 percent:** Ibid.
- **IBM's was 35:** Ibid.
- **the company had started to market its face technologies to police de-part- ments:** Natasha Singer, "Amazon Is Pushing Facial Technology That a Study Says Could Be Biased," *New York Times,* January 24, 2019, https://www.nytimes.com/2019/01/24/technology/amazon-facial-technology-study.html.
- **Then Buolamwini and Raji published a new study showing that an Ama- zon face service:** Ibid.
- **the service mistook women for men 19 percent of the time:** Ibid.
- **"The answer to anxieties over new technology is not":** Matt Wood, "Thoughts on Recent Research Paper and Associated Article on Amazon Rekognition," AWS Machine Learning Blog, January 26, 2019, https://aws.amazon.com/ blogs/machine-learning/thoughts-on-recent-research-paper- and- asso ciated-article-on-amazon-rekognition/.

- **artificial intelligence suffered from a "sea of dudes" problem:** Jack Clark, "Artificial Intelligence Has a 'Sea of Dudes' Problem," *Bloomberg News,* June 27, 2016, https://www.bloomberg.com/professional/blog/artificial-intelligence sea-dudes-problem/.
- **"I do absolutely believe that gender has an effect":** "On Recent Research Auditing Commercial Facial Analysis Technology," March 15, 2019, https://medium.com/@bu64dcjrytwitb8/on-recent-research-auditing-commercial-facial-analysis-technology-19148bda1832.
- **they refuted the arguments that Matt Wood:** Ibid.
- **They insisted that the company rethink its approach:** Ibid.
- **they called its bluff on government regulation:** Ibid.
- **"There are no laws or required standards":** Ibid.
- **Their letter was signed by twenty-five artificial intelligence researchers:** Ibid.

## 第十六章　武器化

- **inside the Clarifai offices in lower Manhattan:** Kate Conger and Cade Metz, "Tech Workers Want to Know: What Are We Building This For?" *New York Times*, October 7, 2018, https://www.nytimes.com/2018/10/07/technology/tech-workers-ask-censorship-surveillance.html.
- **On Friday, August 11, 2017, Defense Secretary James Mattis:** Jonathan Hoffman tweet, August 11, 2017, https://twitter.com/Chief PentSpox/status/896135891432783872/photo/4.
- **Launched by the Defense Department four months earlier, Project Maven was an effort:** "Establishment of an Algorithmic Warfare Cross-Functional Team," Memorandum, Deputy Secretary of Defense, April 26, 2017, https://dodcio.defense.gov/ Portals/ 0/ Documents/ Project% 2520Maven% 2520 DSD%2520Memo%252020170425.pdf.
- **It was also called the Algorithmic Warfare Cross-Functional Team:** Ibid.

- **by Sergey Brin and Larry Page, both educated...in Montessori schools:** Nitasha Tiku, "Three Years of Misery Inside Google, the Happiest Company in Tech," *Wired,* August 13, 2019, https://www.wired.com/story/inside-google-three-years-misery-happiest-company-tech/.
- **Schmidt had said there was "clearly a large gap":** Defense Innovation Board, Open Meeting Minutes, July 12, 2017, https://media.defense.gov/2017/Dec/18/2001857959/-1/-1/0/2017-2566-148525_MEETING%2520MINUTES_(2017-09-28-08-53-26).PDF.
- **the Future of Life Institute released an open letter calling on the United Nations:** "An Open Letter to the United Nations Convention on Certain Conventional Weapons," Future of Life Institute, August 20, 2017, https:// futureoflife.org/autonomous-weapons-open-letter-2017/.
- **"As companies building the technologies in Artificial Intelligence and Robotics that may be repurposed":** Ibid.
- **On the last day of the month, Meredith Whittaker:** Tiku, "Three Years of Misery Inside Google, the Happiest Company in Tech."
- **The night of the town hall:** Ibid.
- **the *New York Times* published a story:** Scott Shane and Daisuke Wakabayashi, "'The Business of War': Google Employees Protest Work for the Pentagon," *New York Times,* April 4, 2018, https://www.nytimes.com/2018/04/04/technology/google-letter-ceo-pentagon-project.html.
- **a group of independent academics addressed an open letter:** "Workers Re- searchers in Support of Google Employees: Google Should Withdraw from Project Maven and Commit to Not Weaponizing Its Technology," Interna- tional Committee for Robot Arms Control, https://www.icrac.net/open-letter-in-support-of-google-employees-and-tech-workers/.
- **"As scholars, academics, and researchers who study, teach about, and de- velop information technology":** Ibid.

- **a front-page story about the controversy:** Scott Metz, and Daisuke Wakabayashi, "How a Pentagon Contract Became an Identity Crisis for Google," *New York Times,* May 30, 2018, https://www.nytimes.com/2018/05/30/technology/google-project-maven-pentagon.html.
- **At Microsoft and Amazon, employees protested against military and sur-veillance contracts:** Sheera Frenkel, "Microsoft E ployees Protest Work with ICE, as Tech Industry Mobilizes Over Immigration," *New York Times,* June 19, 2018, https://www.nytimes.com/2018/06/19/technology/tech-companies -immigration-border.html; "I'm an Amazon Employee. My Company Shouldn't Sell Facial Recognition Tech to Police," October 16, 2018, https://medium.com/@amazon_employee/im-an-amazon-employee-my-company-shouldn-t-sell-facial-recognition-tech-to-police-36b5fde934ac.
- **Kent Walker took the stage at an event in Washington:** "NSCAI—Lunch keynote: AI, Na ional Security, and the Public-Private Partnership," YouTube, https://www.youtube.com/watch?v=3OiUl1Tzj3c.

## 第十七章　無能

- **"I really want to clear my life to make it":** Eugene Kim, "Here's the Real Reason Mark Zuckerberg Wears the Same T-Shirt Every Day," *Business In- sider,* November 6, 2014, https://www.businessinsider.com/mark-zuckerberg-same-t-shirt-2014-11.
- **when he testified before Congress in April 2018:** Vanessa Friedman, "Mark Zuckerberg's I'm Sorry Suit," *New York Times,* April 10, 2018, https://www.nytimes.com/2018/04/10/fashion/mark-zuckerberg-suit-congress.html.
- **Some called it his "I'm sorry" suit:** Ibid.
- **Others said his haircut:** Max Lakin, "The $300 T-Shirt Mark Zuckerberg Didn't Wear in Congress Could Hold Facebook's Future," *W* magazine, April 12, 2018, https://www.wmagazine.com/story/mark-zuckerberg-facebook-brunello-cucinelli-t-shirt/.

- **reported that the British start-up Cambridge Analytica:** Matthew Ros- en- berg, Nicholas Confessore, and Carole Cadwalladr, "How Trump Consultants Exploited the Facebook Data of Millions," *New York Times,* March 17, 2018, https://www.nytimes.com/2018/03/17/us/politics/cambridge-analytica-trump-campaign.html.
- **Zuckerberg endured ten hours of testimony over two days:** Zach Wichter, "2 Days, 10 Hours, 600 Questions: What Happened When Mark Zucker- berg Went to Washington," *New York Times,* April 12, 2018, https://www.nytimes.com/2018/04/12/technology/mark-zuckerberg-testimony.html.
- **He answered more than six hundred questions from nearly a hundred law makers:** Ibid.
- **questioned the effect of Zuckerberg's apologies:** "Facebook: Transparency and Use of Consumer Data," April 11, 2018, House of Representatives, Committee on Energy and Commerce, Washingto , D.C., https://docs.house.gov/meetings/ IF/ IF00/20180411/108090/ HHRG-115-IF00-Transcript-20180411.pdf.
- **"What I think we've learned now across a number of issues":** Ibid.
- **"Today, as we sit here, 99 percent of the ISIS and Al Qaeda content":** Ibid.
- **Pomerleau tweeted out what he called the "Fake News Challenge":** Dean Pomerleau tweet, November 29, 2016, https://twitter.com/deanpomerleau/status/803692511906635777?s=09.
- **"I will give anyone 20:1 odds":** Ibid.
- **"It would mean AI has reached human-level intelligence":** Cade Metz, "The Bittersweet Sweepstakes to Build an AI That Destroys Fake News," *Wired,* December 16, 2016, https://www.wired.com/2016/12/bittersweet-sweepstakes-build-ai-destroys fake-news/.
- **"In many cases":** Ibid.

- **the company h ld a press roundtable at its corporate headquarters in Menlo Park:** Deepa Seetharaman, "Facebook Looks to Harness Artificial Intelligence to Weed Out Fake News," *Wall Street Journal,* December 1, 2016, https://www.wsj.com/articles/facebook-could-develop-artificial-intelligence-to-weed-out-fake-news-1480608004.
- **"What's the trade-off between filtering and censorship?":** Ibid.
- **So when Zuckerberg testified before Congress:** "Facebook: Transparency and Use of Consumer Data."
- **after the Cambridge Analytica data leak:** Rosenberg, Confessore, and Cadwalladr, "How Trump Consultants Exploited the Facebook Data of Mil- lions."
- **"We've deployed new AI tools that do a better job":** Ibid.
- **Mike Schroepfer sat down with two reporters:** Cade Metz and Mike Isaac, "Facebook's AI Whiz Now Faces the Task of Cleaning It Up. Sometimes That Brings Him to Tears," *New York Times,* May 17, 2019, https://www.ny times.com/2019/05/17/technology/facebook-ai-schroepfer.html.

## 第十八章　辯論

- **wearing a forest-green fleece:** Google I/O 2018 keynote, YouTube, https://www.youtube.com/watch?v=ogf Yd705cRs.
- **Google agreed to tweak the system:** Nick Statt, "Google Now Says Controversial AI Voice Calling System Will Identify Itself to Humans," *Verge,* May 10, 2018, https://www.theverge.com/2018/5/10/17342414/google-duplex-ai-assistant-voice-calling-identify-itself-update.
- **released the tool in various parts of the United States:** Brian Chen and Cade Metz, "Google Duplex Uses A.I. to Mimic Humans (Sometimes)," *New York Times,* May 22, 2019, https://www.nytimes.com/2019/05/22/technology/per sonaltech/ai-google-duplex.html.
- **published an editorial in the** New York Times **that aim d to put Google Duplex:** Gary Marcus and Ernest Davis, "AI Is Harder Than You Think," Opin-

ion, *New York Times,* May 18, 2018, https://www.nytimes.com/2018/05/18/opinion/artificial-intelligence-challenges.html.

- **"Assuming the demonstration is legitimate, that's an impressive":** Ibid.
- **"Schedule hair salon appointments?":** Ibid.
- **he responded with a column for the** New Yorker **arguing:** Gary Marcus, "Is 'Deep Learning' a Revolution in Artificial Intelligence?," *New Yorker,* November 25, 2012, https://www.newyorker.com/news/news-desk/is-deep-learning-a-revolution-in-artificial-intelligence.
- **"To paraphrase an old parable":** Ibid.
- **they sold their start-up to Uber:** Mike Isaac, "Uber Bets on Artificial Intelligence with Acquisition and New Lab," *New York Times,* December 5, 2016, https://www.nytimes.com/2016/12/05/technology/uber-bets-on-artificial-intelligence-with-acquisition-and-new-lab.html.
- **But in the fall of 2017, Marcus debated LeCun at NYU:** "Artificial Intelligence Debate—Yann LeCun vs. Gary Marcus: Does AI Need Innate Ma- chinery?," YouTube, https://www.youtube.com/watch?v=aCCotxqxFsk.
- **"If neural networks have taught us anything, it is that pure empiricism has its limits":** Ibid.
- **"Sheer bottom-up statistics hasn't gotten us very far":** Ibid.
- **"Learning is only possible because our ancestors":** Ibid.
- **he published what he called a trilogy of papers critiquing:** Gary Marcus, "Deep Learning: A Critical Appraisal," 2018, https://arxiv.org/abs/1801.00631; Gary Marcus, "In Defense of Skepticism About Deep Learning," 2018, https://medium.com/@GaryMarcus/in-defense-of-skepticism-about-deep-learning-6e8bfd5ae0f1; Gary Marcus, "Innateness, AlphaZero, and Artificial Intel-ligence," 2018, https://arxiv.org/abs/1801.05667.
- **would eventually lead to a book:** Gary Marcus and Ernest Davis, *Rebooting AI: Building Artificial Intelligence We Can Trust* (New York: Pantheon, 2019).

- **he agreed that deep learning alone could not achieve true intelligence:** "Artificial Intelligence Debate—Yann LeCun vs. Gary Marcus: Does AI Need Innate Machinery?"
- **"Nothing as revolutionary as object recognition has happened":** Ibid.
- **a new kind of English test for computer systems:** Rowan Zellers, Yonatan Bisk, Roy Schwartz, and Yejin Choi, "Swag: A Large-Scale Adversarial Da- taset for Grounded Commonsense Inference," 2018, https://arxiv.org/abs/1808.05326.
- **unveiled a system they called BERT:** Jacob Devlin, Ming-Wei Chang, Ken- ton Lee, and Kristina Toutanova, "BERT: Pre-training of Deep Bidirectional Transformers for Language Understanding," 2018, https://arxiv.org/abs/1810.04805.
- **"These systems are still a really long way from truly understanding running prose":** Cade Metz, "Finally, a Machine That Can Finish Your Sen- tence," *New York Times,* November 18, 2018, https://www.nytimes.com/2018/11/18/technology/artificial-intelligence-language.html.

## 第十九章　自動化

- **the lab unveiled a robotic arm that learned:** Andy Zeng, Shuran Song, Johnny Lee et al., "TossingBot: Learning to Throw Arbitrary Objects with Residual Physics," 2019, https://arxiv.org/abs/1903.11239.
- **His salary for just the last six months of 2016 was $330,000:** OpenAI, form 990, 2016.
- **And in February 2018, Musk left, too:** Eduard Gismatullin, "Elon Musk Left OpenAI to Focus on Tesla, SpaceX," *Bloomberg News,* February 16, 2019, https://www.bloomberg.com/news/articles/2019-02-17/elon-musk-left-openai-on-disagreements-about-company-pathway.
- **"Excessive automation at Tesla was a mistake":** Elon Musk tweet, April 13, 2018, https://twitter.com/elonmusk/status/984882630947753984?s=19. **Altman re-formed the lab as a for-profit company:** "OpenAI LP," OpenAI blog,

March 11, 2019, https://openai.com/blog/openai-lp/.

- **an international robotics maker called ABB organized its own contest:** Adam Satariano and Cade Metz, "A Warehouse Robot Learns to Sort Out the Tricky Stuff," *New York Times*, January 29, 2020, https://www.nytimes.com/2020/01/29/technology/warehouse-robot.html.
- **"We were trying to find weaknesses":** Ibid.
- **a German electronics retailer moved Abbeel's technology:** Ibid.
- **"I've worked in the logistics industry":** Ibid.
- **"If this happens fifty years from now":** Ibid.

## 第二十章　信仰

- **Boyton had recently won the Breakthrough Prize:** "Edward Boyden Wins 2016 Breakthrough Prize in Life Sciences," *MIT News,* November 9, 2015, https://news.mit.edu/2015/edward-boyden-2016-breakthrough-prize-life-sciences-1109.
- **some said a machine would be intelligent enough:** Herbert Simon and Allen Newell, "Heuristic Problem Solving: The Next Advance in Opera ions Research," *Operations Research* 6, no. 1 (January–February, 1958), p. 7.
- **said the field would deliver machines capable:** Herbert Simon, *The Shape of Automation for Men and Management* (New York: Harper & Row, 1965).
- **"Among researchers the topic is almost taboo":** Shane Legg, "Machine Super Intelligence," 2008, http://www.vetta.org/documents/Machine_Super_Intelligence.pdf.
- **"AI systems today have impressive but narrow capabilities":** Ibid.
- **the Future of Life Institute held another summit:** "Beneficial AI," conference schedule, https://futureoflife.org/bai-2017/.
- **Musk took the stage as part of a nine-person panel:** "Superintelligence: Sci- ence or Fiction, Elon Musk and Other Great Minds," YouTube, https://www.youtube.com/watch?v=h0962biiZa4.

- **"No," he said:** Ibid.
- **"We are headed toward either superintelligence":** Ibid.
- **"All of us already are cyborgs":** Ibid.
- **"We have to solve that constraint":** Ibid.
- **took the stage and tried to temper this talk:** "Creating Human-Level AI: How and When?," YouTube, https://www.youtube.com/watch?v=V0aXMTpZT-fc.
- **"I hear a l t of people saying a lot of things":** Ibid.
- **he unveiled a new start-up, called Neuralink:** Rolfe Winkler, "Elon Musk Launches Neuralink to Connect Brains with Computers," *Wall Street Journal,* March 27, 2017, https://www.wsj.com/articles/elon-musk-launches-neuralink-to-connect-brains-with-computers-1490642652.
- **as a twenty-year-old college sophomore:** Tad Friend, "Sam Altman's Manifest Destiny," *New Yorker,* October 3, 2016, https://www.newyorker.com/magazine/2016/10/10/sam-altmans-manifest-destiny.
- **"Self-belief is immensely powerful":** Sam Altman blog, "How to Be Successful," January 24, 2019, https://blog.samaltman.com/how-to-be-successful.
- **"As time rolls on and we get closer to something":** Steven Levy, "How Elon Musk and Y Combinator Plan to Stop Computers from Taking Over," Back-channel, *Wired,* December 11, 2015, https://www.wired.com/2015/12/how-elon-musk-and-y-combinator-plan-to-stop-computers-from-taking-over/.
- **"It will just be open source and usable by everyone":** Ibid.
- **he and his researchers released a new charter for the lab:** "OpenAI Charter," OpenAI blog, https://openai.com/charter/.
- **"OpenAI's mission is to ensure that artificial general intelligence":** Ibid.
- **DeepMind trained a machine to play capture the flag:** Max Jaderberg, Wojciech M. Czarnecki, Iain Dunning et al., "Human-level Performance in 3D Multiplayer Games with Population-based Reinforcement Learning," *Science*

363, no. 6443 (May 31, 2019), pp. 859–865, https://science.sciencemag.org/content/364/6443/859.full? ijkey=rZC5DWj2KbwNk& keytype=ref &siteid=sci.

- **DeepMind unveiled a system that beat the world's top professionals:** Tom Simonite, "DeepMind Beats Pros at StarCraft in Another Triumph for Bots," *Wired,* January 25, 2019, https://www.wired.com/story/deepmind-beats-pros-starcraft-another-triumph-bots/.
- **Then OpenAI built a system that mastered Dota 2:** Tom S monite, "OpenAI Wants to Make Ultrapowerful AI. But Not in a Bad Way," *Wired,* May 1, 2019, https://www.wired.com/story/company-wants-billions-make-ai-safe-humanity/.
- **DeepMind announced that Google was taking over the practice:** Rory Cellan-Jones, "Google Swallows DeepMind Health," BBC, September 18, 2019, https://www.bbc.com/news/technology-49740095.
- **Google had invested $1.2 billion** Nate Lanxon, "Alphabet's DeepMindTakes on Billion-Dollar Debt and Loses $572 Million," *Bloomberg News,* Au- gust 7, 2019, https://www.bloomberg.com/news/articles/2019-08-07/alphabet-s-deepmind-takes-on-billion-dollar-debt-as-loss-spirals.
- **Larry Page and Sergey Brin, DeepMind's biggest supporters, announced they were** retiring**:** Jack Nicas and Daisuke Wakabayashi, "Era Ends for Google as Founders Step Aside from a Pillar of Tech," *New York Times,* December 3, 2019, https://www.nytimes.com/2019/12/03/technology/google-alphabet-ceo-larry-page-sundar-pichai.html.

## 第二十一章　X因素

- "**When I was an undergrad at King's College Cambridge**": Geoff Hinton, tweet, March 27, 2019, https://twitter.com/geoffreyhinton/status/1110962177903640582?s=19.
- **This was the paper that helped launch the computer age:** A. M. Turing, "Article Navigation on Computable Numbers, with an Application to the Entscheidungsproblem," *Proceedings of the London Mathematical Society,*

vol. s2-42, issue 1 (1937), pp. 230–265.

- **built face recognition technology that could help track:** Paul Mozur, "One Month, 500,000 Face Scans: How China Is Using AI to Profile a Minority," *New York Times,* April 14, 2019, https://www.nytimes.com/2019/04/14/technology/china-surveillance-artificial-intelligence-racial-profiling.html.
- **Google general counsel Kent Walker:** "NCSAI—Lunch Keynote: AI, National Security, and the Public-Private Partnership," YouTube, https://www.youtube.com/watch?v=3OiUl1Tzj3c.
- **During his Turing lecture in Phoenix, Arizona, the following month:** "Geoffrey Hinton and Yann LeCun 2018, ACM A.M. Turing Award Lecture, 'The Deep Learning Revolution,'" YouTube, https://www.youtube.com/watch?v=VsnQf7exv5I.
- **"There are two kinds of learning algorithms":** Ibid.
- **"There is a wonderful** reductio ad absurdum**":** Ibid.

next 0310

# AI製造商沒說的祕密：企業巨頭的搶才大戰如何改寫我們的世界？

作　者—凱德．梅茲（Cade Metz）
譯　者—王曉伯
資深主編—陳家仁
企　劃—藍秋惠
協力編輯—聞若婷
封面設計—陳恩安
內頁設計—賴麗月
內頁排版—張靜怡、林鳳鳳

總 編 輯—胡金倫
董 事 長—趙政岷
出 版 者—時報文化出版企業股份有限公司
一〇八〇一九臺北市和平西路三段二四〇號四樓
發行專線—（〇二）二三〇六—六八四二
讀者服務專線—〇八〇〇—二三一—七〇五
（〇二）二三〇四—七一〇三
讀者服務傳真—（〇二）二三〇四—六八五八
郵撥—一九三四四七二四時報文化出版公司
信箱—一〇八九九臺北華江橋郵局第九九信箱
時報悅讀網—http://www.readingtimes.com.tw
電子郵件信箱—newlife@readingtimes.com.tw
時報出版愛讀者粉絲團—https://www.facebook.com/readingtimes.2
法律顧問—理律法律事務所　陳長文律師、李念祖律師
印　刷—勁達印刷有限公司
初版一刷—二〇二二年七月二十九日
定　價—新臺幣五〇〇元
（缺頁或破損的書，請寄回更換）

時報文化出版公司成立於一九七五年，
一九九九年股票上櫃公開發行，二〇〇八年脫離中時集團非屬旺中，
以「尊重智慧與創意的文化事業」為信念。



AI製造商沒說的祕密：企業巨頭的搶才大戰如何改寫我們的世界？／凱德．梅茲（Cade Metz）著；王曉伯譯. -- 初版. -- 臺北市：時報文化出版企業股份有限公司, 2022.07
432面；14.8×21公分. --（next；310）
譯自：Genius makers: the mavericks who brought AI to Google, Facebook, and the world.
ISBN 978-626-335-581-1（平裝）

1. CST：人工智慧　2. CST：歷史

312.83　　111008857

ISBN 978-626-335-581-1
Printed in Taiwan